面向新工科普通高等教育系列教材

北京高等教育精品教材

数据库原理及应用（Access 版）

第 5 版

金　鑫　吴　靖　主编

唐小毅　马燕林　参编

U0191447

机 械 工 业 出 版 社

本书是北京高等教育精品教材，从一个 Access 数据库应用系统实例——教学管理系统入手，系统地介绍了数据库的基本原理与 Access 各种主要功能的使用方法，主要包括数据库系统概述、关系数据模型和关系数据库、数据库和表、结构化查询语言、查询、窗体、宏、报表、VBA 程序设计和 VBA 数据库编程。此外，本书通过拓展阅读激励学生树立理想信念、追求科学精神、筑牢家国情怀和践行使命担当。

本书内容全面，结构完整，深入浅出，图文并茂，通俗易懂，可读性和可操作性强，既可以作为各类高校学生学习数据库原理课程的教材，也可作为相关领域技术人员的参考用书或培训教材。

本书配有电子教案，需要的教师可登录 www.cmpedu.com 免费注册，审核通过后下载，或联系编辑索取（微信：13146070618，电话：010-88379739）。

图书在版编目（CIP）数据

数据库原理及应用：Access 版／金鑫，吴靖主编.
5 版. -- 北京：机械工业出版社，2024. 11. --（面向新工科普通高等教育系列教材）. --ISBN 978-7-111
-77200-2

Ⅰ. TP311. 132. 3
中国国家版本馆 CIP 数据核字第 20241YB828 号

机械工业出版社（北京市百万庄大街 22 号　邮政编码 100037）
策划编辑：解　芳　　　　　责任编辑：解　芳　王华庆
责任校对：王荣庆　刘雅娜　　责任印制：单爱军
北京虎彩文化传播有限公司印刷
2024 年 12 月第 5 版第 1 次印刷
184mm×260mm · 17. 5 印张 · 454 千字
标准书号：ISBN 978-7-111-77200-2
定价：69. 90 元

电话服务　　　　　　　　　　网络服务
客服电话：010-88361066　　　机　工　官　网：www.cmpbook.com
　　　　　010-88379833　　　机　工　官　博：weibo.com/cmp1952
　　　　　010-68326294　　　金　书　网：www.golden-book.com
封底无防伪标均为盗版　　机工教育服务网：www.cmpedu.com

前　　言

随着社会信息化进程的不断推进和数字经济的蓬勃发展，对非计算机类专业学生掌握一定计算机科学知识的要求也越来越高。在参与企业信息化建设的咨询和实施过程中，我们深刻体会到数据库是企业信息化过程中的一个重要环节，数据组织的好坏关系到企业信息化的成败。而企业信息化又与各专业领域相联系，需要各专业的密切合作。因此，需要非计算机类专业学生能够掌握数据库和数据建模的基本理论，熟悉数据库的设计步骤和原则，具备数据库实践和解决实际问题的能力。

本书适用于非计算机类专业学生学习"数据库原理及应用"课程，面向高校相关专业学生讲授数据库系统最基本的内容——数据库设计和数据库编程。通过对该课程的学习，学生能够掌握数据库方面的基本知识、具备良好的逻辑思维能力和实践动手能力。本书在第 4 版的基础上，根据 Access 2021 的特点和功能进行了修订，并补充了一些实例，增加了拓展阅读，有助于学生在学习数据库技能的同时，厚植理想信念、科学精神、家国情怀和使命担当。

本书的编者为中央财经大学"数据库原理及应用"课程的主讲教师，在长期的教学实践中积累了丰富的教学经验。本书以数据库应用为重点，以教学管理为主线，主要讲解数据库基本原理、如何建立数据库、建立数据库应遵循的步骤以及每一步骤中应遵循的原则，并以实例介绍在 Access 环境中如何实现数据库的建立和各种对象的创建等。

本书的出版得到了有关部门同事的大力支持和帮助，在此表示衷心的感谢。参加本书编写的有金鑫、吴靖、唐小毅、马燕林。

由于计算机技术日新月异，加之时间仓促及编者能力所限，书中难免有疏漏和不足之处，恳请读者批评指正。

编　者

目　　录

第1章　数据库系统概述

20世纪80年代，美国信息资源管理学家霍顿（F. W. Horton）和马钱德（D. A. Marchand）等人指出：信息资源（Information Resources）与人力、物力、财力和自然资源一样，都是企业的重要资源，因此，应该像管理其他资源一样管理信息资源。

随着社会的进步和经济的发展，各类组织和机构都意识到当今社会已经跨入信息时代，数据是信息时代的关键资源之一。大多数有价值的数据是经过长期积累形成的重要资产，人们需要对大量的数据进行管理，从数据中获取信息和知识，从而帮助人们进行决策，于是数据库得以蓬勃发展。数据库技术是计算机科学中一门重要的技术，在管理和财经等领域得到了广泛应用。特别是Internet技术的发展，为数据库技术开辟了更广泛的应用舞台。

本章的重点是介绍数据库系统的基本概念和数据库设计的步骤。

1.1　引言

下面通过两个示例，讨论为什么需要数据库。

A公司的业务之一是销售一种科技含量较高的日常生活用品。为适应不同客户群的需求，这种商品有9个型号；产品通过分布在全市的3000多家不同类型的零售商（如各类超市、便利店等）销售；同时，公司在全国各主要城市都设有办事处，通过当地的代理商销售这种商品。

如果是你在管理这家公司，你需要什么信息？

A公司的管理层需要随时掌握各代理商和零售商的进货情况、销货情况和库存情况；需要掌握各销售渠道的销售情况；需要了解不同型号产品在不同地域的销售情况，以便及时调整销售策略等。A公司的工作人员需要定期对代理商和零售商进行回访，解决销售过程中的各种问题，并对自己的客户（代理商和零售商）进行维护。在此过程中，公司还需要对自己市场部门的工作业绩进行考核。

随着市场规模的不断扩大，业务量迅速增长，A公司需要有效地管理自己的产品、客户和员工等数据，并且这类数据正在不断地积累、增大。

这样大量的数据靠人工管理已经不再可能，比较好的方法之一是用数据库系统来管理。那么，应该如何去抽象数据，组织数据并有效地使用数据，从中得到有价值的信息呢？这正是我们要讨论的问题。

另一个例子是银行，几乎每个人都有在银行接受服务的经历。人们首先在银行开户，向银行提供个人基本信息（如姓名和身份证号码等），然后存款、取款、消费；而银行需要及时地记录这些数据，并实时地更新账户余额。

解决上述问题的最佳方案之一就是使用数据库。产生数据库的动因和使用数据库的目的正是及时地采集数据、合理地存储数据、有效地使用数据，保证数据的准确性、一致性和安全性，在需要的时间和地点获得有价值的信息。

1.2　数据库系统

本节讨论数据库系统的构成、数据库系统的特点、数据库的发展过程、数据管理技术的发展以及国产数据库的发展。

1.2.1　数据库系统的构成

数据库技术所要解决的基本问题如下。

1）如何抽象现实世界中的对象，如何表达数据以及数据之间的联系。

2）如何方便、有效地维护和利用数据。

通常意义下，数据库是数据的集合。一个数据库系统的主要组成部分是数据、数据库、数据库管理系统、应用程序及用户。数据存储在数据库中，用户和用户应用程序通过数据库管理系统对数据库中的数据进行管理和操作。

1. 数据

数据（Data）是对客观事物的抽象描述。数据是信息的具体表现形式，信息包含在数据之中。数据的形式或者说数据的载体是多种多样的，它们可以是数值、文字、图形、图像、声音等。例如，用会计分录描述企业的经济业务，其反映了经济业务的来龙去脉。会计分录就是其所描述的经济业务的抽象，并且是以文字和数值的形式表现的。

数据的形式还不能完全表达数据的内容，数据是有含义的，即数据的语义或数据解释。所以数据和数据的解释是不可分的。例如，（983501011，张捷，女，1978，北京，信息学院）就仅仅是一组数据，如果没有数据解释，读者就无法知道这是一名学生还是一名教师的数据，1978 应该是一个年份，但它是出生年份还是入学或参加工作的年份就无法了解了。在关系数据库中，上述数据是一组属性值，属性是它们的语义。

通过对数据进行加工和处理，从数据中获取信息。数据处理通常包括数据采集、数据存储、数据加工、数据检索和数据传输（输出）等环节。

数据的三个范畴分为现实世界、信息世界和计算机世界。数据库设计的过程，就是将数据的表示从现实世界抽象到信息世界（概念模型），再从信息世界转换到计算机世界（数据世界）。

2. 数据库

数据库（DataBase）是存储数据的容器。通常，数据库中存储的是逻辑相关的数据的集合，这些集合是企业或组织经过长期积累保存下来的，是组织的重要资源之一。数据库中的数据按一定的数据模型描述、组织和存储。人们从数据中提取有用信息，信息积累成为知识，丰富的知识创造出智慧。

3. 数据库管理系统

数据库管理系统（DataBase Management System，DBMS）是一类系统软件，提供能够科学地组织和存储数据、高效地获取和维护数据的环境。其主要功能包括数据定义、数据查询、数据操纵、数据控制、数据库运行管理、数据库的建立和维护等。DBMS 一般由软件厂商提供，如 Microsoft 公司的 SQL Server 和 Access 等。

4. 数据库系统

一个完整的数据库系统（DataBase System，DBS）由保存数据的数据库、数据库管理系统、用户应用程序和用户组成，如图 1-1 所示。DBMS 是数据库系统的核心。用户以及应用程序都是通过数据库管理系统对数据库中的数据进行访问的。

通常一个数据库系统应该具备如下功能。

1）提供数据定义语言，允许使用者建立新的数据库并建立数据的逻辑结构（Logical Structure）。

2）提供数据查询语言。

3）提供数据操纵语言。

4）支持大量数据存储。

5）控制并发送访问。

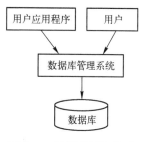

图 1-1　数据库系统组成

1.2.2　数据库系统的特点

数据库系统具有如下特点。

1. 数据结构化

数据库中的数据是结构化的。这种结构化就是数据库管理系统所支持的数据模型。使用数据模型描述数据时，不仅描述了数据本身，同时描述了数据之间的联系。按照应用的需要，建立一种全局的数据结构，从而构成了一个内部紧密联系的数据整体。关系数据库管理系统支持关系数据模型，关系数据模型的数据结构是关系——满足一定条件的二维表格。

2. 数据高度共享、低冗余度、易扩充

数据的共享度直接关系到数据的冗余度。数据库系统从整体角度分析和描述数据，数据不再面向某个应用，而是面向整个系统。因此，数据库中的数据可以高度共享。数据的高度共享本身就减少了数据的冗余，同时确保了数据的一致性，同一数据在系统中的多处引用是一致的。

3. 数据独立

数据的独立性是指数据库系统中的数据与应用程序之间是互不依赖的。数据库系统提供了两方面的映像功能，使数据既具有物理独立性，又具有逻辑独立性。

数据库系统的一个映像功能是数据的总体逻辑结构与某类应用所涉及的局部逻辑结构之间的映像或转换功能。这一映像功能保证了当数据的总体逻辑结构改变时，通过对映像的相应改变可以保持数据的局部逻辑结构不变。由于应用程序是依据数据的局部逻辑结构编写的，所以应用程序不必修改。这就是数据与程序的逻辑独立性，简称数据的逻辑独立性。

数据库系统的另一个映像功能是数据的存储结构与逻辑结构之间的映像或转换功能。这一映像功能保证了当数据的存储结构（或物理结构）改变时，通过对映像的相应改变可以保持数据的逻辑结构不变，从而应用程序也不必改变。这就是数据与程序的物理独立性，简称数据的物理独立性。

4. 数据由数据库管理系统统一管理和控制

DBMS 提供以下几方面的数据管理与控制功能。

（1）数据安全性

数据安全性（Security）是指保护数据，防止不合法地使用数据造成数据的泄密和破坏，使每个用户只能按规定权限对某些数据以某种方式进行访问和处理。例如，部分用户对学生成绩只能查阅不能修改。

（2）数据完整性

数据完整性（Integrity）是指数据的正确性、有效性、相容性和一致性，即将数据控制在有效的范围内，或要求数据之间满足一定的关系。

（3）并发控制

当多用户的并发（Concurrency）进程同时存取、修改数据库时，可能会发生相互干扰而得到错误的结果，并使得数据库的完整性遭到破坏，因此必须对多用户的并发操作加以控制和协调。

（4）数据库恢复

计算机系统的硬件故障、软件故障、操作员的失误以及故意的破坏都会影响数据库中数据的正确性，甚至造成数据库部分或全部数据的丢失。DBMS 必须具有将数据库从错误状态恢复到某一已知的正确状态（也称为完整状态或一致状态）的能力，这就是数据库的恢复（Recovery）功能。

1.2.3　数据库的发展过程

美国学者詹姆斯·马丁在其著作《信息工程》和《总体数据规划方法论》中，将数据环境分为 4 种类型，阐述了数据管理即数据库的发展过程。

1. 数据文件

在数据库管理系统出现之前，程序员根据应用的需要，用程序设计语言分散地设计应用所需要的各种数据文件，数据组织技术相对简单，但是随着应用程序的增加，数据文件的数量也在不断增加，最终会导致很高的维护成本。数据文件阶段会为每一个应用程序建立各自的数据文件，数据是分离的、孤立的，并且随着应用的增加，数据被不断地重复，数据并不能被应用程序所共享。

2. 应用数据库

由于数据文件带来的各种各样的问题，于是就有了数据库管理系统。但是各个应用系统的建立依然是"各自为政"，每个应用系统建立自己的数据库文件。随着应用系统的建立，孤立的数据库文件也在增加，"数据孤岛"产生，数据仍然在被不断地重复，数据不能共享，并且导致了数据的不一致和不准确。

3. 主题数据库

主题数据库是面向业务主题的数据组织存储方式，即按照业务主题重组有关数据，而不是按照原来的各种登记表和统计报表来建立数据库。它强调信息共享，而不是信息私有或部门所有。主题数据库是对各个应用系统"自建自用"数据库的彻底否定，强调各个应用系统"共建共用"的共享数据库；所有源数据一次、一处输入系统（不是多次、多处输入系统）。同一数据必须一次、一处进入系统，保证其准确性、及时性和完整性，经由网络-计算机-数据库系统，可以多次、多处使用；主题数据库由基础表组成，基础表具有如下特性：原子性（表中的数据项是数据元素）、演绎性（可由表中的数据生成全部输出数据）和规范性（表中数据结构满足第三范式要求）。

4. 数据仓库

数据仓库是将从多个数据源收集的信息进行存储，存放在一个一致的模式下。数据仓库通过数据清理、数据变换、数据集成、数据装入和定期数据刷新来构造。建立数据仓库的目的是进行数据挖掘。数据挖掘是从海量数据中提取出知识。数据挖掘是以数据仓库中的数据为对象，以数据挖掘算法为手段，最终以获得的模式或规则为结果，并通过展示环节表示出来。

1.2.4　数据管理技术的发展

数据管理技术随着计算机硬件、软件技术和计算机应用范围的发展而不断发展，经历了人工管理阶段、文件系统阶段和数据库技术阶段。对数据管理是为了对数据进行处理，数据处理包括数据收集、存储、加工和检索等过程。

1. 人工管理阶段

20 世纪 50 年代中期以前，计算机主要用于数值计算。从硬件系统看，当时的外存储设备只有纸带、卡片、磁带，没有直接存取设备；从软件系统看，没有操作系统以及管理数据的软件；从数据看，数据量小，数据无结构，由用户直接管理，且数据间缺乏逻辑组织，数据依赖于特定的应用程序，缺乏独立性。人工管理阶段的特点如下。

- 数据不能保存：一个目标计算完成后，程序和数据都不能被保存。
- 应用程序管理数据：应用程序与数据之间缺少独立性。
- 数据不能共享：数据是面向应用的，一组数据只能对应一个程序。
- 数据不具有独立性：数据结构改变后，应用程序必须修改。

2. 文件系统阶段

从 20 世纪 50 年代后期到 20 世纪 60 年代中后期，计算机应用从科学计算发展到科学计算和数据处理。1951 年出现了第一台商业数据处理的电子计算机 UNIVAC Ⅰ，标志着计算机开始应用于以加工数据为主的事务处理阶段。基于计算机的数据处理系统也就从此迅速发展起来。这个阶段，硬件系统出现了磁鼓、磁盘等直接存取数据的存储设备；软件系统有了文件系统，处理方式也从批处理发展到了联机实时处理。文件系统阶段的特点如下。

- 数据可以长期保存：数据能够保存在存储设备上，可以对数据进行各种数据处理操作，包括查询、修改、增加与删除操作等。
- 文件系统管理数据：数据以文件形式存储在存储设备上，有专门的文件系统软件对数据文件进行管理，应用程序按文件名访问数据文件，按记录进行存取，可以对数据文件进行数据操作。应用程序通过文件系统访问数据文件，使得程序与数据之间具有一定的独立性。
- 数据共享差、数据冗余大：仍然是一个应用程序对应一个数据文件（集），即便是多个应用程序需要处理部分相同的数据时，也必须访问各自的数据文件，由此造成数据的冗余，并可能导致数据不一致；数据不能共享。
- 数据独立性不好：数据文件与应用程序一一对应，数据文件改变时，应用程序需要改变；同样，应用程序改变时，数据文件也需要改变。

3. 数据库技术阶段

20 世纪 70 年代开始有了专门进行数据组织和管理的软件——数据库管理系统，特别在 20 世纪 80 年代后期到 20 世纪 90 年代，由于金融和商业的需求，数据库管理系统得到了迅猛的发展。数据库管理系统具有如下特点。

- 数据结构化。
- 数据共享性高，冗余度低，易扩充。
- 数据独立性高。
- 数据由 DBMS 统一管理，DBMS 具有完备的数据管理和控制功能。

1.2.5　国产数据库的发展

作为信息技术的核心，数据库技术承载着数据存储、管理和分析的重任，而国产数据库的发展则是我国信息技术自主化、安全可控的重要一环。国产数据库的发展主要经历了起步阶段、追赶阶段和快速发展阶段。

1. 起步阶段（1978—2000 年）

在改革开放初期，我国数据库技术相对滞后，面对技术基础薄弱、市场需求不明确等困难，高校和科研机构开始自主研发数据库技术，为我国数据库的发展奠定了坚实基础。1977年，中国计算机学会首次在黄山召开数据库研讨会。1978 年，中国人民大学萨师煊教授首次开设了"数据库系统概论"课程，该课程在全国产生了极大的影响。从 1982 年起，中国计算机学会每年举办一次数据库学术会议。1983 年，萨师煊与弟子王珊合作出版了数据库领域第一部中文教材《数据库系统概论》，为推动我国数据库技术发展、培养数据库人才做出了开创性的贡献。20 世纪 90 年代初，随着我国改革开放步伐的进一步加快，经济增长呈现井喷的速度，对数据库的需求全面爆发，我国的数据库市场很快就被国外成熟先进的数据库产品占领。面对数据库的垄断，国内的科研机构仍然孜孜不倦地进行数据库产品的研发，中国人民大学、华中科技大学、中国航天科技集团等研究团队从理论层面的探索逐步转向现实层面推动，初步形成了数据库原型系统。

2. 追赶阶段（2000—2010 年）

进入 21 世纪，我国经济和信息技术快速发展，国产数据库研发进入快车道。凭借"863"计划、"核高基重大科研专项"以及"973"计划等国家政策的大力扶持和高校研究，涌现出一批国产数据库厂商。1999 年，国产数据库厂商——北京人大金仓信息技术股份有限公司（已更名）成立并研发了 KingbaseES 系列数据库产品；2000 年，拥有华中科技大学与多媒体研究所背景的武汉达梦数据库股份有限公司成立，创建了达梦数据库；2004 年，依托南开大学背景的天津南大通用数据技术股份有限公司成立，创建了 GBase 系统；2008 年，依托中国航天科技集团的天津神舟通用数据技术有限公司成立，创建了神通数据库。这一阶段，数据库科研成果产业化，成功从实验室走向市场。从 2007 年到 2010 年，国产数据库软件的国内市场份额逐年增长，从 4% 左右增长到了 8% 左右。

3. 快速发展阶段（2010 年至今）

随着互联网与云计算的兴起，我国数据库市场及技术日益成熟，一批云计算厂商开始布局数据库行业，从 2010 年起，阿里云使用开源数据库自主研发了关系型云原生数据库 Polar DB，蚂蚁集团也自主研发了数据库产品 OceanBase；2012 年，腾讯云推出自主研发的分布式数据库 TDSQL，2017 年又推出自研云原生数据库 CynosDB；2019 年华为开源了其数据库产品 open-Gauss，2020 年又发布了关系型数据库 GaussDB。随着国产数据库技术的不断发展和市场竞争的加剧，国产数据库的市场占比逐年提升。2023 年，中国数据库市场总规模约为 522.4 亿元，其中国产数据库企业占到的市场份额已经超过 50%，这包括了前面提到的 4 家国产数据库企业，以及新加入的阿里云、腾讯云等云厂商。在金融、电信等关键领域，国产数据库已经得到了广泛应用，国产数据库在性能、稳定性和安全性等方面已经能够满足关键领域的需求，得到了行业用户的认可和信任。国产数据库在技术创新方面也取得了显著进展，在集群技术、安全技术、分布式技术等领域，国产数据库均取得了重要突破，提高了产品的性能和安全性。同时，国产数据库还积极拥抱开源和云计算等新技术，推出了多款云原生数据库产品，满足了用户对弹性扩展、高可用性和易用性的需求。

尽管国产数据库取得了显著发展，但仍然面临着一些挑战。首先，国外知名数据库产品仍然占据着大量的市场份额，国产数据库需要在技术和市场上持续努力，才能取得更大的突破。其次，随着大数据、人工智能等新技术的发展，数据库技术也在不断创新和变革，国产数据库需要紧跟时代步伐，加强技术研发和创新。同时，信息安全和供应链安全等挑战也不容忽视，国产数据库需要加强信息安全技术研发和应用，提高产品的信息安全性能和可靠性。

1.3　数据库系统三级模式结构

从数据库管理系统的内部体系结构角度看，数据库管理系统对数据库数据的存储和管理采用三级模式结构。数据库系统的三级模式结构是指数据库系统由模式、外模式和内模式三级构成。数据库系统的三级模式结构如图 1-2 所示。

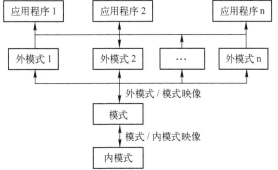

图 1-2　数据库系统的三级模式结构

1.3.1　模式结构的概念

1. 模式

模式（Schema）又称逻辑模式，是数据库中全部数据的逻辑结构和特征的描述，是对数据的结构和属性的描述。

关系数据库用关系数据模型来描述数据的逻辑结构（如数据项、数据类型、取值范围等）和数据之间的联系，以及数据的完整性规则。

在关系数据模型中，对学生数据的一组描述（学号，姓名，性别，所在学院）就是一个模式，这个模式可以有多组不同的值与其对应，每一组对应的值称为模式的实例。例如，（2008350222，钟红，女，信息学院）就是上述模式的一个实例。

数据库设计的主要任务之一就是数据库的模式设计。

2. 外模式

外模式（External Schema）又称子模式或用户视图，是用户能够看到和使用的逻辑数据模型描述的数据。外模式通常是从模式得到的子集；用户的需求不一样，用户视图就不一样，因此，一个模式可以有很多个外模式。

外模式可以很好地起到保护数据安全的作用，是保证数据库数据安全的一个有力措施。外模式使得每个用户只能访问到与其相关的数据，不能访问模式中的其他数据。

3. 内模式

内模式（Internal Schema）又称存储模式，是数据物理结构和存储方式的描述，一个模式只有一个内模式。

1.3.2　数据库系统三级模式与二级映像

数据库系统的三级模式对应数据的三个抽象级别，数据的具体组织由 DBMS 管理，用户可以逻辑地抽象处理数据，而无须关心数据在计算机内部的具体表示方式和存储方式。

数据库系统的三级模式提供了二级映像，从而保证了数据库系统中数据的逻辑独立性和物理独立性。

1. 外模式/模式映像

模式描述了数据的全局逻辑结构，外模式是根据用户需求描述的数据局部逻辑结构。

对应一个模式可以有任意多个外模式，如图 1-3 所示。对应于每一个外模式，都有一个外模式/模式映像，它定义了该外模式与模式之间的对应关系。

应用程序是依据数据的外模式编写的，因此当模式改变时，应用程序不必改变，从而实现了数据与程序之间的逻辑独立性，简称数据的逻辑独立性。

2. 模式/内模式映像

数据库中，模式是唯一的，内模式也是唯一的，模式与内模式是一一对应的，模式/内模式映像也是唯一的，如图 1-4 所示。模式/内模式映像定义了数据全局逻辑结构与存储结构之间的对应关系，并且实现了数据的物理独立性。

图 1-3　外模式/模式映像　　　　　　　图 1-4　模式/内模式映像

1.4　数据库设计的基本步骤

数据是一个组织机构的重要资源之一，是组织积累的宝贵财富，通过对数据的分析，可以了解过去，把握今天，预测未来。但这些数据通常是大量的、甚至是杂乱无章的，如何合理、有效地组织这些数据，是数据库设计的重要任务之一。

正如前面所述，数据库是企业或组织所积累的数据的聚集，除了每一个具体数据以外，这些数据是逻辑相关的，即数据之间是有联系的。数据库是组织和管理这些数据的常用工具。数据库设计讨论的问题是：根据业务管理和决策的需要，应该在数据库中保存什么数据；这些数据之间有什么联系；如何将所需要的数据划分到表格的列，并且建立表之间的关系。

数据库设计的目的在于提供实际问题的计算机表示，在于获得支持高效存取数据的数据结构。数据库中用数据模型这个工具来抽象和描述现实世界中的对象（人或事物）。数据库设计分为 4 个步骤，如图 1-5 所示。

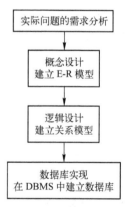

图 1-5　数据库设计步骤

1. 需求分析

对需要使用数据库系统来进行管理的现实世界中对象（人或事物）的业务流程、业务规则和所涉及的数据进行调查、分析和研究，充分理解现实世界中的实际问题和需求。需求分析的策略一般有两种：自下向上的方法和自上向下的方法。

（1）自下向上的方法

对事物进行了解，理解实际问题的业务规则和业务流程。在此基础上，归纳出该事物处理过程中需要存放在数据库中的数据。

例如，一个产品销售数据库需要保存客户的哪些数据？可以做出一个二维表格，每一列是一个数据项，每一行是一个客户信息，可能包含客户姓名、地址、邮政编码、手机号码等。

（2）自上向下的方法

从为描述事物最终提供的各种报表和经常需要查询的信息着手，分析出应包含在数据库中的数据。

例如，上述产品销售数据库的客户信息，是否需要按客户性别进行统计分析，如果需要，就应该增加一列"性别"数据项。

进行需求分析时，通常会同时使用上述两种方法。自下向上的方法反映了实际问题的信息需求，是对数据及其结构的需求，是一种静态需求；自上向下的方法侧重于对数据处理的需求，即实际问题的动态需求。

2. 数据库概念设计

数据库概念设计是在需求分析的基础上，建立概念数据模型（Conceptual Data Model，简称为概念模型）；用概念模型描述实际问题所涉及的数据以及数据之间的联系；这种描述的内容和详细程度取决于期望得到的信息。一种较常用的概念模型是实体–联系模型，又称 E-R（Entity-Relationship）模型。E-R 模型用实体和实体之间的联系来表达数据以及数据之间的联系。

例如，产品销售数据库，供应商是一个实体，客户是另一个实体，产品是实体，订单是实体，并且它们之间是有联系的，使用 E-R 模型描述这些实体以及它们之间的联系。

3. 数据库逻辑设计

数据库逻辑设计是根据概念数据模型建立逻辑数据模型（Logic Data Model）。逻辑数据模型是一种面向数据库系统的数据模型，本书使用目前被广泛使用的关系数据模型来描述数据库逻辑设计：根据概念模型建立数据的关系模型（Relational Model），用关系数据模型描述实际问题在计算机中的表示。关系数据模型是一种数据模型，用二维表格的形式来表示数据以及数据之间的联系。数据库的逻辑设计实际是把 E-R 模型转换为关系数据模型的过程。

E-R 模型和关系数据模型分属两个不同的层次，E-R 模型更接近于用户，不需要用户具有计算机知识，属于现实世界范畴；而关系数据模型是从计算机的角度描述数据及数据之间的联系，需要使用者具有一定的计算机知识，属于计算机范畴。

4. 数据库实现（数据库物理设计）

依据关系数据模型，在数据库管理系统环境中建立数据库。如在 Access 中，Access 把数据组织到表格，表格由行和列组成。简单的数据库可能只包含一个表格，但是大多数数据库是包含多个表的，并且表之间有联系。

例如，产品销售数据库，就应该至少包含供应商表、客户表、产品表及订单表等，这些表通过主键建立联系。

1.5 实体–联系模型

数据库设计的过程就是利用数据模型来表达数据和数据之间联系的过程。数据模型是一种工具，用来描述数据（Data）、数据的语义（Data Semantics）、数据之间的联系（Relationship）以及数据的约束（Constraints）等。数据建模是一个抽象的过程，其目的是把一个现实世界中的实际问题用一种数据模型来表示，用计算机能够识别、存储和处理的数据形式进行描述。本节将讨论一种用于数据库概念设计的数据模型——E-R 模型。一般地讲，任何一种数据模型都是经过严格定义的。

理解实际问题的需求之后，需要用一种方法来表达这种需求，现实世界中使用概念数据模型来描述数据以及数据之间的联系，即数据库概念设计。概念模型的表示方法之一是 E-R 模型，即用 E-R 模型表达实际问题的需求。E-R 模型具有足够的表达能力且简明易懂，不需要使用者具有计算机知识。E-R 模型以图形的形式表示模型中各元素及其之间的联系，所以又称为 E-R 图（Entity-Relationship Diagram）。E-R 图便于理解且易于交流，因此，E-R 模型得到了相当广泛的应用。

1.5.1　实体–联系模型中的基本概念

下面介绍 E-R 模型中使用的基本元素。

1. 实体

实际问题中客观存在并可相互区别的事物称为实体（Entity）。实体是现实世界中的对象，实体可以是具体的人、事或物。例如，实体可以是一名学生、一位教师或图书馆中的一本书籍。

2. 属性

实体所具有的某一特性称为属性（Attribute）。在 E-R 模型中用属性来描述实体，例如，通常用"姓名""性别""出生日期"等属性来描述人，用"图书名称""出版商""出版日期"等属性来描述书籍。一个实体可以由若干个属性来描述，例如，学生实体可以用"学号""姓名""性别""出生日期"等属性来描述。这些属性的集合（学号，姓名，性别，出生日期）表征了一个学生的部分特性。一个实体通常具有多种属性，应该使用哪些属性描述实体，取决于实际问题的需要或者说取决于最终期望得到哪些信息。例如，教务处关心学生各门功课的成绩，而学生处可能会更关心学生的各项基本情况，如学生来自哪里、监护人是谁以及如何联系等问题。

确定属性的两条原则如下。

1）属性必须是不可分的最小数据项，属性中不能包含其他属性，不能再具有需要描述的性质。

2）属性不能与其他实体具有联系，E-R 图中所表示的联系是实体集之间的联系。

属性的取值范围称为该属性的域（Domain）。例如，"学号"的域可以是 9 位数字组成的字符串，"性别"的域是"男"或"女"，"工资"的域是大于零的数值等。但域不是 E-R 模型中的概念，E-R 模型不需要描述属性的取值范围。

3. 实体集

具有相同属性的实体的集合称为实体集（Entity Set/Entity Class）。例如，全体学生就是一个实体集。实体属性的每一组取值代表一个具体的实体。例如，（983501011，张捷，女，1978 年 12 月）是学生实体集中的一个实体，而（993520200，李纲，男，1978 年 8 月）是另一个实体。在 E-R 模型中，一个实体集中的所有实体有相同的属性。

4. 键

在描述实体集的所有属性中，可以唯一地标识每个实体的属性称为键（Key）或标识（Identifier）。首先，键是实体的属性；其次，这个属性可以唯一地标识实体集中的单个实体。因此，作为键的属性取值必须唯一且不能"空置"。例如，在学生实体集中，学号属性唯一地标识一个学生实体。在学生实体集中，学号属性取值唯一，而且每一位学生一定有一个学号（不存在没有学号的学生）。因此，学号是学生实体集的键。

5. 实体型

具有相同的特征和性质的实体一定具有相同的属性。用实体名及其属性名集合来抽象和描述同类实体，称为实体型（Entity Type）。实体型表示的格式是：

实体名（属性 1，属性 2，…，属性 n）

例如，学生（学号，姓名，性别，出生日期，所属院系，专业，入学时间）就是一个实体型，其中带有下画线的属性是键。

图 1-6 所示为学生实体集的图形表示。用矩形表示实体集，矩形框中是实体集名称，用椭圆表示实体的属性。用加下画线的方式表示作为键的属性。

图 1-6　学生实体集的图形表示

在建立实体集时，应遵循的原则如下。

1）每个实体集只表现一个主题。例如，学生实体集中不能包含教师，它们所要描述的内容是有差异的，属性可能会有所不同。

2）每个实体集有一个键属性，其他属性只依赖键属性而存在。并且除键属性以外的其他属性之间没有相互依赖关系。例如，学生实体中，学号属性值决定了姓名、性别、出生日期等属性的取值（记为：学号 → 姓名　性别　出生日期），但反之不行。

6. 联系

世界上任何事物都不是孤立存在的，事物内部和事物之间是有联系（Relationship）的。实体集内部的联系体现在描述实体的属性之间的联系；实体集外部的联系是指实体集之间的联系，并且这种联系可以拥有属性。

实体集之间的联系通常有 3 种类型：一对一联系（1:1）、一对多联系（1:n）和多对多联系（m:n）。

1.5.2　实体集之间的联系形式

1. 一对一联系

【例 1-1】考虑学校里的班和班长之间的联系问题。每个班只有一位班长，每位班长只在一个班里任职，班实体集与班长实体集之间的联系是一对一联系。用 E-R 图表示这种一对一的联系，如图 1-7 所示。用矩形表示实体集，用菱形表示实体集之间的联系，菱形中是联系的名称，菱形两侧是联系的类型。为了强调实体集之间的联系，图中略去了实体集的属性。

图 1-7　班实体集与班长实体集的联系

【例 1-2】某经济技术开发区需要对入驻其中的公司及其总经理信息进行管理。如果给定的需求分析如下，则建立此问题的概念模型。

（1）需求分析

1）每个公司有一位总经理，每位总经理只在一个公司任职。

2）需要存储和管理的公司数据有公司名称、地址和电话。

3）需要存储和管理的总经理数据有姓名、性别、出生日期和民族。

这个问题中有两个实体对象，即公司实体集和总经理实体集。描述公司实体集的属性是公司名称、地址和电话；描述总经理实体集的属性是姓名、性别、出生日期和民族。但两个实体集中没有适合作为键的属性，因此为每一个公司编号，使编号能唯一地标识每一个公司；为每一位总经理编号，使编号能唯一地标识每一位总经理。并且在两个实体集中分别增加"公司编号"和"经理编号"属性作为实体的键。

（2）E-R 模型

1）实体型。

公司（公司编号，公司名称，地址，电话）
总经理（经理编号，姓名，性别，出生日期，民族）

2）E-R 图如图 1-8 所示。

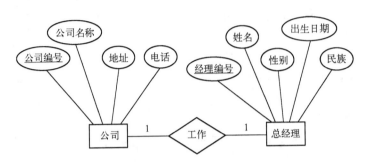

图 1-8　公司实体集与总经理实体集的 E-R 图

总结上面的两个例子，可以归纳出实体集之间一对一联系的定义，即对于实体集 A 中的每一个实体，实体集 B 中至多有一个实体与之联系，反之亦然，则称实体集 A 与实体集 B 具有一对一联系，记为 1:1。

2. 一对多联系

【例 1-3】考虑学生与班之间的联系问题。一个班有多名学生，而每名学生只属于一个班。因此，班实体集与学生实体集之间的联系是一对多联系，如图 1-9 所示。

图 1-9　班实体集与学生实体集的联系

【例 1-4】一家企业需要用计算机来管理它分布在全国各地的仓库和员工信息。如果给定的需求分析如下，则建立此问题的概念数据模型。

（1）需求分析

1）某公司有数个仓库分布在全国各地，每个仓库中有若干名员工，每名员工只在一个仓库中工作。

2）需要管理的仓库信息包括仓库名、地点和面积。

3）需要管理的仓库中员工信息包括姓名、性别、出生日期和工资。

4）此问题包含两个实体集：仓库和员工。仓库实体集与员工实体集之间的联系是一对多联系。

5）需要为每个仓库编号，用以唯一地标识每个仓库，因此仓库实体的键是"仓库号"属性。

6）需要为每位员工编号，用以唯一地标识每名员工，因此员工实体的键是"员工号"属性。

（2）E-R 模型

1）实体型。

仓库（仓库号，仓库名，地点，面积）
员工（员工号，姓名，性别，出生日期，工资）

2）E-R 图如图 1-10 所示。

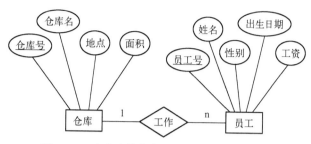

图 1-10　仓库实体集与员工实体集的 E-R 图

总结上面的两个例子，可以归纳出，实体集之间的一对多联系是指，对于实体集 A 中的每一个实体，实体集 B 中至多有 n 个实体（n≥0）与之联系；反之，对于实体集 B 中的每一个实体，实体集 A 中至多只有一个实体与之联系，则称实体集 A 与实体集 B 具有一对多联系，记为 1:n。

实体集之间的一对多联系是实际问题中遇到最多的情况，同时也是最重要的一种联系形式。实体集之间更复杂的联系，例如下面的多对多联系是通过分解为一对多联系来解决的。

3. 多对多联系

如果对于实体集 A 中的每一个实体，实体集 B 中有 n 个实体（n≥0）与之联系；反之，对于实体集 B 中的每一个实体，实体集 A 中也有 m 个实体（m≥0）与之联系，则称实体集 A 与实体集 B 具有多对多联系，记为 m:n。

【例 1-5】考虑学校中的学生与各类学生社团之间的情况。如果给定的需求分析如下，则建立此问题的 E-R 模型。

（1）需求分析

1）每名学生可以参加多个社团，每个社团中有多名学生。

2）需要管理的社团信息包括：名称、地点和电话。

3）需要管理的学生信息包括：学号、姓名、性别、出生日期和所属院系。

4）需要为社团编号，用以唯一地标识每一个社团并作为社团实体集的键。

5）学生实体集的键是"学号"属性，它可以唯一地标识每一名学生。

（2）E-R 模型

1）实体型。

社团（编号，名称，地点，电话）
学生（学号，姓名，性别，出生日期，所属院系）

2）E-R 图如图 1-11 所示。

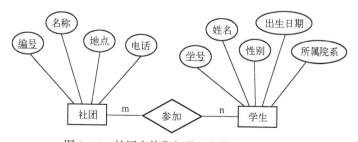

图 1-11　社团实体集与学生实体集的 E-R 图

【例 1-6】 考虑学生与课程之间的情况。学校需要对学生及其选课的信息进行管理。根据需求分析建立概念数据模型。

（1）需求分析

1）一名学生选修多门课程，每门课程也会有多名学生选择。学生实体集与课程实体集之间的联系是多对多联系。

2）需要为课程编号，用"课程号"属性唯一地标识每一门课程并作为课程实体集的键。

3）学生实体集的键是"学号"属性。

（2）E-R 模型

1）实体型。

学生（学号，姓名，性别，出生日期，院系）
课程（课程号，课程名，开课单位，学时数，学分）

2）E-R 图如图 1-12 所示。

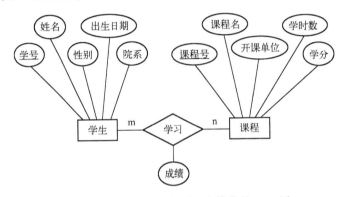

图 1-12　学生实体集与课程实体集的 E-R 图

如果考虑成绩属性，显然这个属性放在哪个实体中都不合适，前面说过联系可以拥有属性。因此，把成绩放入联系中，作为这个多对多联系的属性。

1.5.3　实体-联系模型实例

以上讨论的问题均为两个实体集之间的联系，称为二元联系。在实际问题中经常会遇到多个实体集之间的联系问题，但无论一个问题中包含多少个实体集，实体集之间的联系类型只有 3 种：一对一联系、一对多联系和多对多联系。

【例 1-7】 某企业需要对其仓库、员工、订单和供应商的信息进行管理。根据需求分析建立 E-R 模型。

（1）需求分析

某公司有分布在全国各地的多个仓库。每个仓库中有多名员工。每张订单一定是与一名员工签订的。每张订单上的商品由一名供应商供货。

（2）E-R 模型

1）实体型。

仓库（仓库号，仓库名，地点，面积）
员工（员工号，姓名，性别，出生日期，婚否，工资）
订单（订购单号，订购日期，金额）
供应商（供应商号，供应商名，地址）

2）E-R 图（略去属性）如图 1-13 所示。

图 1-13　仓库管理 E-R 图

【例 1-8】产品销售数据管理。根据需求分析，建立 E-R 模型。

（1）需求分析

产品销售数据管理，需要管理的数据包括供应商信息、产品信息、客户信息和订单信息。

每个供应商提供多种产品；每个订单包含多种产品，每种产品可能出现在多个订单上；每个订单对应一个客户，每个客户可能有多个订单。

> 供应商（<u>公司名称</u>，联系人姓名，联系电话，地址，邮政编码，Email）
> 客户（<u>姓名</u>，性别，电话，省份，城市，区，详细地址，邮政编码，Email）
> 产品（<u>名称</u>，价格，当前库存量）
> 订单（<u>订单编号</u>，订单日期，产品，付款方式）

（2）E-R 模型

E-R 图如图 1-14 所示。

图 1-14　产品销售数据管理 E-R 图

实体集之间这种一对一、一对多和多对多联系不仅存在于两个实体集之间，同样存在于两个以上实体集之间。这个问题中涉及 4 个实体，实体之间的联系称为多元联系。

思考：请为本书 1.1 节引例中的 A 公司业务数据库进行数据库概念设计。同时考虑，如果 A 企业的产品还需要分类，应该如何设计 E-R 模型。

根据以上示例，对数据库概念设计过程进行归纳，数据库概念设计是建立在需求分析基础之上的，依据需求分析完成如下工作。

1）确定实体。

2）确定实体的属性。在讨论属性时，已经提出了两条确定属性的原则，此外还应注意以下两点：

● 要避免在有联系的两个实体集或多个实体集中出现重复属性。例如，在公司实体集中有"公司名称"属性，在总经理实体集中就不要出现"公司名称"属性。

● 要尽量避免出现需要经过计算推导出来的属性或需要从其他属性经过计算推导出来的属性。例如，在学生实体中尽量保留"出生日期"属性，而不要保留"年龄"属性（有的数据库设计中，由于某种需要会违背这条原则）。

3）确定实体集的键。有的实体集本身已经具有可以作为键的属性，例如，学生实体集的"学号"属性；但有的实体集不具有可以作为键的属性，这时就要设立一个"编号"或"代码"之类的属性，作为该实体集的键属性，并且在建立数据库前为实体集中的所有实体编码。

4）确定实体集之间的联系类型。

5）用实体型和 E-R 图表达概念模型设计结果。

数据库概念设计是一个承上启下的阶段，需要强调的是，概念模型是在理解需求分析的基础上建立的，对需求的理解不同，所建立的概念模型可能会有所不同。概念模型建立之后，需要与业务人员进行交流，以加深对需求的进一步理解，对概念模型反复推敲，以求不断完善，从而为数据库逻辑设计打下良好基础。

1.5.4　教学管理数据库概念模型设计

教学管理系统是教育领域常见的数据库应用系统，主要包括学生管理、成绩管理、教师管理和课程管理等内容，本书以教学管理数据库作为应用实例贯穿全书，这里首先介绍教学管理数据库概念模型的设计。

【例 1-9】设计教学管理数据库。根据需求分析，建立 E-R 模型。

（1）需求分析

教学管理系统，需要管理的数据主要包括学生信息、课程信息、教师信息、教师工资信息和排课表信息等。

学生、课程、教师通过排课表发生多元联系。

（2）E-R 模型

1）实体型。

学生（<u>学号</u>，姓名，性别，出生日期，民族，政治面貌，所属院系，班级，籍贯，个人爱好，照片）
教师（<u>教师编号</u>，姓名，性别，出生日期，参加工作日期，是否党员，所属院系，职称，来校时间，简历，照片）
课程（<u>课程编号</u>，课程姓名，课程性质，学分）
排课表（<u>课程 ID</u>，教师编号，课程编号）
工资（<u>教师编号</u>，姓名，岗位工资，基本工资，绩效工资，应发工资，公积金）

2）E-R 图（略去属性）如图 1-15 所示。

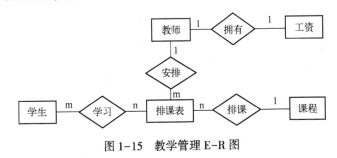

图 1-15　教学管理 E-R 图

注意：本例概念模型的规划中学生实体集和课程实体集不直接发生联系，而是通过排课表实体集发生联系，不同于例 1-6 中的设计。

1.6　拓展阅读——中国古代数据技术及应用

在科技日新月异的今天，数字化和信息化已经成为当代社会的重要特征。然而，在古代，数据技术和应用也形成了一些基本的模式和方法。中国古代文献丰富，资料繁多，涉及的领域广泛，因此也形成了很多独具特色的数据技术和应用。

在中国古代，数字技术是由简单的计算工具逐步发展演化而来的。最早的计算工具有算筹和算盘，这些计算工具具有基础的计算功能，适用于算术运算和计算距离、时间等简单运算。算盘最早可追溯到商周时期，而算筹的历史可以追溯到西周。在东周时期，针对编修古代史书时面临的庞大数据的问题，出现了著名的"计量法"，即将不同单位的物品归一化为一种标准单位，从而方便数据管理和运算。这种计量法是中国古代数据技术发展的一个重要标志，它推动了数字技术向着更为规范、科学的方向发展。到了战国时期，原有的裁量法逐渐被七政计算法所代替，由此可以看出数字技术和应用技术的发展已经逐步走向了更加严格的计算规范，从而为中国古代的数据管理和应用奠定了坚实的基础。

除计算工具外，古代的数据管理还包括了手工记录与资料存储技术，如简札，这种由竹片、木片等制成的记录方式，以其实用性一直沿用至清代。除此之外，中国古代还发展了其他数据存储技术，如"五经算术"，这些工具和技术在经济、商业和科学计算中发挥了重要作用。

在农业和土地管理领域，中国古代的数据技术同样发挥了巨大作用。如北周甄鸾所著《五曹算经》田曹卷中详细记载了田地面积的计算方法，在当时具有很高的实用性，并且对后世的土地面积计算有着深远的影响。在数学和天文学领域，中国古代的成就尤为突出。刘徽在《九章算术》中提出的数理统计、三角函数等概念，为现代数学的发展奠定了基础。古代天文学家依靠精确的天文观测与数学计算，制定了准确的历法。此外，数据技术在道路和水利工程规划中也展现了其精确与科学性。

启示：中国古代的数据技术，无论是算盘的普及、计量法的创新，还是天文学与数学的突破，都不仅代表了当时世界科技的前沿，更为今天的科技发展提供了源源不断的灵感。这些技术宝藏的传承，让我们深刻认识到数字文明的深远影响，激励我们在新时代继续发扬创新精神，不断推动科技与文明的进步。

1.7　习题

1. 选择题

1）实体-联系模型中，属性是指（　　）。

　　A. 客观存在的事物　　　　　　　　　　B. 事物的具体描述

　　C. 事物的某一特征　　　　　　　　　　D. 某一具体事件

2）对于现实世界中事物的特征，在 E-R 模型中使用（　　）描述。

　　A. 属性　　　　　　　　　　　　　　　B. 关键字

　　C. 二维表格　　　　　　　　　　　　　D. 实体

3）以下不属于数据库系统（DBS）组成的是（　　）。

　　A. 数据库集合　　　　　　　　　　　　B. 用户

　　C. 数据库管理系统及相关软件　　　　　D. 操作系统

4）数据库系统的核心是（　　）。

　　A. 数据库管理员　　　　　　　　　　　B. 数据库管理系统

　　C. 数据库　　　　　　　　　　　　　　D. 文件

5）假设一个书店用这样一组属性描述图书（书号，书名，作者，出版社，出版日期），可以作为"键"的属性是（　　）。

　　A. 书号　　　　　B. 书名　　　　　　C. 作者　　　　　　　D. 出版社

6）一名作家与他所出版过的书籍之间的联系类型是（　　　）。

　　A. 一对一　　　　　B. 一对多　　　　　C. 多对多　　　　　D. 都不是

2. 填空题

1）数据的独立性包括数据的_____和_____。

2）确定属性的两条基本原则是_____和_____。

3）在描述实体集的所有属性中，可以唯一地标识每个实体的属性称为_____。

4）实体集之间联系的 3 种类型分别是_____、_____和_____。

5）数据模型是由_____、_____和_____3 部分组成的。

3. 简答题

1）简述数据库的设计步骤。

2）举例说明现实世界事物之间的一对一联系、一对多联系和多对多联系。

3）根据自己的生活经验，找一个比较熟悉的业务，进行数据库设计，例如，银行和储蓄客户、图书借阅管理或超市管理会员制客户等。

第2章 关系数据模型和关系数据库

本章讨论的内容是数据库逻辑设计中所使用的逻辑数据模型，是一种数据库模型，称为数据模型。数据模型是一种用来表达数据的工具。在计算机中表示数据的数据模型应该能够精确地描述数据的静态特性、数据的动态特性和数据完整性约束条件。因此数据模型通常是由数据结构、数据完整性规则和数据操作3部分内容构成的。

数据结构用于描述数据的静态特性。关系数据模型的数据结构是关系——一种符合一定规则的二维表格。

数据完整性规则是一组约束条件的集合，以保证数据正确、有效和一致。

数据操作用于描述数据的动态特性。数据操作是指对数据库中各类对象的实例（值）允许执行的操作的集合，包括操作及有关的操作规则。数据库主要有查询和更新（包括插入、删除、修改）两大类操作。

2.1 数据模型

1970年，美国IBM公司的研究员E. F. Codd首次提出了数据库系统的关系数据模型。在此之前，计算机中使用的数据模型有层次数据模型和网状数据模型，20世纪70年代以后，关系数据模型逐渐取代了这两种数据模型。

1. 层次数据模型

层次数据模型（Hierarchical Data Model）的基本结构是一种倒挂树状结构，如图2-1所示。这种树结构很常见，例如，Windows系统中的文件夹和文件结构、一个组织的结构等。

树结构具有如下的特征（或限制条件）。

1）有且仅有一个根节点，它是一个无父节点的节点。

2）除根节点以外的所有其他节点有且仅有一个父节点。

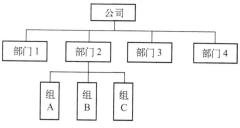

图2-1 层次数据模型示例

2. 网状数据模型

取消层次数据模型的两个限制条件，每一个节点可以有多个父节点，从而形成了网状数据模型（Network Data Model）。

3. 关系数据模型

关系数据模型是一个满足一定条件的二维表格。通俗地讲，满足关系数据模型的二维表格是规则的二维表格，它的每一行是唯一的，每一列也是唯一的。在关系数据模型中，这样一个二维表格称为关系，表格的第一行是属性名，后续的每一行称为元组；每一列是一个属性，同一属性的取值范围相同。

2.2 关系数据模型的数据结构

一个关系数据模型的逻辑结构是一张二维表格，即关系。在关系数据模型中，实体集以及实体集间的各种联系均用关系表示。下面介绍关系数据模型中使用的一些基本概念。

1. 关系

关系（Relation）即一个二维表格。

2. 属性

表（关系）的每一列必须有一个名字，称为属性（Attribute）。

3. 元组

表（关系）的每一行称为一个元组（Tuple）。

4. 域

表（关系）的每一属性有一个取值范围，称为域（Domain）。域是一组具有相同数据类型的值的集合。

5. 关键字

关键字（Key）又称主属性，可以唯一地标识一个元组（一行）的一个属性或多个属性的组合。可以起到这样作用的关键字有两类：主关键字（Primary Key）和候选关键字（Candidate Key）。

（1）主关键字

一个关系中只能有一个主关键字，用以唯一地标识元组，简称为关键字。

在 Access 数据库中，这个能唯一标识每个记录的字段称为表的主键，同时也是使用主键将多个表中的数据关联起来，从而将数据组合在一起。例如，学生表中的学号，客户表中的客户 ID、供应商 ID 等。

（2）候选关键字

一个关系中可以唯一地标识一个元组（一行）的一个属性或多个属性的组合。一个关系中可以有多个候选关键字。

有的时候，关系中只有一个候选关键字，把这个候选关键字定义为主关键字后，关系中将没有候选关键字。

关系中不应该存在重复的元组（表中不能有重复的行），因此每个关系都至少有一个关键字。可能出现的一种极端情况是：关键字包含关系中的所有属性。

6. 外部关键字

如果某个关系中的一个属性或属性组合不是所在关系的主关键字或候选关键字，但却是其他关系的主关键字，则对这个关系而言，这个属性或属性组合被称为外部关键字（Foreign Key）。

7. 关系模式

关系模式（Relational Schema）是对关系数据结构的描述。简记为：

关系名（属性1，属性2，属性3，…，属性n）

表 2-1 是一个关系，关系名是仓库，此关系具有 4 个属性：仓库号，仓库名，地点，面积。其关系模式是：仓库（仓库号，仓库名，地点，面积）。关系的关键字是仓库号，因此仓库号不能有重复值，同时不能为空。

表 2-1　"仓库"关系

仓 库 号	仓 库 名	地 点	面 积
WH1	兴旺	上海	390
WH2	广发	长沙	460
WH3	红星	昆明	500
WH4	奥胜	兰州	280
WH5	高利	长春	300
WH6	中财	北京	600

综上所述，可以得出如下结论。

1）一个关系是一个二维表格。

2）二维表格的每一列是一个属性。每一列有唯一的属性名。属性在表中的顺序无关紧要。

3）二维表格的每一列数据的数据类型相同，数据来自同一个值域。不同列的数据也可以来自同一个值域。

4）二维表格中每一行（除属性名行）是一个元组，表中不能有重复的元组（元组是唯一的），用主关键字来保证元组的唯一性，例如表 2-1 中的"仓库号"。元组在表中的顺序无关紧要。

数据模型中概念之间的对应关系见表 2-2。

表 2-2　数据模型中概念之间的对应关系

概 念 模 型	关 系 模 型	DBMS	用 户
实体集	关系	数据库表	二维表格
实体	元组	记录	行
属性	属性	字段	列
键	关键字（主属性）	主关键字	
实体型	关系模式		

2.3　关系数据库和关系数据库规范化

按照关系数据模型建立的数据库称为关系数据库，关系数据库规范化原则是用来确保数据正确、有效的一组规则。本节讨论关系数据库的建立以及关系数据库规范化。

2.3.1　关系数据库

关系数据库是以关系数据模型为基础的数据库，它利用关系描述现实世界中的对象。一个关系既可用来描述一个实体及其属性，也可用来描述实体间的联系。关系数据库是由一组关系组成的，针对一个具体问题，应该如何构造一个适合于它的数据模式，即应该构造几个关系，每个关系由哪些属性组成，这些是关系数据库逻辑设计要讨论的问题。

2.3.2　关系数据库规范化

关系数据库规范化（Normal Form）的目的是建立正确、合理的关系，规范化的过程是一个分析关系的过程。

实际上设计任何一种数据库应用系统，不论是层次、网状或关系数据模型，都会遇到如何构造合适的数据模式即逻辑结构问题。由于关系模型有严格的数学理论基础，并且可以向其他数据模型转换，因此人们往往以关系数据模型为背景来讨论这一问题，形成了数据库逻辑设计的一个有力工具——关系数据库规范化。

1. 函数依赖及其对关系的影响

函数依赖是属性之间的一种联系，普遍存在于现实生活中。例如，银行通过客户的存款账号，可以查询到该账号的余额。又例如，表 2-3 是描述学生情况的关系（二维表格），用一种称为关系模式的形式表示为：

STUDENT1（学号, 姓名, 性别, 出生日期, 专业）

由于每个学生有唯一的学号，一个学号只对应一个学生，一个学生只就读于一个专业，因此学号的值确定后，姓名及其所就读专业的值也就被唯一地确定了。属性间的这种依赖关系类似于数学中的函数。学号函数决定姓名和专业，或者说姓名和专业函数依赖于学号，记作：学号→姓名，学号→专业；同样有学号→性别，学号→出生日期。

表 2-3 STUDENT1 关系

学　号	姓　名	性　别	出生日期	专　业
010001	A	F	01/01/2000	会计
010002	B	F	04/11/2001	注会
010003	C	M	05/18/2005	会计
010004	D	F	09/12/2000	会计

如果在关系 STUDENT1 的基础上增加一些信息，例如，学生的"学院"及"院长"信息，见表 2-4，可以设计出如下关系模式：

STUDENT2（学号, 姓名, 性别, 出生日期, 专业, 学院, 院长）

函数依赖关系是：学号→学院，学院→院长。

表 2-4 STUDENT2 关系

学　号	姓　名	性　别	出生日期	专　业	学　院	院　长
010001	A	F	01/01/2000	会计	会计学院	Z
010002	B	F	04/11/2001	注会	会计学院	Z
010003	C	M	05/18/2005	会计	会计学院	Z
010004	D	F	09/12/2000	会计	会计学院	Z
010005	E	M	12/12/2001	信管	信息学院	W
010006	F	F	10/11/2000	信管	信息学院	W

上述关系模式存在如下 4 个问题。

1) 数据冗余（Data Redundancy）。例如，院长的姓名会重复出现，重复的次数与该学院学生的人数相同。

2) 更新异常（Update Anomaly）。例如，某学院更换院长后，系统必须修改与该学院学生有关的每一个元组。

3) 插入异常（Insertion Anomaly）。例如，一个学院刚成立，尚无学生，则这个学院及其院长的信息就无法存入数据库。

4）删除异常（Deletion Anomaly）。例如，某个学院的学生全部毕业了，在删除该学生信息的同时，也把这个学院的信息（学院名称和院长）全部删除了。即如果删除一组属性，带来的副作用可能是丢失一些其他信息。

一个关系之所以会产生上述问题，是由于关系中存在某些函数依赖。通常，如果把太多的信息放在一个关系中时，出现的诸如冗余之类的问题称为"异常"。

规范化是为了设计出"好的"关系数据模型。规范化理论正是用来改造关系模式，通过分解关系模式来消除其中不合适的数据依赖，以解决更新异常、插入异常、删除异常和数据冗余问题。

2. 规范化范式

每个规范化的关系只有一个主题。如果某个关系有两个或多个主题，就应该分解为多个关系。规范化的过程就是不断分解关系的过程。

人们每发现一种异常，就会去研究一种规则防止异常出现。由此设计关系的准则得以不断改进。20 世纪 70 年代初期，研究人员系统地定义了第一范式（First Normal Form，1NF），第二范式（Second Normal Form，2NF）和第三范式（Third Normal Form，3NF）。之后人们又定义了多种范式，但大多数简单业务数据库设计中只需要考虑第一范式、第二范式和第三范式。每种范式自动包含其前面的范式，各种范式之间的关系是：

$$5NF \subset 4NF \subset BCNF \subset 3NF \subset 2NF \subset 1NF$$

也就是说，符合第三范式的数据库自动符合第一、第二范式。

（1）1NF

如果关系模式 R 的所有属性均为简单属性，即每个属性都是不可再分的，则称 R 属于第一范式，记作：$R \in 1NF$。

关系模式都满足第一范式，即符合关系定义的二维表格（关系）都满足第一范式。列的取值只能是原子数据；每一列的数据类型相同，每一列有唯一的列名（属性）；列的先后顺序无关紧要，行的先后顺序也无关紧要。

（2）2NF

如果关系模式 $R \in 1NF$，且每一个非主属性都完全函数依赖于主属性，则关系满足第二范式，记作：$R \in 2NF$。

第二范式要求每个关系只包含一个实体集的信息，所有非主属性依赖于主属性。每个以单个属性作为主关键字的关系自动满足第二范式。

例如，在学生选修课程的关系模式（学号，课程号，所在系，成绩）中，（学号，课程号）组合起来作为关键字。模式中，非主属性"成绩"完全依赖于该关键字，而非主属性"所在系"则部分依赖于该关键字。因此这个关系模式不属于 2NF。根据 2NF 的定义，可将其分解为学生（学号，所在系）和选课（学号，课程号，成绩）两个关系。

（3）3NF

如果 $R \in 2NF$，且每一个非主属性不传递函数依赖于主属性，则该关系满足第三范式，记作：$R \in 3NF$。

关系的所有非主属性相互独立，任何属性其属性值的改变不应影响其他属性，则该关系满足第三范式。一个关系满足第二范式，同时没有传递函数依赖，则该关系满足第三范式。

例如，关系模式职工工资（职工号，级别，工资）中因为存在：职工号→级别，级别→

工资这样的传递函数依赖，因此它不属于 3NF。将其分解，修改为两个关系：职工级别（职工号，级别）和级别工资（级别，工资），则每张表都属于 3NF。

由 1NF、2NF 和 3NF，总结出规范化的规则如下。

1）每个关系只包含一个实体集；每个实体集只有一个主题，一个实体集对应一个关系。

2）属性中只包含原子数据，即最小数据项。

3）每个关系有一个主关键字，用来唯一地标识关系中的元组。

4）关系中不能有重复属性；所有属性完全依赖关键字（主关键字或候选关键字）；所有非主属性相互独立。

5）元组的顺序无关，属性的顺序无关。

2.3.3　关系数据完整性规则

关系数据模型的完整性规则是对关系的某种约束条件。关系数据模型中的数据完整性规则包括实体完整性规则、域完整性规则、参照完整性规则和用户定义完整性规则。

1）实体完整性规则：是指保证关系中元组唯一的特性。通过关系的主关键字和候选关键字实现。

2）域完整性规则：是指保证关系中属性取值正确、有效的特性。例如，定义属性的数据类型、设置属性的有效性规则等。

3）参照完整性规则：参照完整性与关系之间的联系有关，包括插入规则、删除规则和更新规则。

4）用户定义完整性规则：是指为满足用户特定需要而设定的规则。

在关系数据完整性规则中，实体完整性和参照完整性是关系数据模型必须满足的完整性约束条件，被称为关系的两个不变性，由关系数据库系统自动支持。

在以后的章节中，将结合具体实例对数据库的数据完整性规则进行详细讨论。

2.4　E-R 模型向关系数据模型的转换

E-R 模型向关系数据模型转换要解决的问题是如何将实体以及实体之间的联系转换为关系模式，如何确定这些关系模式的属性和主关键字（这里所说的实体更确切地说是实体集）。

注意：这里包含两个方面的内容，一是实体如何转换，二是实体之间的联系如何处理。

2.4.1　实体转换为关系模式

E-R 模型的表现形式是 E-R 图，由实体、实体的属性和实体之间的联系 3 个要素组成。从 E-R 图转换为关系模式的方法是：为每个实体定义一个关系，实体的名字就是关系的名字；实体属性就是关系的属性；实体的键就是关系的主关键字。用规范化准则检查每个关系，上述设计可能需要改变，也可能不用改变。依据关系规范化准则，在定义实体时就应遵循每个实体只有一个主题的原则。实体之间的联系转换为关系之间的联系，关系之间的联系是通过外部关键字来体现的。

2.4.2　实体之间联系的转换

前面讨论过实体之间的联系通常有 3 种类型：一对一联系、一对多联系和多对多联系。下面从实体之间联系类型的角度来讨论 3 种常用的转换策略。

1. 一对一联系的转换

两个实体之间的联系最简单的形式是一对一（1:1）联系。一对一联系的 E-R 模型转换为关系数据模型时，每个实体用一个关系表示，然后将其中一个关系的关键字置于另一个关系中，使之成为另一个关系的外部关键字。关系模式中带有下画线的属性是关系的主关键字。

【例 2-1】本例的需求分析和 E-R 模型见第 1 章例 1-2。

根据转换规则，公司实体用一个关系表示；实体的名字就是关系的名字，因此关系名是"公司"；实体的属性就是关系的属性，实体的键就是关系的关键字，由此得到关系模式：

> 公司（<u>公司编号</u>，公司名称，地址，电话）

同样可以得到关系模式：

> 总经理（<u>经理编号</u>，姓名，性别，出生日期，民族）

为了表示这两个关系之间具有一对一联系，可以把"公司"关系的关键字"公司编号"放入"总经理"关系，使"公司编号"成为"总经理"关系的外部关键字；也可以把"总经理"关系的关键字"经理编号"放入"公司"关系，由此得到下面两种形式的关系模式。

关系模式一：

> 公司（<u>公司编号</u>，公司名称，地址，电话）
> 总经理（<u>经理编号</u>，姓名，性别，出生日期，民族，*公司编号*）

关系模式二：

> 公司（<u>公司编号</u>，公司名称，地址，电话，*经理编号*）
> 总经理（<u>经理编号</u>，姓名，性别，出生日期，民族）

注意：其中斜体内容为外部关键字。

2. 一对多联系的转换

一对多（1:n）联系的 E-R 模型中，通常把"1"方（一方）实体称为父方，"n"方（多方）实体称为子方。1:n 联系的表示简单而且直观。一个实体用一个关系表示，然后把父实体关系中的关键字置于子实体关系中，使其成为子实体关系的外部关键字。

【例 2-2】本例的需求分析和 E-R 模型见第 1 章例 1-4。

在这个 E-R 模型中，仓库实体是"一方"父实体，员工实体是"多方"子实体。每个实体用一个关系表示，然后把仓库关系的主关键字"仓库号"放入员工关系中，使之成为员工关系的外部关键字。得到下面的关系模式。

关系模式：

> 仓库（<u>仓库号</u>，仓库名，地点，面积）
> 员工（<u>员工号</u>，姓名，性别，出生日期，工资，*仓库号*）

【例 2-3】考虑学生毕业设计中的指导教师和学生的情况。

（1）需求分析

学校使用数据库来管理学生毕业设计时的教师和学生数据。毕业设计时，一名教师指导多位学生，每位学生必须有一名教师指导其毕业设计论文。

（2）E-R 模型

E-R 图如图 2-2 所示。实体型如下：

教师（<u>教师号</u>，姓名，院系，电话）
学生（<u>学号</u>，姓名，性别，出生日期，所属院系）

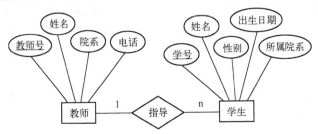

图 2-2　教师实体集与学生实体集的一对多联系

（3）关系数据模型的表示方法

教师（<u>教师号</u>，姓名，院系，电话）
学生（<u>学号</u>，姓名，性别，出生日期，所属院系，*教师号*）

注意：1:n 联系的 E-R 模型转换为关系数据模型时，一定是父实体关系中的关键字置于子实体关系中。反之不可。

3. 多对多联系的转换

多对多（m:n）联系的 E-R 模型转换为关系数据模型的转换策略是把一个 m:n 联系分解为两个 1:n 联系，分解的方法是建立第三个关系（称为"纽带"关系）。原来的两个多对多实体分别对应两个父关系，新建立第三个关系，作为两个父关系的子关系，子关系中的必有属性是两个父关系的关键字。

【例 2-4】学生和社团问题。需求分析和 E-R 模型见第 1 章例 1-5。

（1）对应社团实体和学生实体分别建立社团关系和学生关系

社团（<u>编号</u>，名称，地点，电话）
学生（<u>学号</u>，姓名，性别，出生日期，所属院系）

（2）建立第三个关系表示社团关系与学生关系之间具有 m:n 联系

为了表示社团关系和学生关系之间的联系是多对多联系，建立第三个关系"成员"，把"社团"关系和"学生"关系的主关键字放入"成员"关系中，用关系"成员"表示"社团"关系与"学生"关系之间的多对多联系。"成员"关系的主关键字是编号和学号，同时编号和学号又是这个关系的外部关键字。

成员（*<u>编号</u>*，*<u>学号</u>*）

综上所述得到的关系数据模型的关系模式：

社团（<u>编号</u>，名称，地点，电话）
学生（<u>学号</u>，姓名，性别，出生日期，所属院系）
成员（*<u>编号</u>*，*<u>学号</u>*）

上述转换过程实际上是把一个多对多联系拆分为两个一对多联系。社团关系与成员关系是一个 1:n 联系；学生关系与成员关系也是一个 1:n 联系。成员关系有两个父关系：社团和学生，同样成员关系同时是学生和社团关系的子关系。子关系的关键字是父关系关键字的组合：编号和学号；编号和学号又分别是子关系的两个外部关键字。

【例 2-5】学生与选修课程之间的情况。每个学生会选择多门课程，每门课程也对应多名学生选修。需求分析和 E-R 模型见第 1 章例 1-6。

转换多对多（m:n）联系的策略是首先为学生实体和课程实体分别建立对应的关系，然后建立第三个关系"学生成绩"，用第三个关系表示"学生"与"课程"之间的多对多联系。第三个关系"学生成绩"中必须具有的属性是学生关系的关键字"学号"和课程关系的关键字"课程号"。根据具体情况还可能有其他属性，如学生成绩。由此得到如下关系模式：

学生（<u>学号</u>，姓名，性别，出生日期，院系）
课程（<u>课程号</u>，课程名，开课单位，学时数，学分）
学生成绩（<u>学号</u>，<u>课程号</u>，成绩）

上述转换过程也是把一个多对多联系拆分为两个一对多联系。学生关系与学生成绩关系是一个 1:n 联系；课程关系与学生成绩关系也是一个 1:n 联系。学生成绩关系有两个父关系：学生和课程，同样学生成绩关系同时是学生和课程的子关系。子关系的关键字是父关系关键字的组合：学号和课程号；学号和课程号又分别是子关系的两个外部关键字。

综上所述，E-R 数据模型转换为关系数据模型的方法见表 2-5。

表 2-5　E-R 数据模型转换为关系数据模型的方法

联系类型	方　　法
1:1	一个关系的主关键字置于另一个关系中
1:n	父关系（一方）的主关键字置于子关系（多方）中
m:n	分解成两个 1:n 关系。建立"纽带关系"，两个父关系的关键字置于纽带关系中，纽带关系是两个父关系的子关系

2.4.3　E-R 模型转换为关系数据模型实例

【例 2-6】仓库-员工-订单-供应商。需求分析和 E-R 模型见第 1 章例 1-7。
本例的 E-R 模型转换为关系数据模型的步骤如下。

（1）首先为每个实体建立与之相对应的关系

仓库（<u>仓库号</u>，仓库名，地点，面积）
员工（<u>员工号</u>，姓名，性别，出生日期，婚否，工资）
订单（<u>订购单号</u>，订购日期，金额）
供应商（<u>供应商号</u>，供应商名，地址）

（2）分别处理每两个关系之间的联系

1）仓库关系与员工关系之间具有一对多联系（见 E-R 模型），应该把仓库关系（父关系）的关键字"仓库号"放入员工关系（子关系），员工关系有了外部关键字"仓库号"，以此表示仓库关系与员工关系之间的 1:n 联系。

2）员工关系与订单关系之间同样具有一对多联系，员工关系的关键字"员工号"放入订单关系，使订单关系有了外部关键字"员工号"，以此表示员工关系与订单关系之间的 1:n 联系。

3）供应商关系与订单关系之间也具有一对多联系，供应商关系的关键字"供应商号"放入订单关系，使订单关系有了外部关键字"供应商号"，以此表示供应商关系与订单关系之间的 1:n 联系。

综上所述，得到如下关系数据模型：

仓库（<u>仓库号</u>，仓库名，地点，面积）
员工（<u>员工号</u>，姓名，性别，出生日期，婚否，工资，*仓库号*）
订单（<u>订购单号</u>，订购日期，金额，*员工号*，*供应商号*）
供应商（<u>供应商号</u>，供应商名，地址）

思考：请尝试完成例 1-8 产品销售管理 E-R 模型转换为关系数据模型的工作。

2.4.4　教学管理数据库关系数据模型设计

【例 2-7】完成教学管理数据库的关系数据模型设计，E-R 模型见第 1 章例 1-9。

本例的 E-R 模型转换为关系数据模型的步骤如下。

（1）首先为每个实体建立与之相对应的关系

分别建立学生、教师、课程、排课表、工资和成绩共 6 个关系。

（2）分别处理每两个关系之间的联系

1）对于具有一对多联系（见 E-R 模型），应该把父关系的关键字放入子关系作为子关系中的外部关键字，通过一方（父方）的关键字和多方（子方）的外部关键字建立 1:n 联系。教师和排课表、课程和排课表都是 1:n 联系。

2）教师和工资是一对一联系，可以任选一方的主关键字（这里建议选择工资关系）"教师编号"作为外部关键字，与教师关系的主关键字建立 1:1 联系。

3）学生和排课表是多对多联系，需要新建一个中间关系（定义为成绩关系），形成两个一对多联系，即学生和成绩一对多、排课表和成绩一对多，参照一方的关键字在多方设置外部关键字，建立两个 1:n 联系。

综上所述，得到如下关系数据模型：

学生（<u>学号</u>，姓名，性别，出生日期，民族，政治面貌，所属院系，班级，籍贯，个人爱好，照片）
教师（<u>教师编号</u>，姓名，性别，出生日期，参加工作日期，是否党员，所属院系，职称，来校时间，简历，照片）
课程（<u>课程编号</u>，课程姓名，课程性质，学分）
排课表（<u>课程 ID</u>，*教师编号*，*课程编号*）
工资（<u>教师编号</u>，姓名，岗位工资，基本工资，绩效工资，应发工资，公积金）
成绩（<u>学号</u>，*课程 ID*）

2.5　关系数据操作基础

关系是集合，关系中的元组可以看作是集合的元素。因此，能在集合上执行的操作也能在关系上执行。

关系代数是一种抽象的查询语言，是关系数据操纵语言的一种传统表达方式，它是用对关系的运算来表达查询的。关系代数是封闭的，也就是说，一个或多个关系操作的结果仍然是一个关系。关系运算分为传统的集合运算和专门的关系运算。

2.5.1　集合运算

传统的集合运算包括并、差、交和积 4 种运算。

设关系 A 和关系 B 都具有 n 个属性，且相应属性值取自同一个值域，则可以定义并、差、交运算；积运算时，关系 A 和关系 B 的属性可以不同。

1. 并运算

$$A \cup B = \{t \mid t \in A \lor t \in B\}$$

关系 A 和关系 B 的并运算是指把 A 的元组与 B 的元组加在一起构成新的关系 C。元组在 C 中出现的顺序无关紧要，但必须去掉重复的元组，即关系 A 和关系 B 并运算的结果关系 C

由属于 A 和属于 B 的元组构成，但不能有重复的元组，并且仍具有 n 个属性。关系 A 和关系 B 的并运算记作：$A \cup B$ 或 A+B。

2. 差运算

$$A-B = \{t \mid t \in A \wedge t \notin B\}$$

关系 A 和关系 B 差运算的结果关系 C 仍为 n 目关系，由只属于 A 而不属于 B 的元组构成。关系 A 和关系 B 差运算记作：A-B。注意，A-B 与 B-A 的结果是不同的。

3. 交运算

$$A \cap B = \{t \mid t \in A \wedge t \in B\}$$

关系 A 和关系 B 交运算形成新的关系 C，关系 C 由既属于 A 同时又属于 B 的元组构成并仍为 n 个属性。关系 A 和关系 B 交运算记作：$A \cap B$。

【例 2-8】设有关系 R1 和 R2，见表 2-6 和表 2-7。R1 中是 K 社团学生名单；R2 中是 L 社团学生名单。

表 2-6　关系 R1

学　　号	姓　　名	性　　别
001	A	F
008	B	M
101	C	F
600	D	M

表 2-7　关系 R2

学　　号	姓　　名	性　　别
001	A	F
101	C	F
909	E	M

对关系 R1 和关系 R2 分别进行并、差和交运算，结果如下。

1）R1+R2 的结果是 K 社团和 L 社团学生名单，见表 2-8。

表 2-8　关系 R1+R2

学　　号	姓　　名	性　　别
001	A	F
008	B	M
101	C	F
600	D	M
909	E	M

2）R1-R2 的结果是只参加 K 社团而没有参加 L 社团的学生名单（比较 R2-R1），见表 2-9。

表 2-9　关系 R1-R2

学　　号	姓　　名	性　　别
008	B	M
600	D	M

3）R1∩R2 的结果是同时参加了 K 社团和 L 社团的学生名单，见表 2-10。

表 2-10　关系 R1∩R2

学　　号	姓　　名	性　　别
001	A	F
101	C	F

4. 积运算

如果关系 A 有 m 个元组，关系 B 有 n 个元组，关系 A 与关系 B 的积运算是指一个关系中的每个元组与另一个关系中的每个元组相连接形成新的关系 C。关系 C 中有 m×n 个元组。关系 A 和关系 B 积运算记作：A×B。

2.5.2　关系运算

关系运算（操作）包括投影、选择和连接。

1. 投影

投影操作是指从一个或多个关系中选择若干个属性组成新的关系。投影操作取的是垂直方向上关系的子集（列），即投影是从关系中选择列。投影可用于变换一个关系中属性的顺序。关系 R 上的投影运算可以表示为

$$\prod_A(\mathbf{R}) = \{t[A] \mid t \in R\}$$

其中，A 是 R 中的属性列。

2. 选择

选择操作是指从关系中选择满足一定条件的元组。选择取的是水平方向上关系的子集（行）。关系 R 上的选择运算可以表示为

$$\sigma_F(\mathbf{R}) = \{t \mid t \in R \wedge F(t) = '真'\}$$

其中，F 是逻辑表达式。

【例 2-9】关系 student 见表 2-11，在此关系上的投影操作和选择操作示例见表 2-12 和表 2-13。

表 2-11　关系 student

学　　号	姓　　名	性　　别	出生日期	党员否	出　生　地
233501438	刘昕	女	02/28/2005	T	北京
233501437	颜俊	男	08/14/2005	F	山西
233501433	王倩	女	01/05/2004	F	黑龙江
233506122	李一	女	06/28/2005	F	山东
233505235	张舞	男	09/21/2003	F	北京
233501412	李竟	男	02/15/2004	F	天津
233502112	王五	男	01/01/2003	T	上海
233510228	赵子雨	男	06/23/2005	F	河南

1）从关系 student 中选择部分属性构成新的关系 st1 的操作称为投影，关系 st1 见表 2-12。

表 2-12　关系 st1

学　　号	姓　　名	出生日期	出　生　地
233501438	刘昕	02/28/2005	北京
233501437	颜俊	08/14/2005	山西
233501433	王倩	01/05/2004	黑龙江
233506122	李一	06/28/2005	山东
233505235	张舞	09/21/2003	北京
233501412	李竟	02/15/2004	天津
233502112	王五	01/01/2003	上海
233510228	赵子雨	06/23/2005	河南

2）从关系 student 中选择部分元组构成新的关系 st2 的操作称为选择，关系 st2 见表 2-13。

表 2-13　关系 st2

学　号	姓　名	性　别	出 生 日 期	党 员 否	出 生 地
233501437	颜俊	男	08/14/2005	F	山西
233505235	张舞	男	09/21/2003	F	北京
233501412	李竟	男	02/15/2004	F	天津
233502112	王五	男	01/01/2003	T	上海
233510228	赵子雨	男	06/23/2005	F	河南

3. 连接

选择操作和投影操作都是对单个关系进行的操作。有的时候，需要从两个关系中选择满足条件的元组数据，对两个关系在水平方向上进行合作。连接操作即是这样一种操作形式，它是两个关系的积、选择和投影的组合。关系 R 和 S 的连接运算可以表示为

$$R \underset{A\theta B}{\bowtie} S = \{\widehat{t_r t_s} \mid t_r \in R \wedge t_s \in S \wedge t_r[A]\theta t_s[B]\}$$

其中，A 和 B 分别为 R 和 S 上度数相等且可比的属性组，θ 是比较运算符。

连接操作是从两个关系的笛卡儿积中选择属性间满足一定条件的元组的运算。连接也称为 θ 连接，θ 表示连接的条件（比较运算），当 θ 比较运算为 "=" 运算时，连接称为等值连接。

自然连接是一种特殊的等值连接，它是在两个关系的相同属性上进行比较（等值比较）运算的结果中，去除重复属性而得到的结果。

等值连接和自然连接是连接操作中两种重要的连接操作。

【例 2-10】关系 A（见表 2-14）与关系 B（见表 2-15）的等值连接，结果见表 2-16。

表 2-14　关系 A

A	D	F
E2	D2	6
E2	D3	8
E3	D4	10
E3	D5	16

表 2-15　关系 B

B	D
4	D1
7	D2
12	D2
2	D5
2	D6

表 2-16　关系 A 与关系 B 的等值连接

A	A. D	F	B	B. D
E2	D2	6	7	D2
E2	D2	6	12	D2
E3	D5	16	2	D5

【例 2-11】关系 A（见表 2-14）与关系 B（见表 2-15）的自然连接，结果见表 2-17。

表 2-17　关系 A 与关系 B 的自然连接

A	D	F	B
E2	D2	6	7
E2	D2	6	12
E3	D5	16	2

这种连接运算在关系数据库中为 INNER JOIN 运算，称为内连接。

关系 A 和关系 B 进行自然连接时，连接的结果是由关系 A 和关系 B 公共属性（例 2-10中为 D 属性）值相等的元组构成了新的关系，公共属性值不相等的元组不出现在结果中，被筛选掉了。如果在自然连接结果构成的新关系中，保留不满足条件的元组（公共属性值不相等的元组），在新增属性值填入 NULL，就构成了左外连接、右外连接和外连接。

（1）左外连接

左外连接又称左连接，即以连接的左关系为基础关系，根据连接条件，连接结果中包含左边表的全部行（不管右边的表中是否存在与它们匹配的行），以及右边表中全部匹配的行。

连接结果中除了在连接条件上的内连接结果之外，还包括左边关系 A 在内连接操作中不相匹配的元组，而关系 B 中对应的属性赋空值。

【例 2-12】关系 A 与关系 B 的左外连接，结果见表 2-18。

表 2-18　关系 A 与关系 B 的左外连接

A	D	F	B
E2	D2	6	7
E2	D2	6	12
E2	D3	8	NULL
E3	D4	10	NULL
E3	D5	16	2

（2）右外连接

右外连接又称右连接，即以连接的右关系为基础关系，根据连接条件，连接结果中包含右边表的全部行（不管左边的表中是否存在与它们匹配的行），以及左边表中全部匹配的行。

连接结果中除了在连接条件上的内连接结果之外，还包括右边关系 B 在内连接操作中不相匹配的元组，而关系 A 中对应的属性赋空值。

【例 2-13】关系 A 与关系 B 的右外连接，结果见表 2-19。

表 2-19　关系 A 与关系 B 的右外连接

A	F	B	D
NULL	NULL	4	D1
E2	6	7	D2
E2	6	12	D2
E3	16	2	D5
NULL	NULL	2	D6

（3）全外连接

全外连接又称全连接，是左外连接和右外连接的组合应用。连接结果中包含关系 A、关系 B 的所有元组，不匹配的属性均赋空值。

【例 2-14】关系 A 与关系 B 的全连接，结果见表 2-20。

表 2-20　关系 A 与关系 B 的全连接

A	D	F	B
NULL	D1	NULL	4
E2	D2	6	7

（续）

A	D	F	B
E2	D2	6	12
E2	D3	8	NULL
E3	D4	10	NULL
E3	D5	16	2
NULL	D6	NULL	2

在以后的章节中将结合具体实例讨论与关系数据操作有关的命令。

至此，本书已经讨论了实际问题的建模方法，当一个问题的关系数据模型建立之后，这个关系数据模型在一个具体的 DBMS 中是如何实现的，包括数据结构的实现、数据完整性规则的实现和数据操作的实现，将在以后的章节中说明。

2.6 拓展阅读——中国数据库的开拓者萨师煊

在 20 世纪 80 年代，数据库技术在国际上已从理论走向实践，而在中国，这一领域的研究才刚刚起步。改革开放的春风中，数据库技术在高校教师的引领下悄然生长。在国产数据库的发展史上，萨师煊教授以其先见之明和卓越贡献，写下了不可磨灭的一笔。

萨师煊（1922—2010 年），计算机科学家，中国共产党党员。是中国人民大学经济信息管理系的创建人，我国数据库学科的奠基人之一，数据库学术活动的积极倡导者和组织者。1949 年，萨师煊与当时很多进步青年一道加入中国人民大学的前身——华北大学，开始了为人民教育事业默默奉献的历程。1950 年，中国人民大学成立，萨师煊出任数学教研室主任。1978 年，萨师煊创立了中国第一个以"信息"命名的学系——经济信息管理系（中国人民大学信息学院的前身）。

在数据库技术的探索上，萨师煊教授展现了超前的洞察力和坚定的执行力。在计算机尚未普及的年代，他便开始收集资料，探索计算机数据库技术。20 世纪 70 年代末，萨师煊教授以强烈的责任心和敏锐的学术洞察力，率先在国内开展数据库技术的教学与研究工作。1979 年，萨师煊教授的《数据库系统简介》和《数据库方法》在《电子计算机参考资料》上发表，标志着中国数据库研究的开端。他发表的学术论文，涉及关系数据库理论、数据模型、数据库设计和数据库管理系统实现等，为中国数据库技术的发展奠定了坚实的理论基础。

1982 年，萨师煊教授负责起草的国内第一个计算机专业本科"数据库系统概论"课程的教学大纲，为数据库课程教学提供了重要的指导。他开设的"数据库系统概论"课程，吸引了全国各地的教师和科研人员，对中国数据库教育的普及和发展产生了不可估量的影响。1983 年，萨师煊与弟子王珊合作编写出版专著《数据库系统概论》，这是国内第一部系统阐明数据库原理、技术和理论的教材。该教材为推动我国数据库技术发展、培养数据库人才做出了开创性的贡献。

在国际学术交流方面，萨师煊教授积极倡导并开展活动，多次邀请国际知名数据库专家来华讲学，带来国际数据库研究的最新成果和数据库技术发展的最新进展。从 1983 年开始，萨师煊多次率领中国学者代表团参加国际著名的数据库学术会议，如 VLDB（International Conference on Very Large Databases）、ICDE（International Conference on Data Engineering）等，推动了中国数据库技术与国际接轨。他的国际视野和开放精神，为中国数据库技术的国际影响力提升做出了重要贡献。

萨师煊十分重视理论联系实际，一方面积极为国家大型计算机工程作技术咨询，另一方面重视对技术难度大、投入多的数据库基础软件的研制。他领衔主持了国家"七五"科技攻关项目"国家经济信息系统分布式查询系统"的研制，这是在 IBM 大型机上实现的大型软件项目。该项目于 1991 年获得中华人民共和国国家计划委员会"杰出贡献奖"。

萨师煊教授终生献身新中国的高等教育事业，鞠躬尽瘁、成就突出。自萨师煊教授开始，国产数据库的星星之火在中国大地上熊熊燃烧。2010 年萨师煊教授逝世，他在数据库学科建设、数据库基础软件研发、教材建设和人才培养等方面的开拓性工作为全国数据库学科的发展做出了独特、巨大的贡献。

启示：萨师煊教授的一生，是对数据库技术的不懈追求，对教育事业的无私奉献。萨师煊教授的教学和科研精神，是我们学习的榜样，鼓励我们在科研道路上勇于探索，追求卓越。萨师煊教授的故事，将激励着每一位青年学子，为实现中华民族的伟大复兴而努力学习、勇攀科学高峰。

2.7　习题

1. 选择题

1）关系型数据库中的"关系"是指（　　）。

　A. 各个记录中的数据彼此间有一定的关联关系

　B. 数据模型符合满足一定条件的二维表格式

　C. 某两个数据库文件之间有一定的关系

　D. 表中的两个字段有一定的关系

2）用二维表来表示实体及实体之间联系的数据模型是（　　）。

　A. 关系数据模型　　　　　　　　　B. 层次数据模型

　C. 网状数据模型　　　　　　　　　D. 实体-联系模型

3）关系数据库系统能够实现的 3 种基本关系运算是（　　）。

　A. 索引，排序，查询　　　　　　　B. 建库，输入，输出

　C. 选择，投影，连接　　　　　　　D. 显示，统计，复制

4）把 E-R 模型转换为关系数据模型时，A 实体（一方）和 B 实体（多方）之间一对多联系在关系数据模型中是通过（　　）来实现的。

　A. 将关系 A 的关键字放入关系 B 中　　B. 建立新的关键字

　C. 建立新的关系　　　　　　　　　D. 建立新的实体

5）关系 S 和关系 R 集合运算的结果中既包含 S 中元组也包含 R 中元组，但不包含重复元组，这种集合运算称为（　　）。

　A. 并运算　　　　　　　　　　　　B. 交运算

　C. 差运算　　　　　　　　　　　　D. 积运算

6）设有关系 R1 和关系 R2，经过关系运算得到结果 S，则 S 是一个（　　）。

　A. 字段　　　　　　　　　　　　　B. 记录

　C. 数据库　　　　　　　　　　　　D. 关系

7）关系数据操作的基础是关系代数，关系代数的运算可以分为两类：传统的集合运算和专门的关系运算。下列运算中不属于传统集合运算的是（　　）。

  A. 交运算　　　　　　　　　　　　　B. 投影运算

  C. 差运算　　　　　　　　　　　　　D. 并运算

8）"商品" 与 "顾客" 两个实体集之间的联系一般是（　　）。

  A. 一对一　　　　　　　　　　　　　B. 一对多

  C. 多对一　　　　　　　　　　　　　D. 多对多

2. 填空题

1）关系的数据模型是一个_____。

2）关系中可以起到确保关系元组唯一的属性称为_____。

3）关系 S 和关系 R 集合运算的结果由属于 S 但不属于 R 的元组构成，这种集合运算称为_____。

4）关系中两种类型的关键字分别是_____ 和_____。

5）在关系数据模型中，把数据看成是二维表，每一个二维表称为一个_____。

6）在关系数据库中，唯一标识一条记录的一个或多个字段称为_____。

7）在关系数据库模型中，二维表的列称为属性，二维表的行称为_____。

第3章　数据库和表

Access 是 Microsoft 公司开发的一个关系型数据库管理系统，它提供了多种对象来帮助用户管理数据和创建应用程序，适用于需要管理大量数据但不需要大型数据库系统（如 SQL Server）的企业和个人用户。作为 Microsoft Office 套件的组成部分，Access 具有与 Word、Excel 及 PowerPoint 等软件类似的操作界面和使用环境，方便广大用户的使用。

3.1　Access 概述

随着社会的飞速发展，在社会生活的各个领域，大量用户都面临着很多数据处理的问题：数据量大、需要处理的问题又多种多样，使用大型数据库软件投资成本高，还需要专业人员开发，往往不能满足要求，因此，选择一个简单易用的数据库系统工具自行开发成为一种需求，Access 是一个很好的选择，尤其适合非计算机专业的普通用户开发自己所需的各种数据库应用系统。

Access 可以高效地完成各种类型中小型数据库管理工作，它可以广泛应用于财务、行政、金融、经济、教育、统计和审计等众多的领域，使用它可以大幅提高数据处理的效率。

3.1.1　Access 的特点

Access 2021 不仅继承和发扬了以前版本的功能强大、界面友好及易学易用等优点，且在以前版本的基础上有了巨大的变化，主要包括：智能特性、用户界面、创建 Web 网络数据功能、新的数据类型、宏的改进和增强、主题的改进、布局视图的改进以及生成器功能的增强等方面，使数据库应用系统的开发变得更简单方便，数据共享、网络交流更加便捷安全。同时，相对之前版本，增加了一些新的功能，如支持云端数据库、自动保存以及引入新的数据类型等；在数据兼容性方面，扩展了对 Excel 2019、SharePoint Online 等文件格式和数据源的支持。

1. 完备的数据库窗口

Access 数据库窗口由 4 部分组成：功能区、Backstage 视图、导航窗格和数据库对象窗格。功能区中相关功能的选项卡、功能按钮分门别类放置，用户触手可及；Backstage 视图是功能区的"文件"选项卡上显示的命令集合，是基于文件操作的功能集区域；导航窗格是组织归类数据库对象，并且是打开或切换数据库对象的区域；数据库对象窗格是操作数据库对象的工作区域。

2. 应用主题实现了专业设计

使用主题工具可以快速设置、修改数据库外观，以制作出美观的窗体界面、表格和报表。

3. 更高的安全性

Access 提供了经过改进的安全模型，该模型有助于简化将安全性应用于数据库以及打开已启用安全性的数据库的过程。其中包括新的加密技术和对第三方加密产品的支持。

4. 强大的网络功能

Access Services 提供了创建可在 Web 上使用的数据库的平台。使用 Access 和 SharePoint 设计、发布 Web 数据库, 用户可以在 Web 浏览器中使用 Web 数据库。同时增强了信息共享和协同工作的能力。

5. 完备的数据类型和控件

Access 新增了计算字段, 可实现原来需要查询、控件、宏或 VBA 代码时进行的字段, 方便了使用; 多值字段, 为每条记录存储多个值; 添加了文件的附件字段, 允许在数据库中轻松存储所有种类的文档和二进制文件, 不会使数据库大小发生不必要的增长; 备注字段, 允许存储格式文本并支持修订历史记录, 提供了用于选取日期的日历, 提供了更长的日期/时间类型等。

6. 强化的智能特性

Access 的智能特性表现在各个方面, 其中表达式生成器表现更为突出, 用户不需要花费时间来考虑有关的语法和参数问题, 在输入时, 表达式的智能特性为用户提供了所需要的所有信息。

7. 更方便的宏设计

Access 提供了一个全新的宏设计器, 可以更加高效地工作, 减少编码错误, 并轻松地组合更复杂的逻辑以创建功能强大的应用程序。重新设计并整合宏操作, 通过操作目录窗口把宏分类组织, 使得运行宏操作更加方便。

8. 方便的用户支持

Access 提供了方便的在线支持服务, 在菜单栏中, 利用 "告诉我你想要什么" 提供帮助服务, 用户只需要输入问题的关键词, 即系统会通过网络提供相关问题的帮助信息。

3.1.2　Access 的启动与退出

1. 启动 Access

启动 Access 的方式与启动其他应用程序的方式相同, 通常有 3 种方式, 具体如下。

1) 选择 "开始" 菜单的 "Access 2021" 命令启动。

2) 桌面快捷方式启动。

3) 双击已存在的 Access 数据库文件启动。

2. 关闭并退出 Access

单击标题栏右侧的 "关闭" 按钮⊠, 或选择 "文件" → "退出" 命令, 或按〈Alt+F4〉组合键, 都可以退出 Access 系统。

无论何时退出 Access, 系统都将自动保存对数据的更改。如果在最近一次的 "保存" 操作之后, 又更改了数据库对象的设计, 则 Access 在关闭之前将询问是否保存这些更改。

3.1.3　Access 数据库的结构

现代数据库的结构, 是包含数据以及对数据进行各种基本操作的对象的集合。Access 正是这样一种结构, 所有对象都存放在同一个 accdb 文件中, 而不是像其他数据库那样将各类对象分别存放在不同的文件中, 这样做的好处是方便了数据库文件的管理。Access 中将数据库文件称为数据库对象。

数据库对象是 Access 最基本的容器对象, 它是关于某个特定主题的信息集合, 具有管理本数据库中所有信息的功能。在数据库对象中, 用户可以将自己不同的数据分别保存在独立的存储空间中, 这些空间被称为数据表。可以使用查询从数据表中检索需要的数据, 也可以使用联机窗体查看、更新数据表中的数据，同样可以使用报表以特定的版面打印数据，还可以通过 Web 页实现数据交换。

Access 数据库对象共有 6 类不同的子对象，它们分别是表、查询、窗体、报表、宏和模块。不同的对象在数据库中起不同的作用，表是数据库的核心与基础，存放着数据库中全部的数据；报表、查询都是从数据表中获得信息，以满足用户特定的需求；宏和模块都是强化数据库功能的有力工具，其中模块通过 VBA 编程使得功能更全面；窗体可以提供良好的用户操作界面，通过它可以直接或间接地调用宏或模块，实现对数据的综合处理。图 3-1 为数据库"数据表视图"窗口，其左侧列出了 Access 数据库的 6 类子对象。

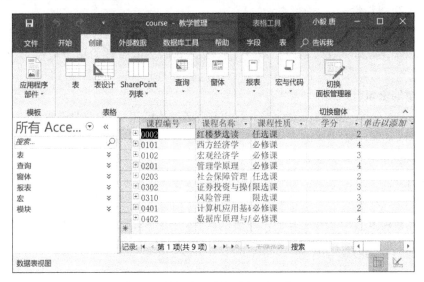

图 3-1　数据库"数据表视图"窗口

1. 表对象

表是数据库中用来存储数据的对象，是整个数据库系统的基础。Access 允许一个数据库包含多个表，通过在表之间建立"关系"，可以将不同表中的数据联系起来，以供用户使用。

在表中，数据以行和列的形式保存。表中的列被称为字段，字段是 Access 信息最基本的载体，说明了一条信息在某一方面的属性。表中的行被称为记录，一条记录就是一条完整的信息。

2. 查询对象

通过查询，可以按照一定的条件或准则从一个或多个表中筛选出需要的字段和记录，并将它们集中起来，形成动态数据集，这个动态数据集将显示在虚拟数据表中，以供用户浏览、打印和编辑。需注意的是，如果用户对这个动态数据集中的数据进行了修改，则 Access 会自动将修改内容反映到相应的表中。

查询对象必须基于数据表对象而建立，虽然查询结果集是以二维表的形式显示，但它们不是基本表。查询本身并不包含任何数据，它只记录查询的筛选准则与操作方式。每执行一次查询操作，其结果集显示的总是查询那一时刻数据表的存储情况，也就是说，查询结果是静态的。

可以使用查询作为窗体和报表的记录源。

3. 窗体对象

窗体是用户和数据库联系的一种界面，它是 Access 数据库对象中最具灵活性的一个对象，其数据源可以是表或查询。可以将数据库中的表链接到窗体中,利用窗体作为输入记录的界面,或将表中的记录提取到窗体上供用户浏览和编辑处理;可以在窗体中使用宏,把 Access 的各个对象方便地联系起来;还可以在窗体中插入命令按钮,编制事件过程代码以实现对数据库应用的程序控制。

窗体的类型比较多,概括来讲,主要有以下 3 类。

1)数据型窗体:主要用于实现用户对数据库中相关数据的操作,也是数据库应用系统中使用最多的一类窗体。

2)控制型窗体:在窗体上设置菜单和命令按钮,用以完成各种控制功能的转移。

3)提示型窗体:显示文字、图片等信息,主要用于数据库应用系统的主界面。

4. 报表对象

报表是用打印格式展示数据的一种有效方式。在 Access 中,如果要打印输出数据或与数据相关的图表,可以使用报表对象。利用报表可以将需要的数据从数据库中提取出来,并在进行分析和计算的基础上,将数据以格式化的方式发送到打印机。

多数报表都被绑定到数据库中的一个或多个表和查询中。报表的记录源来自于基础表或查询中的字段,且报表无须包含每个基础表或查询中的所有字段,可以按照需要设置显示字段及其显示方式。利用报表不仅可以创建计算字段,而且还可以对记录进行分组以便计算出各组数据的汇总值。除此以外,报表上所有内容的大小和外观都可以人为设置,使用起来非常灵活。

5. 宏对象

宏是指一个或多个操作的集合,其中每个操作都可以实现特定的功能。如果需要多个指令连续执行的任务能够通过一条指令自动完成,那么这条指令被称为宏。Access 中,一个宏的执行与否还可以通过条件表达式予以控制,即可以根据给定的条件决定在哪些情况下运行宏。

利用宏可以简化操作,使大量重复性的操作得以自动完成,从而使管理和维护 Access 数据库更加方便与简单。

6. 模块对象

模块是将 VBA 的声明和过程作为一个单元进行保存的集合,即程序的集合。设置模块对象的过程也就是使用 VBA 编写程序的过程。尽管 Access 是面向对象的数据库管理系统,但其在针对对象进行程序设计时,必须使用结构化程序设计思想。每一个模块由若干个过程组成,而每一个过程都应该是一个子程序(Sub)过程或一个函数(Function)过程。

3.1.4　Access 设置

1. Access 用户界面

Access 的用户界面主要由 4 个部件构成。

- 功能区:一个包含多组命令且横跨程序窗口顶部的带状选项卡区域。
- Backstage 视图:功能区的"文件"选项卡上显示的命令集合。
- 导航窗格:Access 程序窗口左侧的窗格,可以在其中使用数据库对象。导航窗格取代了 Access 之前版本中的数据库窗口。
- 数据库对象窗格是操作数据库对象的工作区域。

窗口具体结构如图 3-2 所示。

(1)功能区

功能区替代了 Access 之前的版本中存在的菜单和工具栏的主要功能。它主要由多个选项卡组成，这些选项卡上有多个按钮组。功能区选项卡包括：将相关常用命令分组在一起的主选项卡，只在使用时才出现的上下文选项卡，以及快速访问工具栏。

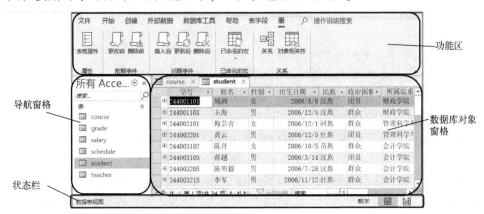

图 3-2　Access 工作窗口

（2）Backstage 视图

Backstage 视图包含应用于整个数据库的命令和信息（如"压缩和修复""密码进行加密"），以及早期版本中"文件"菜单的命令（如"打印"）。

在 Backstage 视图中，可以创建新数据库、打开现有数据库、通过"SharePoint"将数据库发布到 Web 以及执行很多文件和数据库维护任务。

（3）导航窗格

导航窗格用于管理数据库对象，是打开或更改数据库对象设计的主要方式。

在导航窗格中，数据库对象的组织可按对象类型、表和相关视图、创建日期和修改日期等进行管理。导航窗格可以最小化，也可以被隐藏。

（4）数据库对象窗格

数据库对象窗格是对数据库进行操作的工作区域，所有数据库的表、查询、窗体、报表和宏对象都在该窗格中进行创建和修改。

2. 选项设置

Access 安装后，会采用系统的默认状态，如果需要对它进行一些个性化设置，则可以通过 Access 的"选项"进行设置。

（1）默认文件格式的设置

Access 默认的文件扩展名是 accdb。默认的文件格式是 Access 2007-2016，如果需要更改文件的默认格式，可以通过"Access 选项"对话框来进行设置。如果采用 Access 2003 及以前的版本的数据库，虽然能够在 Access 2021 环境中运行，但不能向低版本数据库中添加 Access 的高版本新功能，如多值查阅字段、计算字段等。

选择"文件"→"选项"命令，打开"Access 选项"对话框，在"常规"选项卡的"创建数据库"选项组中，既可以设置空白数据库的文件格式，同时还可设置数据库文件默认的保存位置，如图 3-3 所示。

在此选项卡中，还可设置用户界面和主题方案等。

（2）数据表外观定义

在"Access 选项"对话框的"数据表"选项卡中，可以定义数据表的外观效果，如网格线显示方式、单元格效果及字体等，如图 3-4 所示。

图 3-3 "Access 选项"对话框的"常规"选项卡

注意：Access 默认的对象窗口是以选项卡式文档显示，如果需要更改为重叠窗口方式，应该在"Access 选项"对话框的"当前数据库"选项卡的"文档窗口选项"选项组中进行设置。

（3）对象设计器定义

在"对象设计器"选项卡中，可以更改用于设计数据库对象的默认设置。如表设计时的默认字段类型、文本字段和数字字段的大小等；查询设计时的是否显示表名称、是否自动联接、查询设计字体等；窗体和报表等模板的使用等，如图 3-5 所示。

图 3-4 "数据表"选项卡

图 3-5 "对象设计器"选项卡

在 Access 的选项设置中，还有如功能区的自定义、快速访问工具栏的定义等，与 Microsoft Office 的其他应用程序的定义方式相同，这里不再赘述。

3.1.5　帮助系统

任何人在学习和使用 Access 时都会碰到问题，善于使用帮助是解决问题的好方法。Access 获取帮助的渠道有两个。

1. Access 帮助系统

按〈F1〉功能键，工作区域右侧出现一个帮助窗格，显示"帮助"主页，如图 3-6 所示。在主页中，系统按主要类别列出所有的帮助主题，双击帮助主题名称，即可展开该主题下的各个帮助子问题。

也可在帮助框中输入要查询的关键词，快速访问到要获取的帮助。

2. 利用"操作说明搜索"获取帮助

在菜单的右侧有一个"操作说明搜索"的文本框，用于提供帮助的入口。例如，在文本框中输入关键词"主题"，按〈Enter〉键或单击下拉菜单栏中的"帮助"命令，即可进入帮助系统，如图 3-7 所示。

在打开的下拉菜单中，单击相应的主题，即可进入相应的操作。

图 3-6　"帮助"主页

图 3-7　利用"操作说明搜索"获取帮助

3.2　创建数据库

Access 是一个功能强大的关系数据库管理系统，可以组织、存储并管理大量各种类型的信息。数据库管理系统的基础是数据库。

3.2.1　新建数据库

创建 Access 数据库，首先应根据用户需求对数据库应用系统进行分析和研究，全面规划，再根据数据库系统的设计规范创建数据库。

Access 创建数据库有两种方法：一种是创建空白数据库，另一种是使用模板创建数据库。

1. 创建空白数据库

如果找不到满足需求的模板，或需要按自己的要求自定义数据库，就可以创建空白数据库。空白数据库是数据库的基本框架，没有任何数据和对象。

创建空白数据库的操作步骤如图 3-8 所示。

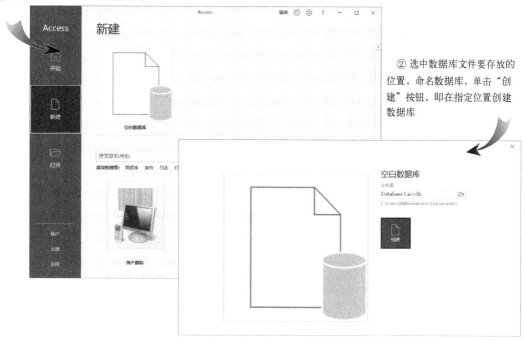

图 3-8 创建空白数据库的操作步骤

1）启动 Access，打开 Access 启动窗口。

2）在"新建"选项卡中选择"空白数据库"，在新窗口右侧设置数据库文件名，单击文件名栏右侧的"浏览"按钮，设置数据库文件的存放位置，单击"创建"按钮，在指定位置创建一个空白数据库。

2. 使用模板创建数据库

如果能找到接近需求的数据库模板，则可使用模板创建数据库，这是实现数据库创建的一种捷径。除了 Access 提供的本地方法创建的数据库外，还可以利用如 Office.com 网站提供的模板，将它下载到本地计算机中，即可创建所需的数据库。

使用模板创建数据库是在 Access 启动窗口中，在 Access 推荐的可用模板中选择接近需要的模板，然后单击"创建"按钮完成数据库的创建，具体操作步骤如图 3-9 所示。

3.2.2 数据库的简单操作

1. 打开数据库

在对数据库进行操作前，通常需要打开数据库文件。在 Access 环境中打开数据库的操作方法有如下几种。

● 直接双击要打开的数据库文件。

● 在 Access 环境中，单击工具栏上的"打开"按钮，或选择"文件"→"打开"命令，

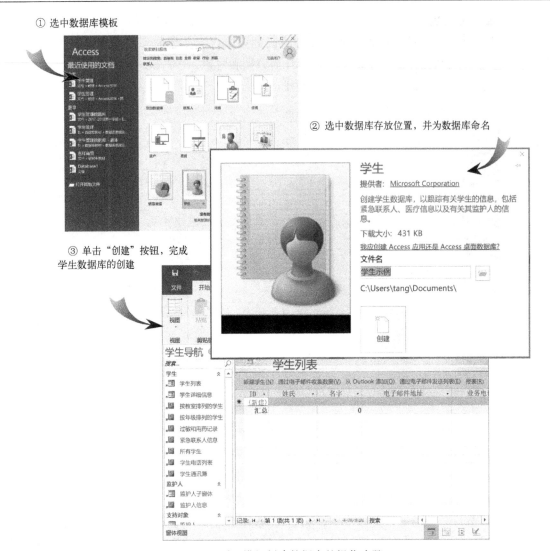

① 选中数据库模板

② 选中数据库存放位置，并为数据库命名

③ 单击"创建"按钮，完成
学生数据库的创建

图 3-9 利用模板创建数据库的操作步骤

　　在弹出的"打开"对话框中找到要打开的数据库文件，单击数据库文件。

- 在"打开"列表中，单击要打开的数据库。

2. 关闭数据库

数据库使用完毕后需要关闭，可采用如下几种操作方法。

- 单击数据库窗口的"关闭"按钮 ×。
- 选择"文件"→"关闭"命令。
- 关闭 Access 工作窗口。
- 按〈Alt+F4〉组合键。

3.3 创建数据表

　　数据表是 Access 数据库的基础，是存储数据的地方，它在数据库中占有重要的地位。在 Access 数据库中，数据表包括两个部分：表结构和表数据。在创建数据表时，需要先创建表结构，然后再输入数据。表结构包括了数据表由哪些字段构成，这些字段的数据类型和格式是怎样的等内容。贯穿全书教学管理数据库实例的表结构见本书附录，学生可以根据创建数据表的方法，并结合表结构，完成教学管理数据库的表对象设计。

3.3.1　Access 数据类型

在设计数据表结构时，需要定义表中字段所使用的数据类型。Access 常用的数据类型有：文本、数字、大数、日期/时间、货币、自动编号、是/否、OLE 对象、超链接、附件、计算和查阅向导等。

1. 短文本

短文本数据类型所使用的对象是文本、数字和其他可显示的符号及其组合，如地址、姓名等，或是用于不需要计算的数字，如邮政编码、学号及身份证号等。

短文本数据类型是 Access 系统默认的数据类型，默认的字段大小是 255，最多可以容纳 255 个字符。字段的最多可容纳字符数可以通过"字段大小"属性来进行设置。

短文本数据类型即之前版本的文本数据类型。

注意：在数据表中不区分中西文符号，即一个西文字符或一个中文字符均占一个字符长度。同时，数据表在对文本字段的数据进行保存时，只保存已输入的符号，即非定长字段。

2. 长文本

长文本数据类型可以解决短文本数据类型无法解决的问题，用于存储长文本和数字的组合，或具有 RTF 格式的文本，如注释或说明等。

长文本数据类型可以存储的文本多达千兆字节，不过窗体和报表上的控件只能显示前 64 000 个字符。

长文本字段与之前版本中的备注型字段功能相同。

3. 数字

数字数据类型可以用来存储需要进行算术运算的数据类型。

数字数据类型可以通过"字段大小"属性来进行进一步的设置。系统默认的数字类型是长整型，但 Access 可以对多种数据类型进行设置，具体示数范围见表 3-1。

表 3-1　数字数据类型表

数 据 类 型	取 值 范 围	小 数 位 数	字 段 长 度
字节	$0 \sim 255$	无	1 字节
整型	$-32\ 768 \sim 32\ 767$	无	2 字节
长整型	$-2\ 147\ 483\ 648 \sim 2\ 147\ 483\ 647$	无	4 字节
单精度	$-3.4 \times 10^{38} \sim 3.4 \times 10^{38}$	7	4 字节
双精度	$-1.79734 \times 10^{308} \sim 1.79734 \times 10^{308}$	15	8 字节
小数	$-9.999\ldots \times 10^{27} \sim 9.999\ldots \times 10^{27}$		12 字节

4. 大数

大数数据类型，在 Access 中通常被称为大型数字。用来存储非货币、数字值，适用于计算大数据，字段长度为 8 字节。

数值范围为：$-2^{63} \sim 2^{63} - 1$，即 $-9\ 223\ 372\ 036\ 854\ 775\ 808 \sim 9\ 223\ 372\ 036\ 854\ 775\ 807$。

5. 日期/时间

日期/时间数据类型用于存储日期、时间或日期时间组合。日期/时间字段的长度为 8 字节。

日期/时间数据类型可以在"格式"属性中根据不同的需要进行显示格式的设置。可设置的类型有常规日期、长日期、中日期、短日期、长时间、中时间和短时间等。

6. 日期/时间已延长

存储日期和时间信息，与日期/时间数据类型类似，但是它提供更大的日期范围、更高的小数精度，与 SQL Server datetime2 日期类型兼容。

两种日期/时间数据类型的区别，见表 3-2。

表 3-2　日期/时间数据类型表

数 据 类 型	最 小 值	最 大 值	准 确 度	大 　 小
日期/时间	0100-01-01 00:00:00	9999-12-31 23:59:59.999	0.001 秒	双精度浮点
日期/时间已延长	0001-01-01 00:00:00	9999-12-31 23:59:59.9999999	1 纳秒	42 字节编码字符串

7. 货币

货币数据类型用于存储货币值。在数据输入时，不需要输入货币符号和千分位分隔符，Access 会自动显示相应的符号，并添加两位小数到货币型字段中。

货币型字段的长度为 8 字节。在计算过程中禁止四舍五入。

8. 自动编号

自动编号数据类型是一个特殊的数据类型，用于在添加记录时自动插入的唯一顺序（每次递增 1）或随机编号。

自动编号型字段的长度为 4 字节，保存的是一个长整型数据。每个表中只能有一个自动编号型字段。

注意：自动编号数据类型一旦指定，就会永久地与记录连接。如果删除表中含有自动编号字段的一条记录后，Access 不会对表中自动编号型字段进行重新编号，当添加一个新记录时，被删除的编号也不会被重新使用。用户不能修改自动编号型字段的值。

9. 是/否

是/否数据类型是针对只包含两种不同取值的字段而设置的，如是/否（Yes/No）、真/假（True/False）或开/关（On/Off）等，又称为布尔型数据。

是/否数据类型常用来表示逻辑判断的结果。字段长度为 1 位。

10. OLE 对象

OLE 对象数据类型是指字段允许链接或嵌入其他应用程序所创建的文档、图片文件等，如 Word 文档、Excel 工作簿、图像、声音或其他二进制数据等。链接是指数据库中保存该链接对象的访问路径，而链接的对象依然保存在原文件中；嵌入是指将对象放置在数据库中。

OLE 对象字段最大长度为 1 GB，但它受磁盘空间的限制。以编程方式输入数据时，系统允许存储约 2 GB 的字符。

11. 超链接

超链接数据类型用于存放超级链接地址。超链接型字段包含作为超链接地址的文本或以文本形式存储的字符与数字的组合。

超链接地址可以是 UNC 路径（局域网中的一个文件地址）、URL 和对象、文档、Web 页或其他目标路径等。

12. 附件

附件数据类型用于存放图片、图像、二进制文件或 Office 文件等，是用于存放图像和任意类型的二进制文件的首选数据类型。

对于压缩的附件，最大容量为 2 GB；未压缩的附件，最大容量约为 700 KB。

13. 计算

计算数据类型用于显示计算结果，计算时必须引用本表里的其他字段。

可以使用表达式生成器来创建计算字段。计算字段的字段长度为 8 字节。

14. 查阅向导

查阅向导数据类型用于为用户提供一个字段内容列表，可以在组合框中选择所列内容作为字段内容。

查阅向导可以显示如下两种数据来源。

1）从已有的表或查询中查阅数据列表，表或查询中的所有更新均会反映到数据列表中。

2）存储一组不可更改的固定值列表。

查阅向导字段的数据类型和大小与提供的数据列表相关。

注意：大数、日期/时间已延长、附件和计算数据类型不可用于 .mdb 文件格式。

3.3.2　创建表

在 Access 中，常用的创建数据表的操作方法有如下几种。

- 直接插入一个空表。
- 使用设计视图创建表。
- 从其他数据源导入或链接到表。
- 根据 SharePoint 列表创建表。

1. 表规范

在 Access 数据库中，除了需要了解表中允许的字段类型外，还需要了解表的一些规范，见表 3-3。

表 3-3　表规范

属　　性	最　大　值	属　　性	最　大　值
表名的字符个数	64	表中的索引个数	32
字段名的字符个数	64	索引中的字段个数	10
表中字段个数	255	有效性消息的字符个数	255
打开表的个数	2048	有效性规则的字符个数	2048
表的大小	2 GB 减去系统对象需要的空间	表或字段说明的字符个数	255
文本字段的字符个数	255	字段属性设置的字符个数	255

2. 字段名命名规则

1）文字、数字、空格和特殊字符 [句点 (.)、感叹号 (!)、方括号 ([])、前导空格、前导等号 (=) 或非打印字符（如回车）除外] 的任意组合。名称不能包含任何以下字符：、、/、\、:、;、*、?、"、'、<、>、|、#、<Tab>、{、}、%、~、&。

2）字段名长度不得超过 64 个字符。

3）同一个数据表的字段名称不能相同。

虽然字段名的命名规则允许使用空格和一些其他符号，但为了方便使用，在定义数据表时字段名中应尽量避免使用空格。

3. 利用数据表视图创建表

数据表视图是按行和列显示表中数据的视图，也是创建表常用的视图。在该视图下，可以对字段进行编辑、添加、删除和数据查找等操作。

如果新建一个空白数据库，当数据库创建成功后，系统将自动进入数据表视图；如果在一个已创建的数据库中创建一个新的数据表，可切换到"创建"选项卡，在"表格"组中单击"表"按钮，即可在数据表视图下创建一个新的数据表。

如图 3-10 所示，为利用数据表视图创建"course"数据表的操作步骤。

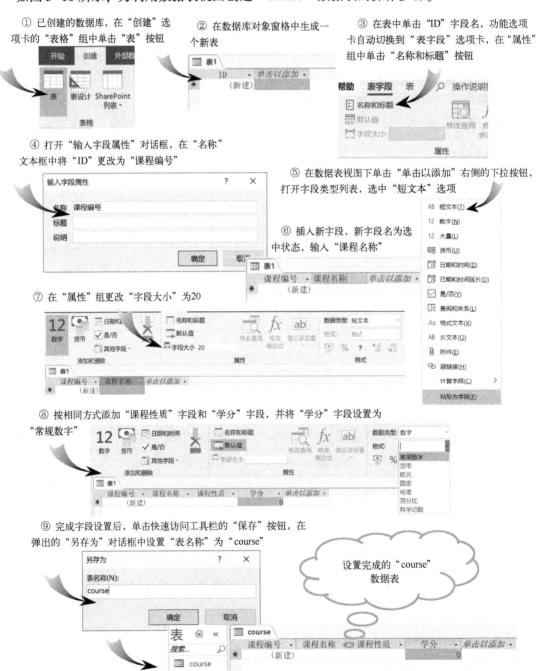

图 3-10　利用数据表视图创建"course"数据表的操作步骤

注意：ID 字段默认数据类型为 "自动编号"，添加新字段的数据类型为 "文本"。如果添加的是其他类型的字段，则可利用 "单击以添加" 右侧的下拉列表或功能区的 "添加和删除" 组进行类型的设置。

4. 利用设计视图创建表

设计视图是显示表结构的常用视图，在该视图下，可以看到数据表的字段构成，同时还可查看各个字段的数据类型和相应的属性设置。设计视图是最常用也是最有效的表结构设计视图。

利用设计视图创建数据表的操作方法是：在 "创建" 选项卡的 "表格" 组中单击 "表设计" 按钮。在表设计视图下创建数据表，需要对表中每一个字段的名称、数据类型和各自的属性进行设置。在设计视图中创建 "student" 数据表的具体操作方法如图 3-11 所示。

① 在 "创建" 选项卡的 "表格" 组中单击 "表设计" 按钮，系统自动切换到 "表设计" 选项卡，即可在设计视图中创建数据表

② 在 "字段名称" 列中输入字段名，在下方的 "字段属性" 中修改 "字段大小" 为 9

③ 系统默认的数据类型是 "短文本"，如果与要求的数据类型不一致，则需要单击 "数据类型" 列文本框右侧的下拉按钮，在列表中选择相应的数据类型

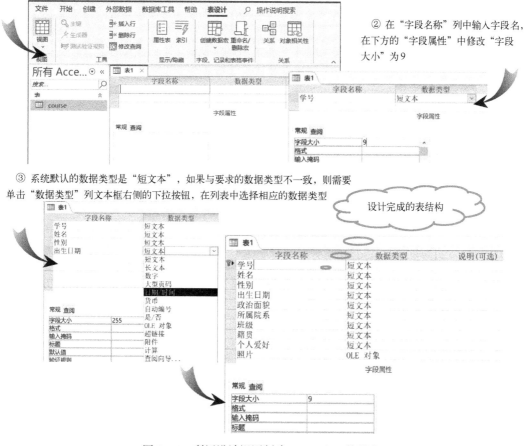

图 3-11　利用设计视图创建 "student" 数据表

在设计视图下，左侧的第一列按钮即为字段选定器，如需要对某一字段进行修改，可单击字段选定器，使该字段成为当前字段，再进行修改。在表中设定主键时，先选定该字段为当前字段，再单击 "工具" 组的 "主键" 按钮即可完成。

5. 通过导入数据创建数据表

数据共享能加快信息流通，提高工作效率。Access 提供的导入和导出功能是通过数据共享

来实现的。在 Access 中，可以通过导入存储在其他位置的信息来创建表，如可以导入 Excel 工作表、ODBC 数据库、其他 Access 数据库、文本文件和其他类型的文件。

如图 3-12 所示，为将 Excel 工作表中的教师信息表导入到 Access 数据库的操作过程。

① 切换到"外部数据"选项卡，在"导入并链接"组中单击"新数据源"→"从文件"→"Excel(X)"命令

② 打开导入向导，通过"浏览"按钮找到要导入的数据表所在的 Excel 文档，其他采用默认设置

③ 在显示的工作表中选中要导入的工作表，查看下方的数据是否正确

④ 单击"下一步"按钮，选中"第一行包含列标题"复选框

⑤ 在此设置每一列字段的数据类型、索引方式以及是否导入等

单击"完成"按钮完成导入

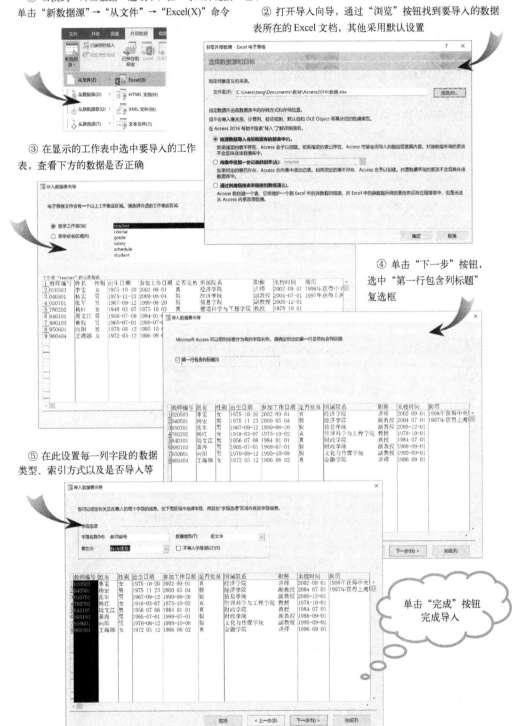

图 3-12　导入数据创建数据表

Access 除了可将其他文件里的数据导入到数据库中成为数据表外，还可通过链接的方式将其他位置存储的信息作为当前数据库中的表，可链接的数据类型与导入表的数据类型是一致的。

导入数据表时，是在当前数据库中创建一个新表；而链接信息时，是在当前数据库中创建一个链接表，该表与原数据之间存在一个活动链接。当在链接表中数据更改时，原数据也会更新，当然，原数据发生变化时，链接表中也会得到更新；而导入表与原数据脱离关系。链接的方式与导入的方式相似，这里不再赘述。

6. 查阅向导的使用

在创建数据表时，对于一些字段，其输入值的范围是固定的，为了统一数据关系，保证数据的输入有效性，常常通过定义字段的输入数据列表来实现。在 Access 中可采用"查阅向导"的方式来完成这一设置。具体的操作步骤如图 3-13 所示。

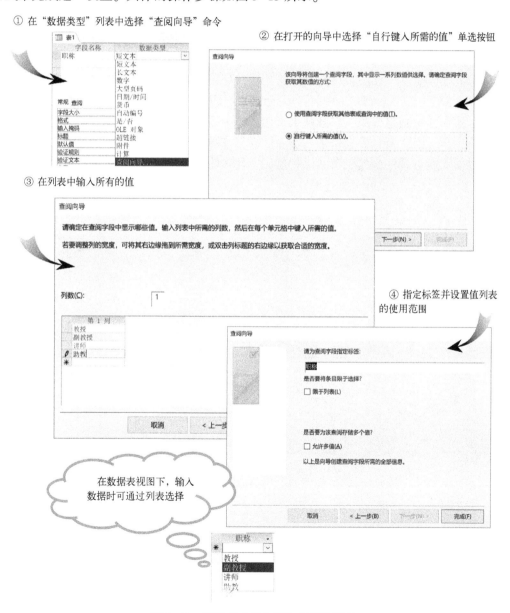

图 3-13　利用"查阅向导"创建数据表

注意：查阅向导用于在数据输入时产生数据列表，所产生的字段的数据类型与数据列表的类型有关。在 Access 中，还允许查阅存储多个值。

通过查阅向导创建数据列表，除了输入固定的值以外，还可在"查阅向导"对话框中选择"使用查阅字段获取其他表或查询中的值"单选按钮，让数据列表的值来源于已经存在的表或查询中，这样的好处是如果需要数据列表值发生变化，只需要修改提供数据列表的表或查询的值即可，而不需要修改表结构。

值列表的产生，除了使用查阅向导产生外，还可在表设计视图中，在"字段属性"的"查阅"选项卡的"显示控件"属性列表中选择"组合框"或"列表框"，在"查阅"选项卡的下方则会出现多个属性对本字段的列表进行设置，在"行来源类型"属性列表中选择"值列表"，在下方的"行来源"属性中输入相应的值列表，如本例中的职称字段，可输入值列表""教授";"副教授";"讲师";"助教""。

注意：值列表用常量表示，值之间用西文的分号"；"分隔。

7. 计算字段

Access 在早期版本中无法将计算字段的数据保存在数据表中，只能通过查询来实现数据表中多字段的计算，在 Access 2021 中，可以将计算字段保存在该类型的字段中。

此处以教师工资信息为例，在教师工资信息中，除了基本工资项外，还希望了解教师的应发工资情况，但应发工资是根据每个工资项计算而来的，不属于输入项，在这里，通过计算字段方式，计算每位教师的应发工资，以备使用。具体的设置过程如图 3-14 所示。

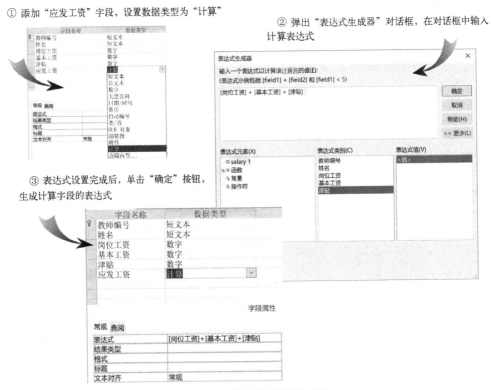

图 3-14　计算字段的设置过程

在计算字段设置时，也可以不用表达式生成器，而直接在字段属性的"表达式"栏中输入计算表达式。

3.3.3　设置字段属性

1. 字段大小

字段大小规定字段中最多存放的字符个数或数值范围，主要用于短文本型或数值型字段。

- 短文本型字段：系统规定的短文本型字段最多可放置 255 个字符。这里定义的字段大小是规定放置的最多字符个数，如果某条记录中该字段的字符个数没有达到最多时，系统只保存输入的字符，短文本型字段是一个非定长字段。
- 数值型字段：字段的大小分为字节型、整型、长整型、单精度、双精度和小数等，它确定了数值型数据的存入大小和精度。

注意：当字段大小设置好后，即可进行数据的输入。如果字段大小要进行修改，如文本型字段的大小要减小，就有可能会造成原来输入的数据发生丢失。因此，除非必要，一般不要将数据表中的短文本型字段的长度减小。

2. 格式

规定数据的显示格式，格式设置仅影响显示和打印格式，不影响表中的实际存储的数据。

对于数字型、货币型、日期/时间型和是/否型字段，Access 提供了预定义的格式设置，可以选择适合的数据格式进行显示。字段预定义格式见表 3-4。

表 3-4　字段预定义格式

字段数据类型	预定义格式	说　　明
数字型	常规数字 货币 欧元 固定 标准 百分比 科学计数	按照用户的输入显示。"小数位数"属性无效 显示货币符号，使用分节符，"小数位数"属性有效 显示欧元货币符号，"小数位数"属性有效 显示数值不使用分节符，"小数位数"属性有效 显示数值使用分节符，"小数位数"属性有效 数值使用百分数显示，"小数位数"属性有效 数值用科学计数法显示，"小数位数"属性有效
货币型	常规数字 货币 欧元 固定 标准 百分比 科学计数	按用户输入显示，如小数位数超过 4 位，只保留 4 位，第 5 位四舍五入，"小数位数"属性无效 显示货币符号，使用分节符，"小数位数"属性有效 显示欧元货币符号，"小数位数"属性有效 不显示货币符号，显示数值不使用分节符，"小数位数"属性有效 不显示货币符号，显示数值使用分节符，"小数位数"属性有效 不显示货币符号，数值使用百分数显示，"小数位数"属性有效 不显示货币符号，用科学计数法显示，"小数位数"属性有效
日期/时间型	常规日期 长日期 中日期 短日期 长时间 中时间 短时间	显示：2024/9/12 16:02:20（显示日期、时间） 显示：2024 年 9 月 12 日（显示日期） 显示：24-09-12（显示日期） 显示：2024/9/12（显示日期） 显示：16:02:20（显示时间，24 小时制，显示秒） 显示：4:02 下午（显示时间，12 小时制，不显示秒） 显示：16:02（显示时间，24 小时制，不显示秒）
是/否型	是/否 真/假 开/关	"是"表示真值，显示"Yes"；"否"表示假值，显示"No" "真"表示真值，显示"True"；"假"表示假值，显示"False" "开"表示真值，显示"On"；"关"表示假值，显示"Off"

注意：假设日期/时间型数据的值为 2024-09-12 16:02:20。

在是/否型数据的显示格式中，系统默认的数据表视图下显示的均为复选框，选中表示真，未选中表示假。是/否型字段在数据表视图下的显示方式也可改为文本框方式，显示逻辑值。

具体的操作如图 3-15 所示。对于逻辑型数据，如果字段"显示控件"是文本框方式时，不管显示格式是什么，在数据输入时逻辑真输入-1；逻辑假输入 0。若"显示控件"是复选框方式时，选中则表示逻辑真，未选中则表示逻辑假。

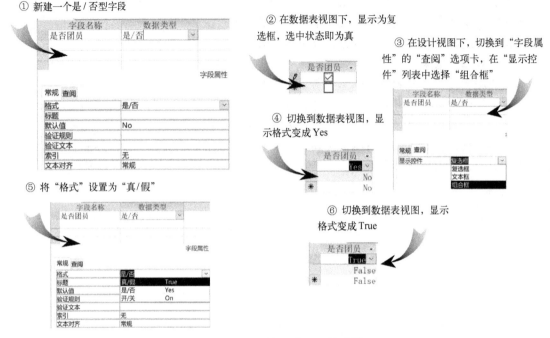

图 3-15 是/否型字段的显示格式设置

除了预定义格式外，系统还允许对文本型、数值型和日期/时间型等字段类型进行格式设置，通常称作自定义格式。

对于文本型字段，系统没有给出预定义的格式，允许用户自定义格式。在自定义时可使用的格式符见表 3-5。

表 3-5 文本型字段数据类型的自定义格式说明

格式符	说　明	设　置	数　据	显　示
@	占位符，表示一个字符，若有字符则显示字符，若无字符则显示空格	@@@-@@-@@@@	465043799	465-04-3799
&	若有字符则显示字符，若无字符则不显示	&&&-&&-&&&&	465-04-3799 4650437	465-04-3799 4-65-0437
>	强制所有字符转换为大写字符	>	Davis	DAVIS
<	强制所有字符转换为小写字符	<	DAVIS	davis

在字段格式定义时，"短文本"和"长文本"字段的自定义格式最多可含两个部分。第一部分，含文本的字段的格式；第二部分，含零长度字符串和 NULL 值的字段的格式。

例如，如果有一个文本框控件，其中需要在字段中没有字符串时显示"无"字，则可以键入自定义格式"@;"无""，将它作为该控件的"格式"属性设置。"@"符号可显示字段中的文本；而当字段中存在零长度字符串或 NULL 值时，第二部分显示"无"字。

自定义格式的格式符比较丰富，这里不再一一赘述，有兴趣的读者可以通过查找帮助进行了解。

3. 字段标题

标题是字段的显示名称，在数据表视图中，它是字段列标题处显示的内容，在窗体、报表中，是字段标签显示的内容。如果在字段属性中未设置标题，则字段标题即为字段名称；否则，则显示所设置的标题。

注意：通常，数据表中的字段名是用于字段管理和访问的，如程序中调用或其他对象中调用等，因此，为了方便代码的书写，常常对字段名的命名采用英文缩略词或拼音标识等。但为了在数据表视图的列标题中能够清晰标明字段的内容，或在其他对象访问时能够在标签中显示字段内容，可以为字段设置标题。因此，字段标题不是字段名，它只是在数据表视图中列标题所显示的名称。如果一个字段设置了标题，在其他对象中要访问该字段时，仍然要使用字段的名称，而不能使用它的标题，否则会导致该字段不能被访问。

4. 输入掩码

为了减少数据输入时的错误，Access 还提供了"输入掩码"属性对输入的个数和字符进行控制。只有文本型、日期/时间型、数字型和货币型字段有"输入掩码"属性。字段的"输入掩码"属性可以通过"输入掩码向导"对话框来进行设置。

掩码分为三部分。

- 第一部分是必需的，它包括掩码字符或字符串（字符系列）和字面数据（如括号、句点和连字符）。
- 第二部分是可选的，是指嵌入式掩码字符和它们在字段中的存储方式。如果第二部分设置为 0，则这些字符与数据存储在一起；如果设置为 1，则仅显示而不存储这些字符。将第二部分设置为 1，可以节省数据库存储空间。
- 第三部分也是可选的，指明作为占位符的单个字符或空格。默认情况下，Access 使用下画线"_"。如果希望使用其他字符，在掩码的第三部分中输入。

如果有电话号码包括 3 位区号，3 位局号和 4 位顺序号，则可设置电话号码的输入掩码：(999)000-0000;0;-:

该输入掩码使用了两个占位符，字符 9 和 0。9 表示可选位（选择性地输入区号），而 0 表示强制位；输入掩码的第二部分中的 0 表示掩码字符将与数据一起存储；输入掩码的第三部分指定连字符"-"而不是下画线"_"作为占位符字符。

掩码字符及功能说明见表 3-6。

表 3-6 掩码字符及功能说明

掩 码 字 符	功 能 说 明
0	必须输入一个数字（0~9）
9	可以输入一个数字（0~9）
#	可输入 0~9 的数字、空格、加号、减号。如果跳过，会输入一个空格
L	必须输入一个字母
?	可以输入一个字母
A	必须输入一个字母或数字
a	可以输入一个字母或数字
&	必须输入一个字符或空格

（续）

掩码字符	功能说明
C	可以输入字符或空格
<	将 "<" 符号右侧的所有字母转换为小写字母显示并保存
>	将 ">" 符号右侧的所有字母转换为大写字母显示并保存
密码（PASSWORD）	输入字符时不显示输入的字符，显示 "＊"，但输入的字符会保存在表中
\	逐字显示紧随其后的字符
" "	逐字显示括在双引号中的字符
. , : -	小数分隔符、千位分隔符、日期分隔符和时间分隔符。这些符号原样显示

注意：

1）掩码字符的大小写作用不相同。

2）不要将"输入掩码"属性与"格式"属性相混淆。如出生日期字段，输入掩码设置为"0000-99-99；；＊"，"格式"属性设置为"长日期"，在光标进入该字段时，单元格中显示的是"＊＊＊＊－＊＊－＊＊"，输入数据完毕（假如输入 20240912），光标离开后，单元格中显示"2024 年 9 月 12 日"。

3）如果计划在日期/时间字段上使用日期选取器，则不应该为该字段设置输入掩码。

如图 3-16 所示为输入掩码设置的操作过程。

① 创建一个数据表

② 添加"密码"字段，将插入光标置于"输入掩码"文本框中，单击右侧的"生成器"按钮，弹出提示对话框

③ 单击"是"按钮，保存数据表，弹出"输入掩码向导"对话框，选中类型为"密码"

④ 单击"完成"按钮，为字段设置密码掩码

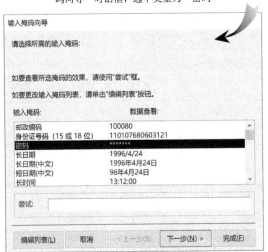

图 3-16　输入掩码设置的操作过程

5. 小数位数

只有数字型、货币型字段有"小数位数"。若"小数位数"属性设置为"自动"，默认保留两位小数。

对于数字型字段，当"格式"属性设置为"常规数字"时，"小数位数"属性无效。当"格式"属性设置为其他预定义格式时，"小数位数"属性有效。单精度类型的数据，整数和小数部分的有效数字位数最多 7 位；双精度类型的数据，有效数字位数最多 15 位。

对于货币型字段，当"格式"属性设置为"常规数字"时，"小数位数"属性无效。当"格式"属性设置为其他预定义格式时，小数位数可设置为 0 ~ 15 位，但当小数位数超过 4 位时，只保留 4 位有效数字，其余位显示为 0。

6. 默认值

字段的默认值即为在新增记录时尚未输入数据就会出现在字段中的值。通常会是表中大多数记录都使用的值。如果不需要该值，可以修改。

注意：默认值的数据类型必须与字段类型一致，同时，如果设置了验证规则，则默认值必须符合验证规则的要求。

7. 输入法模式

输入法模式可以设置为随意、开启、关闭和其他特殊的输入法状态。当设置为"开启"时，数据输入切换到该字段时，系统会自动打开中文输入法。

8. 验证规则和验证文本

在输入数据时，为了防止输入错误，可进行字段"验证规则"属性的设置。验证规则使用 Access 表达式来描述，验证文本是用来配合验证规则使用的。在设置验证文本后，当输入的数据违反验证规则时，系统就会给出明确的提示性信息。

验证规则通常由关系表达式或逻辑表达式构成。验证规则的设置可以直接在该属性后面的文本框中输入表达式来表示字段值的有效范围，同时也可将插入光标置于"验证规则"文本框中，在文本框的右侧将出现一个"生成器"按钮，单击该按钮在弹出的对话框中设置验证规则即可。

例如，在性别字段的"验证规则"属性中设置""男" Or "女""，在输入数据时，如果输入的数据不是男或女，则系统拒绝接受数据，光标不能移出该字段，并提示"验证文本"属性中设置的错误信息。具体操作如图 3-17 所示。

① 在"性别"字段的字段属性中分别设置"验证规则"和"验证文本"

② 在输入数据时，如果数据符合规则，正常输入；如果输入的数据不符合规则，则弹出有效性提示

图 3-17　验证规则和验证文本的设置及使用

9. 必需

在数据表中，对于所设置的字段，如果要求某些字段的信息是必须要获取的，则可将该字段的"必需"属性设置为"是"，这样在输入数据时，系统要求必须输入字段的值，否则不能进入后面的操作。这样就保证了该字段的数据不会被漏填。

10. 索引

创建索引，可以提高记录的查找和排序的速度。用于对数据表中的数据按照字段的值排序记录，方便数据的查找。

字段的索引属性有 3 类：无、有（有重复）和有（无重复）。

11. Unicode 压缩

当"Unicode 压缩"属性值为"是"时，表示字段中数据可以存储和显示多种语言的文本，使用 Unicode 压缩，还可以自动压缩字段中的数据，使得数据库文件变小。

3.3.4 修改表结构

在创建数据表时，由于各种原因，会有结构不合理的地方，在使用过程中，可对表的结构进行修改，如增、删字段等。

表结构的修改通常可以在设计视图和数据表视图两种视图中完成。

1. 更改字段名

当数据表设置好后，如果希望修改字段名，可以在两种视图下实现。

（1）设计视图

在设计视图下，将光标置于要修改的字段处，即可进行修改。修改后单击"保存"按钮将所做的修改保存在数据库中。

（2）数据表视图

在数据表视图下，将鼠标指针指向字段列标题位置双击，就可选中字段名，输入新的字段名保存即可。也可将鼠标指针指向要修改字段的列标题处，右击，在弹出的快捷菜单中选择"重命名字段"命令，选中列标题名即可进行修改。

注意：在同一张表中不能出现两个相同的字段名。当字段名修改后，如果要撤销当前的修改，一定要在保存操作之前，一旦执行了保存操作，修改操作就不能被撤销。撤销操作可用〈Ctrl+Z〉组合键或单击快速访问工具栏上的"撤销"按钮。

2. 增加或删除字段

在设计视图或数据表视图下，均可增加或删除数据表字段。

（1）设计视图

增加字段：如果表需要增加的字段是放在所有字段之后，则只要将光标置于最后字段的下一行，即可输入新字段。如果要增加的字段要放置在已有字段的中间，则单击要插入字段的位置，选择快捷菜单的"插入行"命令，或单击"工具"组的"插入行"按钮，在指定位置插入一个空行，即可输入新字段。

删除字段：要删除哪个字段，则右击该字段的行任意位置，使之成为当前行，在弹出的快捷菜单中选择"删除行"命令或单击"工具"组的"删除行"按钮，将弹出对话框询问是否永久地删除所选定的字段和相应的数据，单击"是"按钮，则可删除指定的字段；单击"否"按钮，则放弃字段的删除操作。

（2）数据表视图

增加字段：单击"单击以添加"，选择数据类型在最后添加新字段；若要在哪个字段前插入新字段，将光标置于该字段列，右击，在弹出的快捷菜单中选择"插入字段"命令，即可在光标所在列的左侧插入一个新列，默认字段名为"字段1"，字段数据类型为文本型。双击列标题，可修改字段名，也可在该列上右击，在弹出的快捷菜单中选择"重命名列"命令，选中列名，输入新的字段名。如果需要修改数据类型，可切换到设计视图进行修改。

删除字段：将光标置于要删除的字段的字段名处，选择快捷菜单的"删除字段"命令，在弹出的对话框中根据提示选择是否要删除，单击"是"按钮即可删除。

3. 修改字段类型

表设计好后如果发现字段的类型不合适，可进行修改。字段类型的修改必须在设计视图下实现。即在设计视图下，将光标置于要修改类型的字段行的"数据类型"列表框中，单击下拉按钮，在打开的列表中选择正确的数据类型，保存数据表即可。

注意：在数据类型修改时，有可能会由于数据类型的变化而导致表中的数据丢失。

3.3.5　编辑数据

数据表设计好后，就需要往表里添加数据，数据编辑包括数据录入和数据修改。

1. 数据录入

数据的输入有两种方式，一种是在数据表视图下输入数据，另一种是获取外部数据。

（1）在数据表视图下输入数据

在建立了数据表结构后，即可进行数据的输入操作。数据的输入操作是在数据表视图状态下进行的。数据的输入顺序是按行输入，即输入一条记录后再输入下一条记录。

数据的输入是从第一个空记录的第一个字段开始分别输入相应的数据，每输入完一个字段值时，按〈Enter〉键或〈Tab〉键转到下一个字段，也可利用鼠标单击进入下一个字段。当一条记录的最后一个字段输入完毕后，按〈Enter〉键或〈Tab〉键转到下一条记录。

在输入数据时，当开始输入一条新记录后，在表的下方均会自动添加一条新的空记录，且记录选择器上会显示一个星号 ＊|，表示该记录为一条新记录；当前准备输入的记录选择器则会呈黄色，此行为浅蓝色背景，表示此记录为当前记录；在输入数据时，该条记录左侧的记录选择器上会有一个笔型符号 ，表示该记录为正在输入或修改的记录。

对于是/否型字段，如果字段在数据表中显示的是复选框形式时，则需要单击复选框表示选中 ，即逻辑真（True），未选中显示 表示逻辑假（False）。

数据表中的 OLE 对象的数据输入需要通过插入对象的方式来实现。插入对象有两种方式："新建"和"由文件创建"。如果选择"新建"方式，则右侧的"对象类型"列表框中列有 Access 允许插入的所有对象类型的应用程序列表，选中应用程序，单击"确定"按钮，即可新建相关对象。若选择"由文件创建"方式，则需要单击"浏览"按钮，打开"浏览"对话框，在对话框中定位需要插入的 OLE 对象文件，具体的操作过程如图 3-18 所示。

注意：在数据表中插入 OLE 对象，如果该对象是新建的，则新建的对象一定是嵌入在数据表中的；如果对象是由已存在的文件创建的，则该文件可以嵌入到数据库中，也可采用链接的方式，对象文件仍然保存在原来的位置，而数据库中只保存该文件的访问路径。此方式的优点是如果要插入的对象文件太多或太大时，嵌入方式会使数据库文件变得很大，而链接就不会

① 在 OLE 对象字段上右击，在弹出的快捷菜单中
选择"插入对象"命令

② 打开对话框，选中"由文件创建"单
选按钮

③ 单击"浏览"按钮，打开"浏览"对话框，
选中要插入的图片

④ 单击"确定"按钮，回到
插入对象的对话框，再单击"确
定"按钮，即将该图片插入到当
前记录中

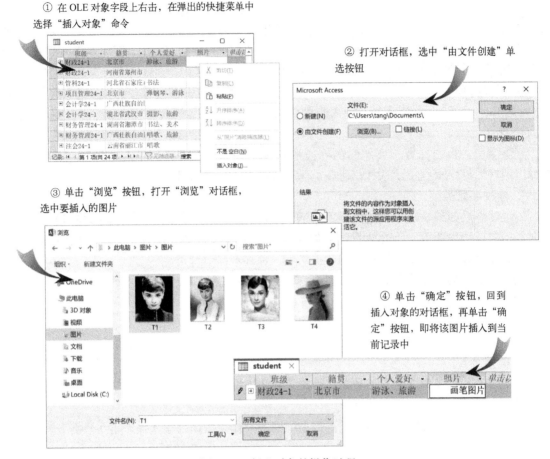

图 3-18　插入对象的操作过程

有太大的影响。然而，如果对象文件是链接的方式，则必须保证对象文件的位置不变，否则在打开数据表时会造成数据的错误，相关对象访问不到。

（2）获取外部数据

Access 在输入数据时，可以从其他已存在的数据文件中获取数据，操作方式与利用外部数据创建表的方式是相同的，只是在"选择数据源和目标"时，选择"向表中追加一份记录的副本"选项，并选中目标表，即可完成数据的导入操作。

2. 修改数据

数据表中数据的修改必须在数据表视图下完成。

（1）增加记录

新记录只能在原有记录的尾部添加。将鼠标移至记录的新记录行，或在任意记录的行选择按钮上右击，在弹出的快捷菜单中选择"新记录"命令，插入光标自动转到新记录的第一个字段处，即可开始新记录的输入。

注意：在增加记录时，如果表中存在关键字段，则关键字段不能为空或出现重复值，否则系统不允许增加新记录。如果发生此种情况，则必须仔细查看相关的数据，以保证关键字段的值符合要求。另外，如果在关系中创建参照完整性，则主表和子表的数据的输入和删除均会受到参照完整性的约束，输入的数据符合参照完整性规则的要求。

（2）删除记录

选定要删除的一条或多条记录，在选中区域上右击，弹出的快捷菜单中选择"删除记录"命令，屏幕出现提示信息要求确认删除操作时，单击"确定"按钮，即可删除选中的记录，单击"取消"按钮，则取消删除操作。

（3）修改单元格中的数据

要修改某个单元格中的数据，将鼠标指针指向该单元格边框，鼠标指针为空心十字形状时，单击该单元格，输入新的数据，则原有数据被新数据覆盖。

如要修改单元格中数据的部分内容，将鼠标指针指向要修改内容的单元格，鼠标指针显示为空心箭头时，单击单元格，将光标置于要修改的位置，即可开始进行内容的修改。

当修改数据后，如果要撤销所做的修改，可有如下几种情况：

1）如果修改数据后插入光标尚未移到其他单元格，则按〈Esc〉键或单击快速访问工具栏的"撤销"按钮 ，可撤销对当前单元格的修改。

2）若对当前记录的字段值（一个或多个）修改后，光标已经移到同一记录的其他字段，但尚未修改，也可单击"撤销"按钮来撤销修改操作。如果修改了多个字段的值，可通过多次撤销操作来取消修改。

3）若对当前记录修改后已经保存了数据表，但尚未对其他记录进行修改，也可利用撤销操作来取消修改。但如果又对其他记录进行了修改或编辑，则前一条记录的修改就不能被撤销。

3.3.6 创建索引与主键

通常，一个数据库系统中含有多个表，为了把不同表的数据组合在一起，必须建立表间的关系。在建立表间关系时，首先要对表间联系的字段建立索引和主键。

1. 索引

索引是按索引字段或索引字段集的值使表中的记录有序排列的方法。索引有助于快速查找记录和排序记录。

Access 在数据表中要查找某个数据时，先在索引中找到该数据的位置，即可在数据表中访问到相应的记录。Access 可建立单字段索引或多字段索引。多字段索引能够区分开第一个字段值相同但后续字段值不同的记录。

在数据表中，通常对经常要搜索的字段、要排序的字段或要在查询中连接到其他表中的字段（外键）建立索引。

注意：索引可以提高数据查询的速度，但当数据表中记录更新时，由于已建立索引的字段的索引本身也需要更新，所以索引会降低数据更新的速度。

对于 Access 数据表中的字段，如符合下列所有条件，可以考虑建立索引。

- 字段的数据类型为文本型、数字型、货币型或日期/时间型。
- 常用于查询的字段。
- 常用于排序的字段。

注意：数据表中 OLE 对象类型字段不能创建索引。多字段索引最多允许有 10 个字段。

（1）单字段索引

字段属性列表中有一个"索引"属性，设置为"有（有重复）"或"有（无重复）"，则该字段就设置了索引。"有（有重复）"即为该字段的值将进行索引，允许在同一个表中有重复值出现；"有（无重复）"即为该字段的值将进行索引，不允许在同一个表出现两个或两个以上的记录的值相同，通常是主键或候选关键字才会设置该索引方式。

（2）多字段索引

如果经常需要同时搜索或排序两个或更多个字段，可以为该字段组合创建索引。在使用多字段索引排序表时，Access 将首先使用定义在索引中的第一个字段进行排序。如果在第一个字段中出现有重复值的记录，则会用索引中定义的第二个字段进行排序，以此类推。

多字段索引的操作方式是在设计视图中，单击"设计"选项卡的"显示/隐藏"组的"索引"按钮，打开"索引"对话框，如图 3-19 所示。在对话框中可对索引的"排序次序"进行设置，选择"升序"或"降序"方式，再在"索引属性"中对当前的索引属性进行设置，这里设置为主索引，即单击"主索引"右侧的文本框，再单击出现的下拉按钮，在下拉列表中单击"是"命令，即当前的索引被定义为多字段主键，系统自动定义其属性为唯一索引和不能为空。

图 3-19　"索引"对话框

注意：在设计视图下，通过字段属性设置单字段索引时，不能对索引的次序进行设置，只能是默认的"升序"。

2. 主键

在数据表中能够唯一确定每个记录的一个字段或字段集被称为表的主键。主键可以保证关系的实体完整性。一个数据表中只能有一个主键。Access 中可以定义 3 种主键。

（1）"自动编号"主键

每当向表中添加一条记录时，"自动编号"字段会自动输入连续的数字编号。如果在保存新建的表之前未设置主键，则 Access 会询问是否要创建主键。如果回答为"是"，将创建"自动编号"主键。

（2）单字段主键

如果字段中包含的都是唯一的值，则可以将该字段指定为主键。只要某字段包含数据，且不包含重复值或 Null 值，就可以将该字段指定为主键。

单字段主键的设置可在设计视图下，将要设置为主键的字段选中，单击"设计"选项卡"工具"组的"主键"按钮，字段选择器上出现标识，则该字段被设置为主键。

（3）多字段主键

在不能保证任何单字段包含唯一值时，可以将两个或更多个字段的组合指定为主键。在多字段主键中，字段的顺序非常重要。多字段主键中字段的次序按照它们在设计视图中的顺序排列。如果需要改变顺序，可以在"索引"对话框中更改主键字段的顺序。

多字段主键的设置可在"索引"对话框中进行设置，也可在表设计视图中，选中要成为主键的所有字段，再单击工具栏中的"主键"按钮，选中字段的字段选择器上出现标识时，则多字段主键设置完成。

多字段选择的方式：如果要选择连续的字段，可单击第一个字段选择器，按住〈Shift〉键再单击最后一个字段的记录选择器，则连续的多字段变黑，表示被选中；如果要选择不连续的多个字段，可先单击第一个字段，按住〈Ctrl〉键再单击各个要选中字段的字段选择器，选中字段均会加亮显示。

3.3.7　建立表之间的关系

在 Access 中，要想管理和使用好表中的数据，就应建立表与表之间的关系，这样才能将不同的数据表关联起来，为后面的数据查询、窗体和报表等建立数据基础。

1. 数据表间关系

在 Access 中创建的数据表是相互独立的，每一个表都有一个主题，是针对对象的不同特点和主题而设计的，同时它们又存在一定的关系。例如，教学管理数据库中，在不同的表中有相同的字段名存在。如学生基本情况表 "student" 中有 "学号" 字段，学生成绩表 "grade" 中也存在 "学号" 字段，通过这个字段，可以将学生表与成绩表联系起来，从而找到需要的相关数据。

在 Access 中，表和表之间的关系主要有两种："一对一" 和 "一对多"。如果在两个表中建立联系的字段均不是主键，则创建的关系类型将显示为未定。

在实际使用时，常将 "多对多" 的关系拆分成两个或多个 "一对多" 的关系，以方便数据的查询和使用。

2. 建立表之间的关系

关系是参照两个表之间的公共字段建立起来的。在 "关系" 面板中创建的关系是永久关系。通常情况下，如果一个表的主键与另一个表的外键之间建立联系，就构成了这两个表之间的 "一对多" 关系。如果建立关系的两个表的公共字段均为两个表的主键字段时，则这两个表之间为 "一对一" 关系。在建立表之间的关系时，存在主表与相关表两种情况。"一对多" 关系通常是一端为主表，多端为相关表，如 "student" 和 "grade" 建立一对多的关系，"student" 为主表，"grade" 为相关表；"一对一" 关系，通常会以主体表作为主表，派生表为辅助表，如教师基本信息表 "teacher" 和工资表 "salary"，这两个表的主键均为 "教师编号"，建立 "一对一" 关系，应以 "teacher" 为主表，"salary" 为相关表。

建立数据表之间的关系是在数据库的 "关系" 窗口中实现的。操作步骤如下：

1）建立主键，对要建立关系的数据表建立主键。

2）将要建立关系的数据表添加到 "关系" 窗口中，即通过 "数据库工具" 选项卡的 "关系" 组的 "关系" 按钮，打开 "关系" 窗口。如果数据库中尚未定义过关系，则会自动弹出 "添加表" 窗格，在 "表" 选项卡中会显示本数据库中存在的所有数据表，将需要建立关系的数据表选中，单击 "添加所选表" 按钮则将其添加到 "关系" 窗口中；也可在 "添加表" 窗格中双击要添加的数据表，即可将该表添加到 "关系" 窗口中。

如果数据库中曾经打开过 "关系" 窗口进行关系设置，则系统不会自动弹出 "添加表" 窗格，此时，在 "关系" 窗口中右击，在弹出的快捷菜单中选择 "显示表" 命令，也可打开 "添加表" 窗格。如果不小心将一个表多次添加到 "关系" 窗口，则该表会在窗口中多次显示，同时在表名后自动产生序号 1、2……要删除多选的表，可在窗口中单击该表，按〈Delete〉键即可删除。

3）创建关系。将鼠标指针置于主表的联系字段，按住鼠标左键，并拖到相关表的对应字段上，松开鼠标左键，将弹出 "编辑关系" 对话框，在对话框中将显示建立关系的两个表的联系字段，同时在下方显示这两个表的关系类型，如果正确无误，则单击 "创建" 按钮，"关系" 窗口中两个表之间将出现一条连线。

注意：在建立关系时，一定要从主表的关键字段拖到相关表的对应字段。即创建关系时，要求从主表拖动联系字段到相关表。

具体操作如图 3-20 所示。

① 单击"关系"组的"关系"按钮

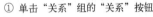
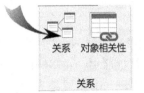

② 弹出"添加表"窗格

③ 将需要建立联系的表添加到"关系"窗口中

④ 将鼠标指针指向"student"的"学号"字段，按住鼠标左键并拖向"grade"的"学号"字段，松开鼠标左键

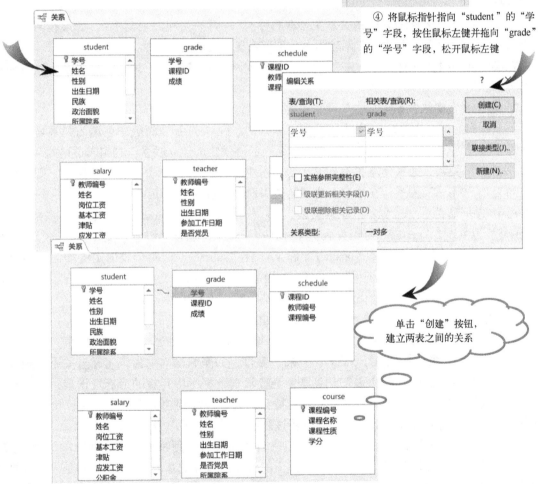

单击"创建"按钮，建立两表之间的关系

图 3-20 创建关系的操作方法

关系创建完成后，需要保存并关闭"关系"窗口，此时已经建立好的关系会保存在数据库中。

当两个表建立了关系后，打开数据表窗口，在每条记录的"记录选定器"右侧都可以看到+符号，单击+符号会变成-符号，同时展开子数据表，子数据表中显示的是与当前表的当前记录相匹配的记录。因为"student"与"grade"是"一对多"关系，因此，在子表中可以看到多条记录相匹配，如图 3-21 所示。

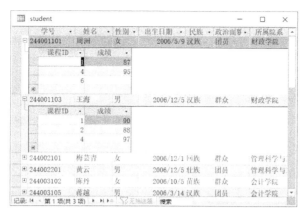

图 3-21 建立关系的数据表

单击-符号，子数据表被关闭。如果选中多条记录，单击+符号，则显示所有选定记录的子数据表。

3. 修改或删除关系

（1）修改关系

关系创建完毕后，如果发现关系设定错误或未实施参照完整性，则需要对已经设定好的关系进行修改。在修改前需要先关闭数据表，然后将鼠标指针指向关系连线，双击，即可弹出"编辑关系"对话框，在对话框中对关系进行修改，修改完成后单击"确定"按钮，完成关系的修改。

（2）删除关系

当关系建立好以后发现错误时，可单击连线，当连线变粗时表示选中，按〈Delete〉键即可删除关系，在删除时系统会弹出对话框提示："确实要从数据库中永久删除选中的关系吗？"单击"是"按钮，即可删除关系。此时，关系窗口中的连线也就自动消失。

4. 参照完整性与相关规则

在数据表的关系建立以后，通常希望数据表之间存在一定的约束关系，以保证数据库中数据的有效性。在 Access 中可以建立参照完整性来保证主表与相关表在增、删、改记录时相关字段数据的正确性。

数据表之间的约束性规则包括如下 3 种情况。

（1）建立关系后未实施参照完整性

在主表中增加、删除、修改关联字段的值时不受限制；同样，在相关表中进行相同的操作时也不受影响。

（2）建立参照完整性但未实施级联更新和级联删除规则

在主表中，增加记录不受限制；修改记录时，若该记录在相关表中有匹配记录，则不允许修改；删除记录时，若该记录在相关表中有匹配记录，则不允许删除。

在相关表中，增加或修改记录时，关联字段的值必须在主表中存在；删除记录时不受影响。

（3）建立参照完整性并实施了级联更新和级联删除规则

在主表中，增加记录不受限制；修改记录时，若该记录在相关表中有匹配记录，则匹配记录的关联字段的值自动修改；删除记录时，若该记录在相关表中有匹配记录，则匹配记录同时被删除。

在相关表中，增加或修改记录时，关联字段的值必须在主表中存在；删除记录时不受影响。

关系的参照完整性的设置方法是在"编辑关系"对话框中，选中"实施参照完整性"复选框，需要实施相关规则，则可选中相应的规则，单击"创建"按钮即可创建关系。当表与表之间创建了关系并实施了参照完整性后，则数据表之间的连线的两头会显示关系的方式，"1"表示一方，"∞"表示多方。如果未实施参照完整性，则连线的两头不会有"1"或"∞"出现，如图 3-22 所示。

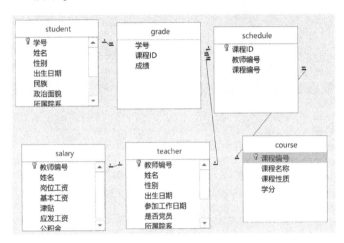

图 3-22　教学管理数据库关系图

注意：在创建关系时，如果连接的两个表的关联字段均不是主关键字或唯一索引，则在"编辑关系"对话框中显示的关系类型就是"未定"，这种情况下是不能实施参照完整性的；当相关表中的关联字段的值在主表中找不到对应的记录与之相匹配时，参照完整性也不能实现。此时，必须要查看是数据错误，还是主表与相关表弄反了。

3.4　表操作

数据表建立后，可以根据需要对数据表进行外观调整，并对数据表中的数据进行排序、筛选等。

3.4.1　调整表的外观

调整表的外观是为了使表更清楚、美观，便于查看。调整表的外观可改变字段的次序、调整字段的显示宽度和高度、改变数据的字体、调整网格线和背景颜色、隐藏和冻结列等。

1. 改变字段次序

在默认情况下，数据表视图中字段的显示顺序与表结构的顺序相同，如果需要，可以将数据表视图的字段显示顺序进行调整。操作方法如下：

在数据表视图下，将鼠标指针指向列标题处，鼠标指针变成实心的黑色向下箭头，单击该列字段，按住鼠标左键拖动到目标位置，松开鼠标，则该字段被移动到目标位置处。

注意：此拖动方法仅改变的是数据表的显示顺序，表的结构没有发生变化。

2. 调整字段显示宽度和高度

在数据表视图下，有时会因为字段的数据过长而被切断，不能在单元格中完全显示，或者有时因为字体过大而不能在一行中显示完全，此时，均可以通过调整列宽和行高来使数据正常显示。

（1）调整字段行高

数据表中各记录的行高均是一致的，改变任意一行的行高，均会使整个数据表的行高作相应的调整。操作方法分为利用鼠标拖动调整和精确调整两种方式。

1）利用鼠标拖动调整：将鼠标指针指向数据表左侧的记录选定器处，当鼠标指针移到两条记录的"记录选定器"中间位置时，鼠标指针变成一个双向箭头，按住鼠标指针向下或向上拖动调整，即可将记录行的高度变高或变低。

2）精确调整：精确调整是利用"行高"对话框进行设置，如图 3-23a 所示。打开"行高"对话框的方法是：在"开始"选项卡的"记录"选项组中单击"其他"下拉按钮，在下拉列表中单击"行高"，或在字段选择器上右击，在弹出的快捷菜单中选择"行高"命令，打开"行高"对话框，输入需要的行高值，单击"确定"按钮，当前数据表的行高均变成相应的行高。在"行高"对话框中，如果选中"标准高度"复选框，则所选的行高变为系统的默认行高。

（2）调整字段列宽

与行高不同，字段列宽的改变只影响当前字段的宽度，对表中其他字段的宽度没有影响。操作方式也有两种：利用鼠标拖动和精确设置。

1）利用鼠标拖动：将鼠标指针移到要改变列宽的两列字段名中间，当鼠标指针变成一个双向箭头时，按住鼠标左键拖动列中间的分隔线，向左，则减小左侧字段的列宽；向右，则加大左侧字段的列宽。

2）精确设置：调整方式与调整行高的方式类似。在"开始"选项卡的"记录"选项组中单击"其他"下拉按钮，在下拉列表中单击"字段宽度"，或选定要设定列宽的数据表，在选中区域上右击，在弹出的快捷菜单中单击"字段宽度"命令，在打开的"列宽"对话框中进行相应的设置，如图 3-23b 所示。如果单击"最佳匹配"，则选定的各列的列宽正好能容纳所有的数据。

图 3-23 "行高"和"列宽"对话框
a)"行高"对话框　b)"列宽"对话框

注意：如果设置字段列宽的宽度为 0，将会隐藏该列字段。改变字段的列宽仅仅会影响该字段在数据表视图下的显示宽度，对表的结构没有任何影响。

3. 隐藏字段和显示字段

在数据表视图下，可以根据需要将部分字段的数据暂时隐藏起来，在需要的时候再进行显示。操作方法是：选定要隐藏的数据列，在"开始"选项卡的"记录"选项组中单击"其他"下拉按钮，在下拉列表中单击"隐藏字段"，或在选中区域上右击，在弹出的快捷菜单中选择"隐藏字段"命令，选中的字段列将被隐藏起来。

取消字段的隐藏的操作方法是利用快捷菜单的"取消隐藏字段"命令来实现的。如果数据表中有多个列被隐藏，可在打开的对话框中选中要撤销隐藏的列字段，单击"关闭"按钮，即可将选中的字段重新显示。

4. 冻结列

在使用较大的数据表时，有时整个数据表不能完全在屏幕上显示出来，需要拖动滚动条将未显示的数据显示出来，在拖动滚动条时，一些关键字段的值也无法显示，影响了数据的查看。

Access 允许将部分字段采用冻结的方式永远显示在数据表窗口中，不会因为滚动条的拖动而隐藏。操作方式是：通过列选择器选中要保留在窗口中的重要字段，在选中区域上右击，在弹出的快捷菜单中选择"冻结字段"命令，选中的列字段会出现在数据表的最左边，拖动滚动条，则可以发现冻结的列一直保持在数据表的最左侧，不会被隐藏。

如果要取消冻结，可利用快捷菜单的"取消冻结所有字段"命令。

字段的隐藏、冻结等操作也可通过"开始"选项卡的"记录"组的"其他"功能列表来完成。

注意：在数据表中对字段进行冻结，不会改变表的结构。

5. 设置数据表格式

在数据表视图中，一般在水平和垂直方向显示网格线。网格线、背景色和替换背景色均采用系统默认的颜色。如果需要，可以改变单元格的显示效果，也可以选择网格线的显示方式和颜色，还可改变表格的背景颜色。

设置数据表格式，可通过单击"开始"选项卡的"文本格式"组中的"网格线"按钮，在弹出的下拉列表中选择不同的网格线；单击"文本格式"组的"启动"按钮，打开"设置数据表格式"对话框，可对表格效果进行设置。具体操作过程如图 3-24 所示。

6. 数据表外观设置

在数据表视图下，数据表的单元格均是以网格的方式进行表示的，表格的显示风格均可自定义。操作方式是：选择"文件"→"选项"命令，在打开的"Access 选项"对话框的"数据表"选项卡下可以进行修改，如图 3-25 所示。在对话框中可以对表格网格线显示方式、单元格效果、列宽和字体等进行设置。

3.4.2 数据的查找与替换

Access 可以帮助用户在整个数据表中或某个字段中查找数据，并可将找到的数据替换为指定的内容或数据，也可将找到的数据删除。数据的查找与替换操作是在数据表视图下进行的。

打开要进行数据查找的数据表视图，将指针置于要查找的数据所在的字段列，单击"开始"选项卡"查找"组的"查找"按钮，打开"查找和替换"对话框，对话框有两个选项卡："查找"和"替换"，如图 3-26 所示。

（1）"查找"选项卡

在"查找"选项卡中，在"查找内容"文本框中输入要查找的值。在"查找内容"文本框中输入的数据，可以使用通配符。通配符使用见表 3-7。

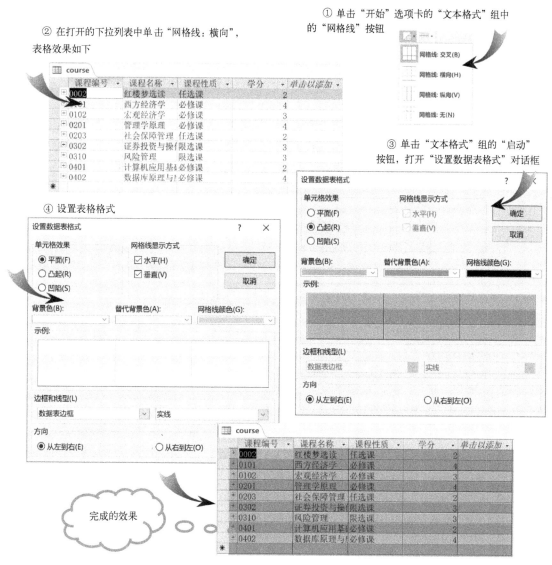

图 3-24 设置数据表格式的操作过程

表 3-7 通配符及其功能

通 配 符	功 能	示 例
*	匹配任意字符串，可以是 0 个或任意多个字符	hi *，可以找到 hit、hi 和 hill
#	匹配任何一个数字字符号	20#8，可以找到 2008、2018，找不到 20A8
?	匹配任何一个字符	w?ll，可以找到 wall、well，找不到 weell、wll
[ ]	匹配括号内任何一个字符	t[ae]ll，可以找到 tall 和 tell，找不到 tbll
!	匹配任何不在括号内的字符	f[!bc]ll，可以找到 fall 和 fell，找不到 fbll 和 fcll
-	匹配指定范围内的任何一个字符，必须以升序来指定区域（A-Z）	b[a-c]d，可以找到 bad 和 bed，找不到 bud

"查找范围"列表框中显示的是"当前字段"，如果查找范围要扩大到整个数据表，可单击下三角按钮在列表中设置；"匹配"列表框中系统默认的选项是"整个字段"，如果要查找

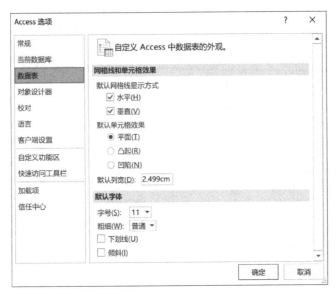

图 3-25　数据表外观设置窗口

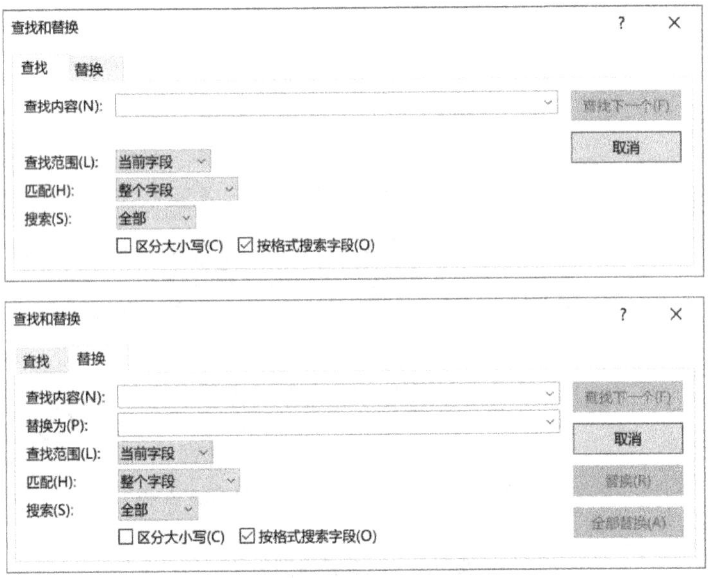

图 3-26　"查找和替换"对话框的两个选项卡

的数据是字段中的一部分，可在列表中进行选择，可供选择的项有"整个字段""字段任何部分"和"字段开头"；"搜索"列表框设置的是搜索的方向和范围，有"向上""向下"和"全部"。

在查找英文字母时需要区分大小写，要选中"区分大小写"复选框，否则不区分大小写。如果选中"按格式搜索字段"复选框，则查找数据时会按照数据在单元格中的显示格式来查找，对于设置了显示格式的字段，查找时需要注意。例如，要在"学生基本信息表"中查找"出生日期"字段，而该字段格式为"长日期"，例如，要查找 2006 年 10 月 5 日出生的同学，在"查找内容"文本框中必须输入"2006 年 10 月 5 日"，才能找到。如果不选中"按格式搜索字段"复选框，则在"查找内容"文本框中输入"06-10-5"就可找到。

（2）"替换"选项卡

"替换"选项卡的设置与"查找"选项卡相似，只是增加了"替换为"文本框，在此文本框中输入要替换的数据，则查找到后单击"替换"按钮即可完成替换，如果要删除找到的数据，在"替换为"文本框中不输入任何数据，单击"替换"按钮，即可删除找到的数据。

若找到的数据不需要替换，单击"查找下一个"按钮即可放弃替换；如果要将所有满足条件的数据都替换，可单击"全部替换"按钮，不需要逐一查找替换。

3.4.3　记录排序

数据表使用时，可能希望表中的记录按照单字段或多字段进行排序。排序可以按升序或降序排列。

排序的规则如下。

1）西文字符按 ASCII 码值顺序排序，英文字符不区分大小写。

2）中文按拼音字母的顺序排序。

3）数值按数字的大小排序。

4）日期和时间字段按日期的先后顺序排序，日期在前的小，日期在后的大。

排序时要注意的问题如下。

1）对文本型字段，如果值中有数字符号，排序时将视为字符，将按 ASCII 码值进行排序。

2）按升序排列字段时，如果字段的值为空值，则空值的记录排列到数据表的最前面。

3）数据类型为备注、超链接或 OLE 对象的字段不能进行排序。

4）排序后，排序的次序与表一起保存。

1. 单字段排序

按单字段排序时，可将插入光标置于要排序的字段，单击"开始"选项卡中"排序和筛选"组的"升序"按钮或"降序"按钮；或右击，在弹出的快捷菜单中选择"升序"或"降序"命令，则数据表就会按照相应的方式进行排序。

如果希望按其他的字段排序，可将要排序字段设置为当前字段，单击相应的排序按钮即可。

如果要取消排序，可单击"取消排序"按钮，数据将恢复到原始的状态。

2. 多字段排序

在 Access 中，不仅可以按一个字段进行排序，也可以按多个字段排序。按多个字段排序时，首先根据第一个字段进行排序，当第一个字段的值相同时，再按第二个字段进行排序，依次类推。

进行多个字段的排序，可单击"升序"或"降序"按钮依次进行，也可选择"高级筛选/排序"命令。

（1）数据表视图

在数据表视图状态下，选定要排序的多个字段，单击"升序"按钮或"降序"按钮，数据表即可按照指定的顺序进行排序。

注意：在多字段排序时，排序的顺序是有先后的。Access 先对最左边的字段进行排序，然后依次从左到右进行排序，保存数据表时，排序方案也同时保存。

使用数据表视图进行多字段排序时，虽然操作简单，但有缺点，即所有的字段只能按照同一种次序进行排序，而且要排序的多个字段必须是相邻的。

（2）"高级筛选/排序" 窗口

单击 "排序和筛选" 功能组的 "高级" 按钮，在打开的下拉列表中选择 "高级筛选/排序" 命令，打开 "筛选" 设计窗口，在对话框中可以进行排序条件的设置。如图 3-27 所示，实现的是先按 "性别" 降序排序，然后按 "Month（[出生日期]）" 升序排序的操作方法。

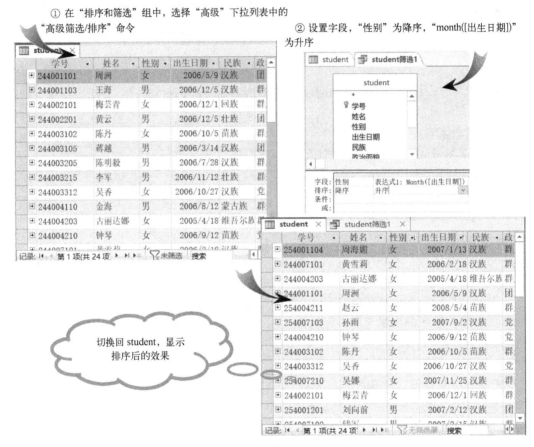

图 3-27　多字段排序的操作过程

如果要取消排序，则单击 "取消排序" 按钮，数据恢复到原始的状态。

3.4.4　记录筛选

当数据表中存在大量记录时，如果希望只显示部分符合条件的记录，而将不符合条件的记录隐藏起来时，则采用筛选方式来实现。Access 提供的筛选方法有：按选定内容筛选、使用筛选器筛选、按窗体筛选和高级筛选等几种方法。

经过筛选后的数据表，只显示满足条件的记录，不满足条件的记录将被隐藏起来。

1. 按选定内容筛选

在数据表中，如果需要筛选出某特定条件的记录，可按选定的内容进行筛选。例如，在学生基本信息表中要将所有的男同学筛选出来，将女同学的记录隐藏起来，操作如下：打开 "student" 数据表，在数据表视图下，单击 "性别" 字段中的 "男"，再单击 "排序和筛选" 组的 "选择" 按钮，在打开的下拉列表中选择 "等于'男'"，则所有性别不为 "男" 的记录被隐藏起来。

在使用按内容筛选时，有 4 个选项：等于选定的内容、不等于选定的内容、包含选定的内容和不包含选定的内容。

如果要取消当前的筛选状态，将所有记录都显示出来，可单击工具栏中的"切换筛选"按钮。

2. 使用筛选器筛选

Access 的筛选器提供了一种较灵活的数据筛选的方法，将提供筛选条件的字段作为当前字段，单击"开始"选项卡的"排序和筛选"组的"筛选器"按钮，即在当前位置显示一个下拉列表，将当前字段中的所有不重复值以列表的形式显示出来，供用户选择，用户只需要取消要隐藏的值的选中状态，单击"确定"按钮，即可完成筛选。

同时，如果筛选不是按值来进行，而是按范围完成时，可单击值列表上方的"××筛选器"，在打开的下拉菜单中选择筛选的范围条件。具体的"××"是什么，与当前字段的数据类型有关，如果当前的字段是文本型，则是文本筛选器，如果是日期型，则是日期筛选器。

要从"student"表中筛选出 2005 年 10 月 1 日到 2006 年 4 月 30 日出生的学生的信息，具体操作如图 3-28 所示。

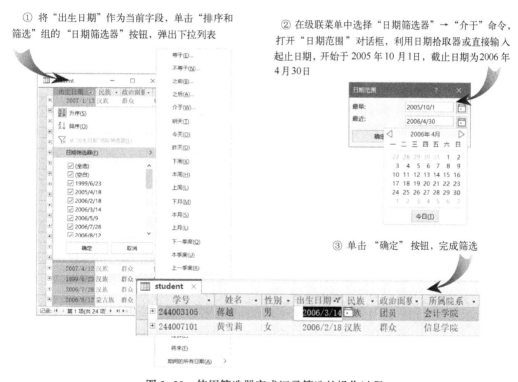

图 3-28　使用筛选器完成记录筛选的操作过程

注意：在日期输入时，可用日期面板选择，也可直接输入日期信息。

3. 按窗体筛选

按窗体筛选时，系统会先将数据表变成一条记录，且每个字段都是一个下拉列表，用户可以在下拉列表中选取一个值作为筛选内容。如果当某个字段选取的值是两个以上时，还可以通过窗体底部的"或"来实现；在同一个表单下不同字段的条件值的关系是"与"的关系。

在使用窗体进行筛选时，包括两大部分：在窗体视图下设置筛选的条件，应用筛选后可查看筛选后的效果。具体操作步骤是：

1）打开要进行筛选的数据表。

2）选择"排序和筛选"组的"高级"下拉列表中的"按窗体筛选"命令，打开筛选窗体视图。

3）在相关字段下拉列表中设置筛选条件，如果筛选的条件是多个字段的与关系，则所有条件均在窗体的"查找"中设置。

4）设置结束后，单击"切换筛选"按钮，即可看到筛选后的结果。如果需要在当前基础上进一步进行筛选条件的设置，可再选择"按窗体筛选"命令，再次进入筛选窗体，先前设置的筛选条件可在窗体上看到。如果新的条件与当前条件的关系是或的关系，则新筛选条件的设置应该在窗体下方单击"或"标签，切换到一个新的筛选条件设置窗体。

5）设置好条件后再单击"切换筛选"按钮，可查看到筛选的结果。

如果要取消筛选，在数据表视图下可单击工具栏上的"切换筛选"按钮，如果是在筛选设置窗体状态，可单击筛选窗体右上角的"关闭"按钮，恢复到普通数据表视图状态，取消当前的筛选。如果要彻底删除所设置的筛选条件，可在筛选窗体状态下，单击工具栏中的"清除网格"按钮，即可将所设的筛选条件彻底地删除。

4. 高级筛选

在前面的筛选方法中，实现的筛选条件相对都比较单一，如果要进行复杂条件的记录筛选，则需要通过高级筛选来实现。操作方法是单击"开始"选项卡的"排序和操作"组的"高级"按钮，在下拉菜单中选择"高级筛选/排序"命令，在窗口中对筛选条件进行设置。

例如，要筛选出所有 2006 年和 2007 年出生的、爱好游泳或书法的女同学的信息，可使用高级筛选进行筛选条件的设置，然后应用筛选。具体操作如图 3-29 所示。

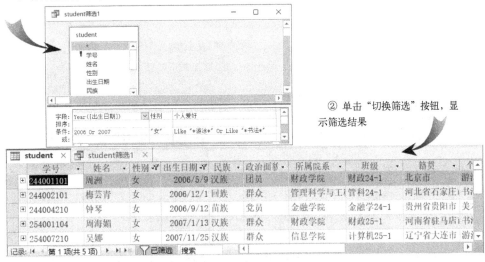

图 3-29　高级筛选的操作过程

注意：同一字段的"或"条件，可在"或"行中描述。

3.4.5 数据表的更名、复制和删除

1. 数据表的更名

在数据库窗口导航窗格的表对象列表中，选中要更名的数据表，右击表名处，从弹出的快捷菜单中选择"重命名"命令，即可进行表名的更改。

注意：在同一个数据库中不允许出现两个同名的数据表。

2. 数据表的复制

在表对象列表中选中要复制的表，将鼠标指针指向该表，同时按住〈Ctrl〉键，拖动到对象卡上的空白位置，松开鼠标，则产生一个表的副本，此方式可为数据表复制一个副本。

表的复制还可通过剪贴板来实现。选中要复制的数据表，按〈Ctrl+C〉组合键，或选择"编辑"→"复制"命令，也可单击工具栏上的"复制"按钮，将数据表复制到剪贴板上。表的粘贴可通过单击工具面板中的"粘贴"按钮，或按〈Ctrl+V〉组合键，打开"粘贴表方式"对话框，选择所需的粘贴方式，如图 3-30 所示。

Access 提供 3 种粘贴方式。

1）仅结构：此方式复制的是表的结构，不含数据。

图 3-30 "粘贴表方式"对话框

2）结构和数据：实现的是表结构和数据的复制。

3）将数据追加到已有的表：实现的是将数据追加到已存在的数据表的尾部。

3. 数据表的删除

如果数据库的数据表不再需要，可单击选中后按〈Delete〉键删除。在执行删除操作时，系统会提示对删除操作进行确认，单击"是"按钮则删除，单击"否"按钮则放弃删除操作。

3.5 拓展阅读——图灵奖获得者姚期智

姚期智教授，1946 年 12 月生，中国科学院院士及美国科学院外籍院士，算法、密码学及量子计算的国际先驱及权威。先后获得哈佛大学物理学博士、伊利诺伊大学计算机科学博士，曾任教于麻省理工学院（MIT）、斯坦福大学、加州伯克利分校及普林斯顿大学。在计算机科学发展上，他做出了许多创始性的巨大贡献，包括

1）开创了以计算复杂性为基础的现代密码科学，奠定现代密码学基础；

2）创建通信复杂性理论和伪随机数生成算法理论；

3）为量子计算建立全新典范，创建量子通信复杂性和量子安全通信模式。

他于 2000 年，荣膺图灵奖（计算机科学的国际最高奖），是迄今唯一获此殊荣的华人学者。

2003 年，杨振宁教授推荐姚期智到清华大学任教。对于一个普通人来说，要抛下在美国打好的基石，从中国的学术重新出发无疑需要很大的勇气，而引领中国的学术发展也必定是一项困难而艰巨的挑战。但姚期智眼中却只看到祖国迫切的召唤，秉持着对祖国深切的热爱和信念，他坚定了自己回国的决心。57 岁那年，姚期智辞去了普林斯顿大学的终身教职，义无反

顾地返回祖国怀抱成为清华大学的全职教授。他说："我是中国人，中国是我的祖国，我对中国的感情很深，现在我要永远地回来了，永远地回来。"

在姚期智教授的主导下，"清华学堂计算机科学实验班"（姚班）2005 年创立。十多年来，姚班培养了一批在全国乃至全世界计算机领域具有影响力的人才。2011 年在他的主导下，清华大学又创建"清华量子信息中心"与"交叉信息研究院"，以推动多元化的信息科学研究、教学及量子计算的发展。他近年来积极推进人工智能的创新理论及交叉学科应用，2019 年再度为本科生创办"清华学堂人工智能班"（智班）。姚期智说，"中国在几十年前曾经丧失了一些和国际上同时起步的时机，我想我们现在有一个非常好的机会，在以后十年、二十年，人工智能会改变这个世界的时候，我们应该在这个时候跟别人同时起步甚至比别人更先走一步，好好培养我们的人才，从事我们的研究。"

姚教授的卓越贡献得到了社会的广泛认可，他曾获得"2009 首都十大教育新闻人物""功勋外教奖""高等教育国家级教学成果一等奖"等荣誉。2024 年，习近平总书记在给姚教授的回信中高度赞扬了他二十年来的教书育人和科研创新工作。

启示： 姚期智教授不仅是一位杰出的科学家，更是一位卓越的教育家。他在计算机科学领域的杰出贡献、深厚的爱国情怀、无私奉献的精神、对科研的创新探索以及对人才培养的热情和执着，都使他成为我们学习的典范。他将爱国之情化为报国之行，激励着我们坚守初心使命，发挥自身优势，为实现高水平科技自立自强、建设教育强国科技强国做出新的贡献。

3.6 习题

1. 选择题

1）表的组成部分包括（　　　）。

    A. 字段和记录　　　　　　　　B. 查询和字段

    C. 记录和窗体　　　　　　　　D. 报表和字段

2）Access 数据库中，为了保持表之间的关系，要求在子表（从表）中添加记录时，如果主表中没有与之相关的记录，则不能在子表（从表）中添加该记录。为此需要定义的关系是（　　　）。

    A. 输入掩码　　　　　　　　　B. 有效性规则

    C. 默认值　　　　　　　　　　D. 参照完整性

3）可用来存储图片的字段类型是（　　　）。

    A. OLE　　　　　　　　　　　B. 备注

    C. 超链接　　　　　　　　　　D. 查阅向导

4）以下字符串符合 Access 字段命名规则的是（　　　）。

    A. !address!　　　　　　　　　B. %address%

    C. ［address］　　　　　　　　D. 'address'

5）在某表中，"姓名"字段的字段大小为 10，在此列输入数据时，最多可输入的汉字数和英文字符数分别是（　　　）。

    A. 5 5　　　　　　　　　　　　B. 5 10

    C. 10 10　　　　　　　　　　　D. 10 20

2. 填空题

1）若要查找某表中"姓氏"字段所有包含"sh"字符串的姓，则应在"查找内容"文本框中输入_____。

2）在 Access 中的数据表视图方式下，使用_____菜单中的命令可以对数据表中的列重新命名。

3）能够唯一标识表中每一条记录的字段称为_____。

4）必须输入 0~9 的符号的输入掩码是_____。

5）Access 数据库中，表与表之间的关系分为_____、_____和_____。

第4章 结构化查询语言

结构化查询语言（Structured Query Language，SQL）是 DBMS 提供的对数据库进行操作的语言。SQL 已经成为关系数据库语言的国际标准。1986 年美国国家标准协会（ANSI）公布了第一个 SQL 标准 SQL-86。国际标准化组织通过了 SQL 并于 1989 年公布了经过增补的 SQL-89，1992 年公布了 SQL-92，即 SQL2。

SQL 支持数据操作，用于描述数据的动态特性。SQL 包括 4 个主要功能：数据定义语言（Data Definition Language）、数据查询语言（Data Query Language）、数据操纵语言（Data Manipulation Language）、数据控制语言（Data Control Language）。

SQL 语言的优点在于 SQL 不是面向过程的语言，使用 SQL 语言只需描述做什么，而不需要描述如何做，为使用者带来极大的方便。

使用 SQL 时，必须使用正确的语法。语法是一组规则，根据需要、按照约定的规则将语言元素正确地组合在一起，就构成了 SQL 语句，用来帮助用户完成任务。

本章所用数据库为教学管理数据库，如图 4-1 所示。

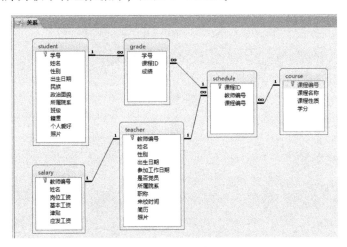

图 4-1　教学管理数据库

4.1　数据查询语言

SQL 的核心是从一个或多个表中返回指定记录集合的 SELECT 语句。SELECT 命令的基本形式为：**SELECT…FROM…WHERE**。

【命令格式】

```
SELECT [predicate] { * | table. * | [table. ]field1 [AS alias1]
                                  [, [table. ]field2 [AS alias2] [, …]]}
FROM    table_names
```

> [**WHERE** search_criteria]
> [**GROUP BY** groupfieldlist
> [**HAVING** aggregate_criteria]]
> [**ORDER BY** column_criteria [ASC ｜ DESC]]

【命令说明】

1) **SELECT**：查询命令动词。参数决定包含于查询结果表中的字段（列）。多个字段名，则用逗号分隔。

2) *****：表示选择全部字段。

3) table：表的名称，表中包含要选择的字段。

4) field1，field2：字段的名称，该字段包含了用户要获取的数据。如果数据包含多个字段，则按列举顺序依次获取它们。

5) alias1，alias2：名称，用作列标头，以代替 table 中原有的列名。

6) predicate：可选项，是下列谓词之一：[**ALL ｜ DISTINCT**] 或 **TOP** n [**PERCENT**]。决定数据行被处理的方式。**ALL** 指定要包含满足后面限制条件的所有行。**DISTINCT** 会使查询结果中的行是唯一的（删除重复的行）。默认为 **ALL**。**TOP** n [**PERCENT**] 只返回结果集的前 n 行或 n 百分比行。

7) **FROM** table_names：指定查询的源，当查询结果来自多个表时，表名（table_names）之间用逗号分隔。

8) **WHERE** search_criteria：可选子句，指明查询的条件。search_criteria 是一个逻辑表达式。

9) **GROUP BY** groupfieldlist：可选子句，将记录与指定字段中的相等值组合成单一记录。如果使 SQL 合计函数（如 Sum 或 Count）蕴含于 SELECT 语句中，会创建一个各记录的总计值。

10) **HAVING** aggregate_criteria：可选子句，对分组以后的记录显示进行限定。

11) **ORDER BY** column_criteria：可选子句，为查询结果排序。column_criteria 为排序关键字，当有多个关键字时，关键字之间用逗号分隔。ASC 或 DESC 选项用来指定升序或降序。默认值为升序。

值得强调的是，上述命令结构中包含了 SQL 子句，每一个子句执行一个 SQL 语句的功能，有些子句在 SELECT 语句中是必须出现的，见表 4-1。

表 4-1 SQL 命令子句

SQL 子句	执行的操作	是 否 必 需
SELECT	列出查询的字段	是
FROM	列出包含查询字段或查询条件字段的表	是
WHERE	指出查询条件	否
GROUP BY	在包含聚合函数的 SQL 语句中，列出未在 SELECT 子句中汇总的字段	仅在存在这类字段时才是必需的
HAVING	在包含聚合函数的 SQL 语句中，指定应用于在 SELECT 语句中汇总的字段的条件	否
ORDER BY	对结果排序，指出排序的依据	否

SQL 语句的一般形式为：

```
SELECT field_1
    FROM table_1
        WHERE criterion_1
        ;
```

Access 忽略 SQL 语句中的换行符。不过，考虑让每个子句使用一行（如上所示）有助于提高 SQL 语句的可读性。

每个 SELECT 语句都以分号（;）结束。分号可以出现在最后一个子句的末尾或者单独出现在 SQL 语句末尾处的一行。

4.1.1 简单查询

查询是对数据库表中的数据进行查找，产生一个动态表的过程。在 Access 中可以方便地创建查询，在创建查询的过程中定义要查询的内容和规则，运行查询时，系统将在指定的数据表中查找满足条件的记录，组成一个新表。

1. 选择字段

使用 SELECT 命令，可以选择表中的部分字段，建立一个新表。相当于关系运算中的投影运算。SELECT 语句的最短的语法是：SELECT fields FROM table。

【例 4-1】查询学生姓名、性别和所属院系。

```
SELECT 姓名, 性别, 所属院系 FROM   student;
```

SELECT 指出要查询的字段，FROM 指出包含这些字段的表。每一个 SELECT 命令以分号（;）结束，SQL 遇到这个分号时就会认为该 SQL 语句结束。如果未添加分号，则 Access 的查询分析器会自动添加。

【例 4-2】查询"student"表中所有字段和记录。

```
SELECT * FROM student;
```

【例 4-3】查询已经选课的学生的学号。

```
SELECT DISTINCT 学号   FROM   grade;
```

DISTINCT 选项的作用是去掉查询结果中的重复值。

注意：DISTINCT 不能对含有备注型字段、超链接型字段和 OLE 字段的记录进行重复操作。

【例 4-4】查询学生的姓名和年龄。

```
SELECT 姓名, year(now())-year(出生日期)   AS 年龄 FROM   student;
```

本例命令中查询项目使用表达式"year(now())-year(出生日期)"，这是一个计算出每名学生年龄的表达式；其中"AS 年龄"表示为所有的计算结果定义一个属性。

【例 4-5】所有课程的学分数增加 50%，重新计算各门课程的学分数并列出清单。

```
SELECT 课程名称,INT(学分*(1+0.5))   AS 新学分 FROM   course;
```

比较下面的命令：

```
SELECT 课程名称,学分*(1+0.5)   AS 新学分 FROM   course;
```

INT 函数会对表达式的运算结果进行取整运算，舍去小数部分。

【例 4-6】查询学生的姓名、所属院系、出生日期和性别。

SELECT　姓名,所属院系,出生日期,性别　FROM　student;

查询与表中属性顺序无关，通过查询可得到新的属性顺序。

2. 选择记录

在 SELECT 命令中设定查询条件，查找满足条件的记录，这就是关系运行中的选择运算。SELECT 命令中用于完成选择记录（查询条件）的命令子句是：

〔WHERE　search_criteria〕

【例 4-7】查询会计学院学生的学号、姓名和所属院系属性。

SELECT　学号,姓名,所属院系　FROM　student　WHERE 所属院系="会计学院";

此命令由"WHERE 所属院系="会计学院""构成筛选条件。命令执行时，首先从 student 表中找到满足条件"所属院系="会计学院""的记录，然后从中选择学号、姓名和所属院系 3 个属性构成一个新的关系。

【例 4-8】查询学分少于 3（不含 3 学分）的课程名称、课程性质和学分。

SELECT　课程名称,课程性质,学分　FROM　course　WHERE 学分 <3;

【例 4-9】查询会计学院的非党员学生。

SELECT　学号,姓名,所属院系,政治面貌　FROM　student
WHERE　所属院系="会计学院"　and　政治面貌<>"党员";

【例 4-10】查询成绩在 60 分以下（不含 60 分）、90 分以上（含 90 分）的学生的学号和成绩。

SELECT　学号,成绩 FROM　grade　WHERE 成绩<60　or　成绩>=90;

【例 4-11】查询教师中所有党员记录。

SELECT　*　FROM　teacher　WHERE 是否党员=TRUE;

在查询中还可以使用运算符，运算符 IN 和 NOT IN 用于检索属于（IN）或不属于（NOT IN）指定集合的记录。

如果在数值的列表中找到了满足条件的值，则 IN 运算符返回 True，否则返回 False。也可以加上逻辑运算符 NOT 来计算相反的条件。

【例 4-12】查询所有信息学院和会计学院的学生信息。

SELECT　*　FROM　student　WHERE　所属院系 IN ('信息学院','会计学院');

【例 4-13】查询所有选修了课程，但没有参加考试（成绩为"空"）的学生学号。

SELECT 学号 FROM　grade　WHERE　成绩 IS NULL;

比较下面的命令：

SELECT 学号 FROM　grade　WHERE　ISNULL(成绩);

上述两条命令完成查询"空"值的功能，前一条命令使用了查询谓词 IS NULL，用"成绩 IS NULL"的形式构成筛选成绩为"空"（不确定）的条件；后一条命令使用了函数 ISNULL（成绩）。

4.1.2　多表查询

关系不是孤立的，所以表也不是孤立的，表之间是有联系的。多表查询是指 SELECT 命令的查询内容或查询条件同时涉及数据库中相关的多个表。

【例 4-14】查询会计学院学生选修的课程及成绩，要求查询结果中含学号、姓名、课程名称和成绩。

```
SELECT student. 学号,姓名,课程名称,成绩
    FROM student,grade,course,schedule
        WHERE student. 学号 = grade. 学号 AND grade. 课程 ID = schedule. 课程 ID
            AND course. 课程编号 = schedule. 课程编号
            AND 所属院系='会计学院'  AND  成绩 IS  NOT  NULL;
```

这是一个涉及 4 个表的查询任务，查询所要求的结果来自 4 个表，所以有 "FROM student，grade，course，schedule"；而这 4 个表之间是有联系的，这种联系是通过父表的主关键字和子表的外部关键字建立的，所以有命令子句 WHERE 中的筛选条件 "student. 学号 = grade. 学号"和 "grade. 课程 ID = schedule. 课程 ID"等。由于 "student"表和 "grade"表都有学号属性，因此在 SELECT 子句中要用前缀的形式 "student. 学号"指明取自哪个表中的学号；由于本例中 "student"表和 "grade"表是以 "学号"相等进行的等值连接，因此，本例中用 "grade. 学号"的形式，查询结果是一样的。

【例 4-15】查询有不及格成绩的学生的学号和姓名。

```
SELECT  DISTINCT  student. 学号,姓名  FROM  student, grade
WHERE   student. 学号=grade. 学号
AND 成绩<60  AND 成绩  IS  NOT  NULL;
```

注意：DISTINCT 在这条命令中所起到的作用。

【例 4-16】查询所有选修了课程，但没有参加考试的学生的所属院系、姓名、课程名称和成绩。

```
SELECT   所属院系,姓名,课程名称,成绩
        FROM   student, course, grade, schedule
            WHERE   student. 学号 = grade. 学号
                AND   grade. 课程 ID = schedule. 课程 ID
                AND   schedule. 课程编号 = course. 课程编号
                AND   成绩 IS   NULL;
```

【例 4-17】查询成绩在 60 分以上（含 60 分）、90 分以下（含 90 分）学生的学号、姓名、课程名称和成绩。

```
SELECT   student. 学号,姓名,课程名称,成绩
        FROM   student, course, grade, schedule
            WHERE   student. 学号 = grade. 学号
                AND   grade. 课程 ID = schedule. 课程 ID
                AND   schedule. 课程编号 = course. 课程编号
                AND   成绩   BETWEEN   60   AND   90;
```

期中条件 "成绩   BETWEEN   60   AND   90"还可以写为：

```
AND   成绩>=60 AND 成绩<=90;
```

【例 4-18】查询经济学院开设的学分为 2~4（含 2 和 4）的所有课程的课程名称、学分和所属院系。

```
SELECT   DISTINCT 课程名称,学分,所属院系
        FROM   teacher,course, schedule
```

　　　　　　WHERE　teacher. 教师编号 = schedule. 教师编号
　　　　　　AND　schedule. 课程编号 = course. 课程编号
　　　　　　AND　所属院系="经济学院"
　　　　　　AND　学分　BETWEEN　2　AND　4;

【例 4-19】查询课程名中最后两个字是"管理"的课程信息。

　　SELECT　*　FROM　course　WHERE　课程名称　LIKE　'*管理';

　　运算符"LIKE"用于模糊查询，通配符"*"代表 0 个或多个字符，通配符"?"代表 1 个字符。运算符"LIKE"模糊查询的用法见表 4-2。

表 4-2　模糊查询的用法

意　　义	样　　例	返回 True	返回 False
字符范围	LIKE［a-z］	F, p, j	2, &
范围之外	LIKE［!a-z］	9, &, %	b, a
非数字	LIKE［!0-9］	A, a, &, ~	0, 1, 9
组合字	LIKE a[!b-m]#	An9, az0, a99	abc, aj0

【例 4-20】查询课程名称中含有"理"字的所有课程信息。

　　SELECT　*　FROM　course WHERE 课程名称 LIKE　'*理*';

比较下面的命令：

　　SELECT　*　FROM　course WHERE INSTR(课程名称,'理')<>0;

　　如果对上述例子中所有逻辑表达式进行非运算，就可以获得否定（不是、不等于、不包含）的查询结果。

【例 4-21】查询成绩在 60 分以下（不含 60 分）、90 分以上（不含 90 分）的学生的学号和成绩。

　　SELECT 学号, 成绩　FROM　grade
　　WHERE 成绩 NOT　BETWEEN　60　AND　90;

　　可以用 SELECT…INTO 语句将查询结果保存到一个新的表中，语句格式如下：

　　SELECT field1［, field2［, …］］　**INTO** newtable　**FROM**　source_table;

4.1.3　排序

　　SELECT 命令中用于对查询结果排序的命令子句为：

　　［**ORDER BY** < fieldname 1> ［ASC｜DESC］［, <fieldname 2> ［ASC｜DESC］…］］

　　完成排序功能的 ORDER BY 子句只能用于 SELECT 命令的最终查询结果。如果含有子查询，只能对外层查询的结果进行排序。命令中的选项 ASC 表示升序排序，DESC 表示降序排序，默认为升序排序。排序关键字可以是属性名或属性在表中的排列序号 1、2 或 3 等。

　　按排序关键字在 ORDER BY 子句中出现的顺序，排序关键字分为第一排序关键字、第二排序关键字、第三排序关键字等。只有在第一排序关键字相同的情况下，第二排序关键字才会有效。依此类推，只有第二排序关键字相同时，第三排序关键字才会起作用。

【例 4-22】查询所有会计学院学生的信息，查询结果按学号排序。

```
SELECT  *  FROM student
    WHERE 所属院系='会计学院' ORDER BY 学号;
```

【例 4-23】查询所有学生的信息，查询结果按所属院系排序，同一院系按性别降序排序。

```
SELECT  *  FROM  student  ORDER BY 所属院系,性别 DESC;
```

比较下面的命令：

```
SELECT  *  FROM student ORDER BY 7, 3 DESC;
```

【例 4-24】查询学生所属院系、学号、姓名、课程名称和成绩等信息，且按所属院系升序排序，同一院系按学号升序排序，同一学生按课程名称升序排序，相同课程名称按成绩降序排序。

```
SELECT  所属院系,student. 学号,姓名,课程名称,成绩
    FROM student,course,grade, schedule
        WHERE student. 学号=grade. 学号
            AND  grade. 课程ID = schedule. 课程ID
            AND  schedule. 课程编号 = course. 课程编号
            AND  成绩 IS NOT NULL
                ORDER BY 所属院系,student. 学号,课程名称,成绩 DESC;
```

当仅需要查询满足条件的部分记录时，需要用到[TOP n[PERCENT]]选项与 ORDER BY 子句共同使用，并且[TOP n[PERCENT]]选项只能与 ORDER BY 子句共同使用，才会有效。

【例 4-25】查询成绩最低的 3 名学生的课程和成绩信息。

```
SELECT TOP 3 student. 学号,姓名,课程名称,成绩
    FROM student,course,grade, schedule
        WHERE student. 学号=grade. 学号
            AND  grade. 课程ID = schedule. 课程ID
            AND  schedule. 课程编号 = course. 课程编号
            AND  NOT(ISNULL(成绩))
                ORDER BY 成绩;
```

【例 4-26】查询成绩从高到低排序后，前 20% 学生的课程和成绩信息。

```
SELECT TOP 20 PERCENT  *
    FROM  grade, schedule,course
        WHERE  grade. 课程ID = schedule. 课程ID
            AND  schedule. 课程编号 = course. 课程编号
            AND  NOT(ISNULL(成绩))
                ORDER BY 成绩  DESC;
```

4.1.4 子查询

在 SQL 查询语言中，一个 SELECT…FROM…WHERE 语句称为一个查询块，把一个查询块嵌套在另一个查询块的 WHERE 子句或 HAVING 子句的条件中的查询，就构成子查询。

子查询的一般求解方法是由里向外处理，即每一个子查询在上一级查询处理之前求解，子查询的结果用于建立其父查询的查询条件。外层查询依赖于内层查询的结果，内层查询与外层查询无关。通常的情况，当查询的结果出自一个表，条件涉及多个表时，使用子查询。

【命令格式】

> comparison[ANY | ALL | SOME] (sqlstatement)
> expression[NOT] IN (sqlstatement)

【命令说明】

1) **comparison**：一个表达式及一个比较运算符，将表达式与子查询的结果进行比较。

2) **expression**：用以搜寻子查询结果集的表达式。

3) **sqlstatement**：SELECT 语句，遵从与其他 SELECT 语句相同的格式及规则。它必须放在括号之中。

【例 4-27】 查询所有学生选修的课程，查询结果包含课程名称和学分。

> SELECT 课程名称,学分 FROM course
>   WHERE 课程编号
>   IN (SELECT 课程编号 FROM schedule, grade
>   WHERE schedule. 课程 ID = grade. 课程 ID);

在这个命令中，(SELECT 课程编号 FROM schedule, grade WHERE schedule. 课程 ID = grade. 课程 ID)是子查询，子查询将 "schedule" 和 "grade" 两个表进行了等值联接，则结果表中所有 "schedule" 表中的课程编号均是有学生选修的课程。子查询的结果是一个集合，"WHERE 课程编号 IN(SELECT 课程编号 FROM……)" 表示从 "course" 表中筛选出在这个集合中的课程编号。试比较下面的命令：

> SELECT DISTINCT 课程名称,学分
>   FROM course, schedule, grade
>   WHERE schedule. 课程 ID = grade. 课程 ID
>   AND course. 课程编号 = schedule. 课程编号;

【例 4-28】 查询没有选修课程的学生，查询结果中包含学号、姓名和所属院系。结果按学号降序排列。

> SELECT 学号,姓名,所属院系 FROM student
>   WHERE 学号 NOT IN (SELECT 学号 FROM grade)
>   ORDER BY 学号 DESC;

一个学生的学号不出现在 "grade" 表中，说明这名学生没有选择课程。子查询 "(SELECT 学号 FROM grade)" 的结果是一个集合：所有选择了课程的学生学号。"WHERE 学号 NOT IN (SELECT 学号 FROM grade)" 表示学号不在这个集合中。

【例 4-29】 查询有不及格成绩的学生信息。

> SELECT * FROM student WHERE 学号 IN
>   (SELECT 学号 FROM grade WHERE 成绩<60);

比较下面的命令：

> SELECT student. * FROM student,grade WHERE student. 学号 = grade. 学号 AND 成绩<60;

思考：如果有一个学生有两门及以上课程不及格的话，这两条语句的结果有什么不同的结果？

【例 4-30】 查询与 "杨杨" 在同一个院系的学生信息。

> SELECT * FROM student WHERE 所属院系 =
>   (SELECT 所属院系 FROM student WHERE 姓名='杨杨');

　　此命令的子查询结果仍然是一个集合，不过这个集合只有一个值，这个命令也可以用下面的形式完成：

```
SELECT  *  FROM  student  WHERE  所属院系 IN
        (SELECT 所属院系 FROM  student  WHERE 姓名='杨杨');
```

　　当子查询的结果是一个值时，可以用 IN，也可以用等号（＝）。但是当子查询的结果是一组值时，只能用 IN。

　　【例 4-31】查询与"杨杨"同年出生的学生信息。

```
SELECT  *  FROM  student  WHERE  YEAR(出生日期)=
        (SELECT  YEAR(出生日期)  FROM  student  WHERE 姓名='杨杨');
```

　　【例 4-32】查询所有选修课程的成绩都及格的学生信息。

```
SELECT  *  FROM  student  WHERE  学号 NOT IN
        (SELECT 学号 FROM  grade WHERE 成绩<60)
        AND 学号 IN(SELECT 学号 FROM  grade)
```

　　思考：如果没有加上后面的"AND 学号 IN(SELECT 学号 FROM grade)"条件，查询的结果会是什么？如果学生从来没有选修过课程，则查询结果里会不会出现？

　　【例 4-33】查询选修了"西方经济学"课程的学生信息。

```
SELECT  *  FROM  student  WHERE  学号 IN
        (SELECT 学号 FROM  grade, schedule, course
            WHERE grade. 课程 ID =schedule. 课程 ID
                AND schedule. 课程编号 = course. 课程编号
                AND 课程名称='西方经济学')
```

　　比较下面的命令：

```
SELECT  student. *
        FROM  student ,grade,schedule, course
            WHERE  student. 学号 =grade. 学号
                AND grade. 课程 ID =schedule. 课程 ID
                AND schedule. 课程编号 = course. 课程编号
                AND 课程名称='西方经济学';
```

　　本例说明有些查询既可以使用 SELECT 嵌套的形式实现，也可以使用多表之间联接的形式完成。

4.1.5　分组查询

　　利用 SELECT 命令还可以进行分组查询，分组查询是一种分类统计。

　　【命令格式】

```
SELECT [ALL | DISTINCT | DISTINCTROW]
        Aggregate_function(field_name)  AS  alias_name
        [ , select_list ]
        FROM  table_names
        [WHERE  search_criteria ]
            GROUP  BY  groupfieldlist
                [ HAVING  aggregate_criteria ]
            [ORDER  BY  column_criteria  [ASC | DESC]]
```

【命令说明】

1）Aggregate_function：为聚集函数，用于对数据做简单的统计，常用的聚集函数包括：

- AVG（字段名）：计算数值字段的平均值。
- MIN（字段名）：找到指定选项的最小值。
- MAX（字段名）：找到指定选项的最大值。
- SUM（字段名）：计算数值字段的总和。
- COUNT（字段名）：计数，统计选择项目的个数。SELECT 命令中的 COUNT(*)形式将统计查询输出结果的行数。

2）在 SELECT 命令中使用 GROUP BY 子句，可以按一个字段或多个字段分组（分类），并利用前面列出的聚集函数进行分类统计。

3）用 HAVING 子句可以进一步限定分组条件。HAVING 子句总是跟在 GROUP BY 子句之后，不可以单独使用。

SELECT 命令中的 HAVING 子句和 WHERE 子句并不矛盾，查询过程中先用 WHERE 子句限定元组，然后进行分组，最后用 HAVING 子句限定分组。

【例 4-34】 查询各门课程的平均分。

```
SELECT   课程名称, AVG(成绩) AS 平均分
      FROM   grade, schedule, course
            WHERE grade. 课程ID =schedule. 课程ID
                  AND schedule. 课程编号 = course. 课程编号
                  AND 成绩 IS NOT NULL
            GROUP BY 课程名称;
```

【例 4-35】 查询选修"西方经济学"课程的学生人数。

```
SELECT   课程名称, COUNT( * ) AS 选修人数
      FROM   grade, schedule, course
            WHERE grade. 课程ID =schedule. 课程ID
                  AND schedule. 课程编号 = course. 课程编号
                  AND 课程名称='西方经济学'
            GROUP BY 课程名称;
```

试比较命令：

```
SELECT COUNT( * ) AS 选修人数
      FROM   grade, schedule, course
            WHERE grade. 课程ID =schedule. 课程ID
                  AND schedule. 课程编号 = course. 课程编号
                  AND 课程名称='西方经济学'
```

说明：在 SELECT 之后，如果出现没有使用聚合函数的字段，如本例中的课程名称，就需要有 GROUP BY 子句，如本例的"GROUP BY 课程名称"。

思考题：统计各门课程的选修人数。

【例 4-36】 查询至少有两门不及格课程的学生信息。

```
SELECT * FROM student WHERE 学号 IN
(SELECT 学号 FROM grade WHERE 成绩<60
GROUP BY 学号 HAVING COUNT( * )>=2);
```

【例 4-37】查询"西方经济学"课程成绩高于该门课程平均成绩的学生信息。

```
SELECT   student. *
     FROM   student , grade, schedule, course
         WHERE   student. 学号 = grade. 学号
                 AND grade. 课程 ID = schedule. 课程 ID
                 AND schedule. 课程编号 = course. 课程编号
                 AND 课程名称 = '西方经济学' AND 成绩
                 >= (SELECT AVG(成绩) AS 平均分
                         FROM grade, schedule, course
                             WHERE grade. 课程 ID = schedule. 课程 ID
                                 AND schedule. 课程编号 = course. 课程编号
                                 AND 课程名称 = '西方经济学');
```

4.1.6　连接查询

关系数据操作的主要操作之一是连接操作，两个表中记录按一定条件连接后，生成第三个表。所谓两个表的连接，是用第一个表的每一条记录遍历第二个表的所有记录，当在第二个表中找到满足连接条件的记录时，把记录连接在一起，写入第三个表（连接查询的结果）。

SELECT 命令支持表的连接操作，连接的类型为普通连接（INNER JOIN）、左连接（LEFT JOIN）和右连接（RIGHT JOIN）。

【命令格式】

```
SELECT   [predicate]   select_list
     FROM   table1   {INNER | LEFT | RIGHT}   JOIN table2
         ON   join_criteria
     [WHERE   search_criteria]
             [ORDER   BY   column_criteria   [ASC | DESC]]
```

注意：在这个命令子句中，所要连接的表和其连接类型是由 FROM 给出的，连接的条件是由 ON 给出的，ON 条件指出当两个表在公共字段上的值相匹配时，进行连接。

使用 SQL 的 WHERE 子句，可以创建等值连接，连接字段的表达式与 JOIN 命令的 ON 子句一样。使用 WHERE 子句编写 SQL 语句来创建关系比使用 JOIN 语句要简单得多。WHERE 子句也比 JOIN…ON 结构更灵活，原因是可以使用诸如 BETWEEN … AND、LIKE、<、>、= 和<>等操作符。当在 JOIN 语句的 ON 子句中用等号"="代替时，这些操作符会产生错误消息。

1. 普通连接

命令选项 INNER JOIN 为普通连接，也称为内部连接。普通连接的结果是只有满足连接条件的记录才会出现在查询结果中。

【例 4-38】完成"student"表和"grade"表的普通连接。

```
SELECT   *   FROM   student   INNER   JOIN   grade   ON   student. 学号 = grade. 学号;
```

【例 4-39】完成"teacher"表和"salary"表的普通连接。

```
SELECT   *   FROM   teacher
     INNER JOIN salary   ON   teacher. 教师编号 = salary. 教师编号;
```

【例 4-40】利用普通连接方式查询选课学生的信息，结果包括学号、姓名、课程名称和成绩。

```
SELECT student. 学号,姓名,课程名称,成绩
FROM ((student INNER JOIN grade ON student. 学号=grade. 学号)
    INNER JOIN schedule ON grade. 课程 ID=schedule. 课程 ID)
    INNER JOIN course ON schedule. 课程编号=course. 课程编号;
```

在进行多表连接时，系统是通过两两连接来实现的，先将两个表连接成一个大表后，再与第三个表进行连接，与此类推。

2. 左连接

左连接的查询结果是返回第一个表的全部记录和第二个表中满足连接条件的记录。第一个表中所有没有在第二个表中找到相应连接记录的记录，其对应第二个表的字段值为 NULL。

【例 4-41】完成"student"表和"grade"表的左连接。结果包括所有的学生记录（"student"表中全部记录），也包括没有选择课程的学生信息。

```
SELECT * FROM student LEFT JOIN grade ON student. 学号=grade. 学号;
```

3. 右连接

右连接的查询结果是返回第二个表的全部记录和第一个表中满足连接条件的记录。同样，第二个表不满足连接条件的记录，其对应第一个表的字段值为 NULL。

【例 4-42】完成"student"表和"grade"表的右连接。

```
SELECT * FROM student RIGHT JOIN grade ON student. 学号=grade. 学号;
```

比较上述 3 种连接的结果。

【例 4-43】完成"grade"表和"course"表的右连接。结果中包括了所有的课程（"course"表中的全部记录），也包括没有学生选择的课程。

```
SELECT * FROM grade RIGHT JOIN course ON course. 课程编号=grade. 课程编号;
```

4.1.7　联合查询

联合查询的作用是可以将多个相似的查询的结果合并为一个集合。具体操作是使用联合查询运算 UNION，把两个或更多个 SELECT 查询的结果合并为一个结果集。只使用 SQL 语句就可以创建联合查询。UNION 查询的通用格式为：

【命令格式】

```
SELECT    select_statement
    UNION  SELECT    select_statement
    [UNION  SELECT    select_statement]
    [UNION ……]
```

联合查询的要求：联合查询中合并的选择查询必须具有相同的输出字段数、采用相同的顺序并包含相同或兼容的数据类型。在运行联合查询时，来自每组相应字段中的数据将合并到一个输出字段中，这样查询输出所包含的字段数将与每个 SELECT 语句相同。

注意：根据联合查询的目的，"数字"和"文本"数据类型兼容。

【例 4-44】查询学生和教师中的女性记录。

```
SELECT 姓名,性别,出生日期  FROM student WHERE 性别="女"
    UNION SELECT 姓名,性别,出生日期  FROM teacher  WHERE  性别="女";
```

4.2　数据操纵语言

数据操纵语言（Data Manipulation Language，DML）命令实现的功能包括追加、更新和删除。

4.2.1　追加

追加就是添加一个或多个记录至一个表。

1. 多重记录追加查询

【命令格式】

> **INSERT　INTO**　target　[（field1[，field2 [，…]]）]
> 　　　　　　**SELECT**　field1 [，field2 [，…]]
> 　　　　　　　　　**FROM**　tableexpression

2. 单一记录追加查询

【命令格式】

> **INSERT　INTO**　target [（ field1 [，field2 [，…]]）]
> 　　　　　　　　　　**VALUES**　（ value1 [，value2 [，…]]）

【例 4-45】插入一条完整的记录。

> INSERT INTO student
> 　　　VALUES('053500001','齐心','女',#2006-01-01#,"汉族",'团员',
> 　　　"信息学院","电商 24-1","北京市","排球","")；

数据列表中各数据的排列顺序必须与目标表"student"的字段名排列顺序一致。另外请注意各种类型数据的表示方法。

4.2.2　更新

更新命令改变指定表中满足条件记录的字段值。

【命令格式】

> **UPDATE**　table_name
> 　　　**SET** column_name = value [，column_name = value[，…]]
> 　　　**WHERE**　updatecriteria

【命令说明】

1）table_name：指明被更新的表。如果被更新的表不是当前数据库中的表，则需要用 [<数据库名>！]选项指明包含被更新表的数据库。

2）**SET** column_name = value：指明需要修改的字段（列）和新的值（表达式）。

3）**WHERE**　updatecriteria：指明被更新的记录。如果使用 WHERE 子句，只有满足条件的记录才会被更新。如果命令中是默认 WHERE 子句，则将更新所有记录的指定字段值。

【例 4-46】对岗位津贴低于 800 元的教师，在其原有岗位津贴的基础上增加 20%，并重新计算岗位津贴（此例在操作之前，先将"salary"表复制为"salary1"表）。

> UPDATE salary1 SET 岗位津贴 = 岗位津贴 * (1+0.2) WHERE　岗位津贴<=800；

【例 4-47】 给所有女教师的岗位津贴增加 200 元。

```
UPDATE salary1, teacher SET 岗位津贴 = 岗位津贴 + 200
    WHERE teacher. 教师编号 = salary1. 教师编号 AND 性别 = "女";
```

4.2.3　删除

删除命令删除指定表中满足条件的记录。

【命令格式】

```
DELETE  FROM  table_name
        [ WHERE  delete_criteria ]
```

【命令说明】

1） **FROM**　table_name：指定删除记录的表。如果不是当前数据库表，则需要用 [<数据库名>!] 指定数据库。

2） **WHERE**　delete_criteria：指定删除记录的条件。默认 WHERE 子句，将删除表中所有记录。

【例 4-48】 删除"salary1"表（见例 4-46）中教师编号首位是"0"的记录。

```
DELETE  FROM  salary1  WHERE  教师编号  LIKE  "0*";
```

当使用删除命令删除记录之后，不能取消此操作，即删除是不能恢复的。因此，在删除记录之前，应先使用相同的条件进行选择查询，确认删除的记录，然后再删除记录。

此外，应随时注意维护数据的备份。如果误删除了记录，则可以从备份副本中将数据恢复。

4.3　数据定义语言

通过编写数据定义语言可以创建和修改表、限制、索引和关系。本节介绍数据定义语言，以及如何使用这类语言创建表、删除表或修改表。

4.3.1　创建表

可以使用 CREATE TABLE 命令创建表。

创建一个新表。在创建表的同时可以定义表的字段名、字段类型、小数位数、是否支持"空"值及参照完整性规则等。

【命令格式】

```
CREATE [ TEMPORARY ] TABLE  table_name
        (field1   type [ ( size ) ] [ NOT NULL ] [ index1 ]
        [ , field2  type [ ( size ) ] [ NOT NULL ] [ index2 ] [ , …]]
        [ CONSTRAINT  multifieldindex [ , …]])
```

【命令说明】

1） 在定义语句中，文本型字段类型可用 TEXT、CHAR 或 VARCHAR 表示，可指定长度。若不指定长度，默认为 255。

2）日期型字段类型用 DATETIME 表示。

3）货币型字段类型用 MONEY 表示。

4）双精度字段类型用 NUMBER 表示，整型用 INT 或 LONG 表示。

5）OLE 对象用 IMAGE 表示。

6）建立 TEMPORARY 表时，只能在建立表的会话期间看见它。会话期终止时，它就被自动删除。TEMPORARY 表能被不止一个用户访问。

【例 4-49】用 CREATE 命令创建"mytable1"表。

```
CREATE TABLE mytable1
        ( FirstName TEXT,  LastName TEXT,  DateOfBirth  DATETIME);
```

【例 4-50】用 CREATE 命令创建"mytable2"表，其中"ID"字段为自动编号主键。

```
CREATE TABLE mytable2
        (ID COUNTER PRIMARY KEY, MyText TEXT (10));
```

【例 4-51】用 CREATE 命令创建"student"表，"学号"为主键，且与"grade"表以"学号"为连接字段建立联系。

```
CREATE TABLE student
        (学号 TEXT(8) PRIMARY KEY, 姓名 TEXT(10),  性别 TEXT(1),出生日期  DATETIME);
```

【例 4-52】用 CREATE 命令创建"grade"表，其中"学号"和"课程编号"为双字段主键，并与"student"表建立联系。

```
CREATE TABLE grade
        (学号 TEXT(8) REFERENCES student(学号)，课程编号 TEXT(6),
        成绩 NUMBER ,PRIMARY KEY(学号,课程编号));
```

外键与主表联接，也可用表级约束来实现，语句如下：

```
CREATE TABLE grade
        (学号 TEXT(8) , 课程编号 TEXT(6), 成绩 NUMBER ,
        PRIMARY KEY(学号,课程编号), foreign key (学号) REFERENCES student(学号));
```

4.3.2　删除表

DROP 命令用于从数据库中删除已存在的表，或从表中删除已存在的索引。

【命令格式】

```
DROP {TABLE table_name | INDEX  index_name   ON 表 }
```

【命令说明】

1）table_name：指定从数据库中删除的表。

2）index_name：指定删除的索引。

【例 4-53】删除"mytable2"表。

```
DROP TABLE mytable2;
```

这种删除是不可恢复的。

4.3.3　修改表

ALTER 命令用于修改已创建好的表。

【命令格式】

> **ALTER TABLE** table_name｛ADD｛COLUMN field_name type [（size）]
> ［NOT NULL］　［CONSTRAINT index］｜
> ALTER COLUMN field1 type [（size）]｜
> CONSTRAINT multifieldindex｝｜
> DROP｛COLUMN field_name｜CONSTRAINT indexname｝｝

【命令说明】

1）ADD COLUMN：在表中添加新的字段。需要指定字段名、数据类型，还可以（对文本和二进制字段）指定长度。

2）ALTER COLUMN：改变字段的数据类型，需要指定字段名、新数据类型，还可以指定长度。

3）ADD CONSTRAINT：添加多重字段索引。

4）DROP COLUMN：删除字段。

5）DROP CONSTRAINT：删除多重字段索引。

【例 4-54】在"mytable1"表中增加一个"Notes"字段，类型为文本型，长度为 25。

> ALTER TABLE mytable1 ADD COLUMN Notes TEXT（25）；

【例 4-55】将"mytable1"表中的"ZipCode"字段的长度修改为 10。

> ALTER TABLE mytable1 ALTER COLUMN ZipCode TEXT（10）；

【例 4-56】删除"mytable1"表中的"Notes"字段。

> ALTER TABLE mytable1 DROP COLUMN Notes；

4.4　拓展阅读——阿里巴巴"去 IOE"之旅

"去 IOE"是阿里巴巴 2008 年提出的概念，本意是在阿里巴巴的 IT 架构中，去掉 IBM 的小型机、Oracle 数据库和 EMC 存储设备，代之以阿里巴巴在开源软件基础上开发的系统。

这一转型源自互联网行业对算力激增的需求。自 2000 年互联网兴起以来，随着用户基数的爆炸性增长，对数据库的需求亦随之扩大。Oracle 数据库，作为当时全球顶尖的"数据大脑"，几乎成为数字世界"好记性"的唯一选择。阿里巴巴旗下的 B2B 网站、淘宝及支付宝等主要产品均依赖于 Oracle 数据库，其数据量和并发数在国内首屈一指。然而，国外数据库产品在面对"双十一"巨额交易量时显得力不从心，因为它们未曾预料到中国电商节日的庞大规模。此外，随着淘宝和支付宝用户量的激增，继续使用 Oracle 数据库意味着阿里巴巴每年将面临数亿元的费用。

Oracle 数据库的标配包括 IBM 的小型机和 EMC 的存储硬件，其成本之高令人咋舌。自 2007 年起，阿里巴巴的 IT 支出飙升，成为 IBM、Oracle 在中国的标杆客户。然而，国外厂商的数据库产品在"双十一"的巨大交易量面前显得捉襟见肘。阿里巴巴花费巨资购买的 Oracle 数据库产品和服务，也未能跟上公司成长的步伐。Oracle 数据库的商业软件特性，如同一个难以打开的"黑盒子"，频繁出现问题，而工程师们却束手无策。

面对这一挑战，阿里巴巴首席架构师王坚（现中国工程院院士）提出了全面转向开源数据库的策略。阿里巴巴开始从依赖 Oracle 的商业数据库，全面转向开源的 MySQL，并在平民化的 PC 服务器上运行基于开源的自研开源数据库。这一决策不仅降低了成本，更在性能上满足了互联网业务的需求。这种以廉价的 PC 服务器替代小型机，以基于开源的自研数据库替代 Oracle 数据库，不用高端存储设备也成为阿里云的雏形。

2011 年 7 月，淘宝"商品库"成功从 Oracle 迁移至阿里巴巴专属的开源数据库 AliSQL，阿里巴巴基于开源数据库自研 AliSQL，标志着软件替代方案的成功实践。硬件方面，AliSQL 团队深入研究了全球主流的闪存、硬盘、计算芯片、网络芯片性能，为团队设计了一套性能与成本兼顾的服务器采购方案。

通过不懈努力，阿里巴巴的"去 IOE"终于软硬兼备。通往下一代数据库的大门，终于被阿里巴巴技术团队所突破。2013 年 5 月 17 日，阿里巴巴集团最后一台小型机下线，Oracle 数据库被完全清除出淘宝核心系统，淘宝天猫所有的数据库都从 Oracle 数据库迁移到了自主开源的 AliSQL 数据库。2015 年，OceanBase 替换了支付宝支付系统中的 Oracle 数据库。2016 年，支付宝总账全面用 OceanBase 替换了 Oracle 数据库。2017 年，蚂蚁金服全面"去 IOE"。

在 2016 年的世界互联网大会上，OceanBase 入选世界互联网领先科技成果，2019 年，国际事务处理性能委员会（TPC）宣布阿里巴巴旗下的蚂蚁金服数据库 OceanBase 打破了由美国甲骨文创造并保持 9 年的世界纪录，2022 年，OceanBase 第三次入选世界互联网领先科技成果，其事务处理能力达到国际领先，这表明我国数据库技术的发展取得了重大突破。

启示：阿里巴巴的"去 IOE"之旅不仅是一场技术革新，更是一次自主创新的胜利。它告诉我们，在全球化的今天，依赖外部技术并非长久之计，自主研发与创新才是企业持续发展的根本。通过这一旅程，阿里巴巴不仅降低了成本，提高了系统的稳定性和扩展性，更为中国乃至全球的数据库技术发展贡献了宝贵的经验。此外，这一案例也启示我们，面对挑战，企业需要勇于变革，不断探索适应自身业务需求的技术解决方案，以实现长远的可持续发展。

4.5　习题

1. 选择题

1）在 SQL　SELECT 语句中用于实现选择运算的命令是（　　　）。

  A. FOR   B. WHILE   C. WHERE   D. CONDITION

2）与表达式"工资　BETWEEN　1210　AND　1240"功能相同的表达式是（　　　）。

  A. 工资>=1210　AND　工资<=1240 B. 工资>1210　AND　工资<1240

  C. 工资<=1210　AND　工资>1240 D. 工资>=1210　OR　工资<=1240

3）与表达式"仓库号　NOT　IN("wh1","wh2")"功能相同的表达式是（　　　）。

  A. 仓库号="wh1" AND 仓库号="wh2"

  B. 仓库号！="wh1" OR 仓库号# "wh2"

  C. 仓库号<>"wh1" OR 仓库号！="wh2"

  D. 仓库号<>"wh1" AND 仓库号<>"wh2"

4）有关 SQL　SELECT 语句，下面有关 HAVING 的描述正确的是（　　　）。

  A. HAVING 子句必须与 GROUP BY 子句同时使用，不能单独使用

  B. 使用 HAVING 子句的同时不能使用 WHERE 子句

  C. 使用 HAVING 子句的同时不能使用 COUNT( )等函数

  D. 使用 HAVING 子句不能限定分组的条件，使用 GROUP BY 子句限定分组条件

5）若要在某表的"姓名"字段中查找以"李"开头的所有人名，则查询条件应是

（ ）。

      A. like "李?"   B. like "李＊"   C. like "李[ ]"   D. like "李#"

2. 填空题

1）在 SQL SELECT 语句中将查询结果存放在一个表中应该使用的子句是_____。

2）CREATE TABLE 命令创建一个_____。

3）SQL 语言集数据查询、数据操纵、数据定义和数据控制功能于一体，其中 SELECT 语句实现的功能是_____。

4）SQL 语言的 SELECT 语句中，WHERE 子句中的表达式是一个_____。

5）在 SQL 语言的 SELECT 语句中，为了去掉查询结果中的重复记录，应使用关键字_____。

第5章 查　询

在数据库中创建数据表，是为了将众多的数据有效地进行保存，但这不是创建数据库的最终目的，其最终目的是灵活、方便、快捷地使用它们，对数据库中的数据进行各种分析和处理，从中提取需要的数据和信息，查询就是将一个或多个数据表中满足特定条件的数据检索出来。查询不仅可以基于数据表来创建，还可基于查询来创建。同时，查询不仅可以根据指定条件来进行数据的查找，还可以对数据进行计算、统计、排序、筛选、分组、更新和删除等多种复杂操作。

5.1　查询概述

查询是 Access 数据库中重要的对象，它可以按一定的条件从 Access 数据表或已建立的查询中查找需要的数据。

5.1.1　查询的功能

查询是对数据库表中的数据进行查找，产生动态表的过程。在 Access 中可以方便地创建查询，在创建查询的过程中需要定义查询的内容和规则。运行查询时，系统将在指定的数据表中查找满足条件的记录，组成一个类似数据表的动态表。

1. 选择字段

在查询中，可以选择表中的部分字段，建立一个新表，相当于关系运算中的投影运算。例如，利用查询可以在"student"表中选择学号、姓名、所在学院组成一个新的表。

2. 选择记录

通过在查询中设定条件，可以查找满足条件的记录，这相当于关系运行中的选择运算。例如，在"student"表中查找所有性别为"女"的记录。

3. 编辑记录

编辑记录主要包括添加记录、修改记录和删除记录等。在 Access 中，可以利用查询来添加、修改和删除表中的记录，例如，将"student"表中的"汉族"改为"汉"。

4. 计算

查询不仅可以查找满足指定条件的记录，还可以通过查询建立各种统计计算，例如，统计学生人数、各门课程的平均成绩等。

5. 建立新表

利用查询结果可以建立一个新的表，并且永久保存。例如，将信息学院的所有学生存放在一个新的数据表中。

6. 建立基于查询的报表和窗体

为了将一个或多个表中合适的数据生成报表或在窗体中显示，可以先根据需要建立一个所需数据的查询，将查询的结果作为报表或窗体的数据源。在每次运行报表或窗体时，查询就会从基础数据表中获取最新的数据提供给报表或窗体。

5.1.2　查询的类型

Access 数据库提供的查询种类较多，通常会根据查询在执行方式上的不同，将查询分为如下几种类型。

1. 选择查询

选择查询是最常用的查询类型，它是根据用户定义的查询内容和规则，从一个或多个表中提取数据进行显示。

在选择查询中，可以对记录进行分组，并对分组后的记录进行总计、计数、平均及其他类型的计算等。

选择查询能够帮助用户按照需要的方式对一个或多个表中的数据进行查看，查询的结果显示与数据表视图相同，但查询中不存放数据，所有的数据均存放于基础数据表中，查询中看到的数据集是一个动态集。当运行查询时，系统会从基础数据表中获取数据。

2. 交叉表查询

交叉表查询是将某个数据表中的字段进行分组，一组作为查询的行标题，另一组作为查询的列标题，然后在查询的行与列的交叉处显示某个字段的统计值。交叉表查询是利用表中的行或列来进行数据统计的。它的数据源是基础数据表。

3. 参数查询

选择查询是在建立查询时就将查询准则进行定义，其条件是固定的。参数查询则是在运行查询时利用对话框来提示用户输入查询准则的一种查询。参数查询可以根据用户每次输入的值来确定当前的查询条件，以满足查询的要求。

例如，要根据"学号"来查询某个学生的基本信息，利用参数查询则可在每次查询时输入要查询的学生学号，即可找到满足条件的记录。

4. 操作查询

操作查询的查询内容和规则的设定与选择查询相同，但有一个很大的不同是：选择查询是按照指定的内容和条件查找满足要求的数据，将查找到的数据进行显示；而操作查询是在查询中对所有满足条件的记录进行编辑等操作，会对基础数据表产生影响或生成新的数据表，如生成表查询，则会生成一个新的数据表；更新查询，则会根据更新条件对原数据表中的数据进行修改。

Access 的操作查询有如下几种。

（1）生成表查询

利用一个或多个表中的全部或部分数据生成一个新的数据表。生成表查询通常用于重新组织数据或创建备份表等。

（2）删除查询

删除查询是将满足条件的记录从一个或多个数据表中删除。此操作会将基础数据表中的记录删除。

（3）更新查询

更新查询是对一个或多个表中的一组记录进行修改的查询。例如，对"salary"表中所有副教授的基本工资涨 10%等，可利用更新查询来实现。

（4）追加查询

追加查询是从一个或多个数据表中将满足条件的记录找出，并追加到另一个或多个数据表的尾部的操作。追加查询可用于多个表的合并等。

5. SQL 查询

SQL 查询就是利用 SQL 语句来实现的查询。SQL 查询已在第 4 章中进行了详细介绍，此章不再赘述。

5.2 表达式

在 Access 中，表达式广泛应用于表、查询、窗体、报表、宏和事件过程等。表达式由运算对象、运算符和括号组成，运算对象包括常量、函数和对象标识符。Access 中的对象标识符可以是数据表中的字段名称、窗体、报表名称、控件名称或属性名称等。

5.2.1 常量

常量分为系统常量和用户自定义常量，系统常量如逻辑值 True（真值）、False（假值）和 Null（空值）。

注意：空值不是空格或空字符串，也不是 0，而是表示没有值。用户自定义常量又常称为字面值，如数值"100"、字符串"ABCD"和日期"#24/8/8#"等。

Access 的常量类型包括数值型、字符型、日期型和逻辑型。

1. 数值型

数值型常量包括整数和实数。整数，如"123"；实数，用来表示包含小数的数或超过整数示数范围的数，实数既可通过定点数来表示，也可用科学计数法进行表示，如"12.3"或"1.23E1"。

2. 字符型

字符型常量是由字母、汉字和数字等符号构成的字符串。定义字符常量时需要使用定界符。Access 中字符定界符有两种形式：单引号（' '）、双引号（" "），如字符串'ABC'或"ABC"。

3. 日期型

日期型常量即用来表示日期型数据。日期型常量用"#"作为定界符，如 2024 年 7 月 8 日，表示成常量即为#24-7-8#，也可表示为#24-07-08#、#8-7-24#、#8-Jul-24#。在年、月、日之间的分隔符也可采用"/"作为分隔符，即#24/7/18#或#24/07/18#。

对于日期型常量，年份输入为 2 位时，如果年份在 00~29 内，系统默认为 2000~2029 年；如果输入的年份在 30~99，则系统默认为 1930~1999 年。如果要输入的日期数据不在默认的范围内，则应输入 4 位年份数据。

4. 逻辑型

逻辑型常量有两个值，真值和假值，用 True（或-1）表示真值，用 False（或 0）表示假值。系统不区分 True 和 False 的字母大小写。

注意：在数据表中输入逻辑值时，如果需要输入值，则应输入-1 表示真，0 表示假，不能输入 True 或 False。

5.2.2　Access 常用函数

Access 系统提供了上百个函数供用户使用。在使用过程中，函数名称不区分大小写。根据函数的数据类型，将常用函数分为数学型、字符型、日期时间型、逻辑型和转换函数等。本节将对一部分常用函数进行介绍，如果想了解更多的函数，请查阅帮助或系统手册。

1. 数学函数

常用的数学函数功能及示例见表 5-1。

表 5-1　常用数学函数功能及示例

函　　数	功　　能	示　　例	函　数　值
Abs(number)	求绝对值	Abs(-12.5)	12.5
Exp(number)	e 指数	Exp(2.5)	12.1825
Int(number)	自变量为正时，返回整数部分，舍去小数部分；自变量为负时，返回不大于原值的整数	Int(8.7) Int(-8.4)	8 -9
Fix(number)	无论自变量为正或负，均舍去小数部分，返回整数	Fix(8.7) Fix(-8.4)	8 -8
Log(number)	自然对数	Log(3.5)	1.253
Rnd(number)	产生 0~1 之间的随机数。自变量可缺省	Rnd(2)	0~1 的随机数
Sgn(number)	符号函数。当自变量的值为正时，返回 1；自变量的值为 0 时，返回 0；自变量的值为负时，返回-1	Sgn(5) Sgn(0) Sgn(-5.6)	1 0 -1
Sqr(number)	平方根。自变量非负	Sqr(6)	2.449
Round(number, precision)	四舍五入函数。第二个参数的取值为非负整数，用于确定所保留的小数位数	Round(12.674,0) Round(12.674,2)	13 12.67

注意：number 可以是数值型常量、数值型变量、返回数值型数据的函数和数学表达式。

2. 字符函数

常用的字符函数功能及示例见表 5-2。

表 5-2　常用字符函数功能及示例

函　　数	功　　能	示　　例	函　数　值
Left(stringexpr,n)	求左子串函数。从表达式左侧开始取 n 个字符。每个汉字也作为 1 个字符	Left("北京",1) Left("Access",2)	北 Ac
Right(stringexpr,n)	求右子串函数。从表达式右侧开始取 n 个字符。每个汉字也作为 1 个字符	Right(#2018-07-22#,3) Right(1234.56,3)	-22 .56
Mid(stringexpr,m[,n])	求子串函数。从表达式中截取字符，m、n 是数值表达式，由 m 值决定从表达式值的第几个字符开始截取，由 n 值决定截取几个字符。n 默认，表示从第 m 个字符开始截取到尾部	Mid("中央财经大学",3,2) Mid("中央财经大学",3)	财经 财经大学
Len(stringexpr)	求字符个数。函数返回表达式值中的字符个数。表达式可以是字符、数值、日期或逻辑型	Len("#2024-7-22#") Len("中央财经大学") Len(True)	11 6 2

（续）

函　数	功　能	示　例	函　数　值
UCase(stringexpr)	将字符串中的小写字母转换为大写字母函数	UCase(" Access") UCase("学习 abc")	ACCESS 学习 ABC
LCase(stringexpr)	将字符串中的大写字母转换为小写字母函数	LCase(" Access")	access
Space(number)	生成空格函数。返回指定个数的空格符号	"@@ " +Space(2) + "@@ "	@@ ⌴ @@
InStr(C1,C2)	查找子字符串函数。在 C1 中查找 C2 的位置，即 C2 是 C1 的子串，则返回 C2 在 C1 中的起始位置，否则返回 0	InStr(" One Dream" , " Dr") InStr(" One Dream" , " Dor")	5 0
Trim(stringexpr)	删除字符串首尾空格函数	Trim("⌴ AA" + "⌴ BB ")	AA ⌴ BB
RTrim(stringexpr)	删除字符串尾部空格函数	RTrim("⌴数据库⌴")	⌴数据库
LTrim(stringexpr)	删除字符串首部空格函数	LTrim("⌴数据库⌴")	数据库⌴
String(n,stringexpr)	字符重复函数。将字符串的第一个字符重复 n 次，生成一个新字符串	String(3, "你好")	你你你

注意："⌴"表示空格，后文同。

3. 日期时间型函数

常用的日期时间型函数功能及示例见表 5-3。

表 5-3　常用日期时间型函数功能及示例

函　数	功　能	示　例	函　数　值
Date( )	日期函数。返回系统当前日期。无参函数	Date( )	2024-07-22
Time( )	时间函数。返回系统当前时间。无参函数	Time( )	下午 03:33:51
Now( )	日期时间函数。返回系统当前日期和时间，含年、月、日、时、分、秒。无参函数	Now( )	2024-07-22 下午 03:33:51
Day(dateexpr)	求日函数。返回日期表达式中的日值	Day(date( ))	22
Month(dateexpr)	求月份函数。返回日期表达式中的月值	Month(date( ))	7
Year(dateexpr)	求年份函数。返回日期表达式中的年值	Year(date( ))	2024
Weekday(dateexpr)	求星期函数。返回日期表达式中的这一天是一周中的第几天。函数值取值范围是 1~7，系统默认星期日是一周中的第 1 天	Weekday(date( ))	2
Hour(timeexpr)	求小时函数。返回时间表达式中的小时值	Hour(Time( ))	15
Minute(timeexpr)	求分钟函数。返回时间表达式中的分钟值	Minute(Time( ))	33
Second(timeexpr)	求秒函数。返回时间表达式中的秒值	Second(Time( ))	51
DateDiff(interval, date1,date2)	求时间间隔函数。返回值为日期 2 减去日期 1 的值。日期 2 大于日期 1，得正值，否则得负值。时间间隔参数的不同将确定返回值的不同含义		

注意：以上的时间均是以系统时间"2024-07-22 下午 03:33:51"为时间标准。

DateDiff 函数用法及示例见表 5-4。

表 5-4 DateDiff 函数用法及示例

时间间隔参数	含 义	示 例	函 数 值
yyyy	函数值为两个日期相差的年份	DateDiff("yyyy",#2024-07-22#,#2025-05-08#)	1
q	函数值为两个日期相差的季度	DateDiff("q",#2024-07-22#,#2025-05-08#)	3
m	函数值为两个日期相差的月份	DateDiff("m",#2024-07-22#,#2025-05-08#)	10
y, d	函数值为两个日期相差的天数,参数 y 和 d 作用相同	DateDiff("d",#2024-07-22#,#2025-05-08#)	310
w	函数值为两个日期相差的周数(满 7 天为一周),当相差不足 7 天时,返回 0	DateDiff("w",#2024-07-22#,#2025-05-08#) DateDiff("w",#2025-07-22#,#2025-07-26#)	41 0

4. 转换函数

常用的转换函数功能及示例见表 5-5。

表 5-5 常用转换函数功能及示例

函 数	功 能	示 例	函 数 值
Asc(stringexpr)	返回字符串第一个字符的 ASCII 码	Asc("ABC")	65
Chr(charcode)	返回 ASCII 码对应的字符	Char(66)	B
Str(number)	将数值转换为字符串。如果转换结果是正数,则字符串前添加一个空格	Str(12345) Str(-12345)	⌴12345 -12345
Val(stringexpr)	将字符串转换为数值型数据	Val("12.3A") Val("124d.3A")	12.3 124

5.2.3 Access 表达式

表达式是由运算符和括号将运算对象连接起来的式子。常量和函数可以看成是最简单的表达式。表达式通常根据运算符的不同,将表达式分为算术表达式、字符表达式、关系表达式和逻辑表达式。

1. 算术表达式

算术表达式是由算术运算符和数值型常量、数值型对象标识符、返回值为数值型数据的函数组成的。它的运算结果仍为数值型数据。

算术运算符功能及示例见表 5-6。

表 5-6 算术运算符功能及示例

运 算 符	功 能	表达式示例	表达式值
-	取负值,单目运算	-4^2 -4^2+-6^2	16 52
^	幂	4^2	16
*、/	乘、除	16*2/5	6.4
\	整除	16*2\5	6

（续）

运　算　符	功　　能	表达式示例	表 达 式 值
Mod	模运算（求余数）	87 Mod 9 87 Mod −9 −87 Mod 9 −87 Mod −9	6 6 −6 −6
+、−	加、减	8+6−12	2

在进行算术运算时，要根据运算符的优先级来进行。算术运算符的优先级顺序为：先括号，在同一括号内，单目运算的优先级最高；然后先幂，再乘除，然后模运算，最后加减。

注意：在算术表达式中，当"+"运算符的两侧的数据类型不一致，如一侧是数值型数据，一侧是数值字符串时，完成的是算术运算；当两侧均为数值字符串时，系统完成的是连接运算，而不是算术运算。

在使用算术运算符进行日期运算时，可进行的运算只有如下两种情况。

1）"+"运算：加号可用于一个日期与另一个整数（也可以是数字符号串或逻辑值）相加，得到一个新日期。

例如，表达式#2024−07−22#+56 的值为 2024−09−16；表达式#2024−07−22#+True 的值为 2024−07−21；表达式#2024−07−22#+"5"的值为 2024−07−27。

2）"−"运算：减号可用于一个日期减去一个整数（也可以是数字符号串或逻辑值），得到一个新日期；减号也可用于两个日期相减，差为这两个日期相关的天数。

例如，表达式#2025−07−22#−#2025−5−1#的值为 82，表达式#2025−07−22#−82 的值为 2025−05−01。

2. 字符表达式

字符表达式是由字符运算符和字符型常量、字符型对象标识符、返回值为字符型数据的函数等构成的表达式，表达式的值仍为字符型数据。字符运算符功能及示例见表 5-7。

表 5-7　字符运算符功能及示例

运　算　符	功　　能	表达式示例	表 达 式 值
+	连接两个字符型数据。返回值为字符型数据	"123"+"123" "总计："+10 * 35.4	123123 #错误
&	将两个表达式的值进行首尾相接。返回值为字符型数据	"123" & "123" 123 & 123 "打印日期" & Date() "总计：" & 10 * 35.4	123123 123123 打印日期 2024−07−22 总计：354

注意："+"运算符的两个运算量都是字符表达式时才能进行连接运算；"&"运算符是将两个表达式的值进行首尾相接，表达式的值可以是字符、数值、日期或逻辑型数据。如果表达式的值非字符型，则系统先将它转换为字符，再进行连接运算。可用来将多个表达式的值连接在一起。

3. 关系表达式

关系表达式可由关系运算符和字符表达式、算术表达式组成，它的运算结果为逻辑值。关系运算时是运算符两边同类型的元素进行比较，关系成立，则表达式的值为真（True），否则为假（False）。关系运算符功能及示例见表 5-8。

表 5-8 关系运算符功能及示例

运 算 符	功 能	表达式示例	表 达 式 值
<	小于	25 * 4 < 120	True
>	大于	"a" > "A"	False
=	等于	"abc" = "Abc"	True
<>	不等于	4 <> 5	True
<=	小于等于	3 * 3 <= 8	False
>=	大于等于	True >= False	False
Is Null	左侧的表达式值为空	" " Is Null	False
Is Not Null	左侧的表达式值不为空	" " Is Not Null	True
In	判断左侧的表达式的值是否在右侧的值列表中	"中" In ("大", "中", "小") Date() In (#2024-07-01#,#2024-07-31#) 20 In (10,20,30)	True False True
Between…And	判断左侧的表达式的值是否在指定的范围内。闭区间	Date() Between #2024-07-01# And #2024-07-31# "B" Between "a" And "z" "54" Between "60" And "78"	True True False
Like	判断左侧的表达式的值是否符合右侧指定的模式符。如果符合,返回真值,否则为假值	"abc" Like "abcde" "123" Like "#2#" "x4e 的 2" Like "x#[a-f]? [! 4-7]" "n1" Like "[NPT]?"	False True True True

注意:关系运算符适用于数值、字符、日期和逻辑型数据比较大小。Access 允许部分不同类型的数据进行比较运算。

在关系运算时,遵循如下规则。

1)数值型数据按照数值大小比较。

2)字符型数据按照字符的 ASCII 码比较,但字母不区分大小写。汉字默认按拼音顺序进行比较。

3)日期型数据,日期在前的小,在后的大。

4)逻辑型数据,逻辑值 False(0)大于 True(-1)。

5)Like 在模式符中支持通配符。在模式符中可使用通配符"?"表示一个字符(字母、汉字或数字),通配符" * "表示零个或多个字符(字母、汉字或数字),通配符"#"表示一个数字。在模式符中使用中括号([ ])可为 Like 左侧该位置的字符或数字限定一个范围,如[a-d],即表示 a、b、c、d 中的任何一个符号;若在中括号内指定的字符或数字范围前使用"!"号,则表示不在该范围内,如[!2-4],即除 2、3、4 之外的任意数字。

6)在运算符 Like 前面可以使用逻辑运算符 Not,表示相反的条件。

4. 逻辑表达式

逻辑表达式可由逻辑运算符和逻辑型常量、逻辑型对象标识符、返回逻辑型数据的函数和关系运算符组成,其运算结果仍是逻辑值。逻辑运算符功能及示例见表 5-9。

表 5-9　逻辑运算符功能及示例

运　算　符	功　　能	表达式示例	表 达 式 值
Not	非	Not 3+4 = 7	False
And	与	"A" > "a" And 1+3 * 6>15	False
Or	或	"A" > "a" Or 1+3 * 6>15	True
Xor	异或	"A" > "a" Xor 1+3 * 6>15	True
Eqv	逻辑等价	"A" > "a" Eqv 1+3 * 6>15	False

注意：逻辑表达式的运算优先级从高到低是：括号、Not、And、Or、Xor、Eqv。

表达式运算的规则是：在同一个表达式中，如果只有一种类型的运算，则按各自的优先级进行运算；如果有两种或两种以上类型的运算，则按照函数运算、算术运算、字符运算、关系运算、逻辑运算的顺序来进行。

5.3　选择查询

创建查询的方法一般有两种：利用查询向导和"设计视图"。利用查询向导，可创建不带条件的查询。如果要创建带条件的查询，则必须要在查询"设计视图"中进行设置。

5.3.1　利用向导创建查询

利用向导来创建查询比较方便，用户只需要在向导的引导下选择一个或多个表中的多个字段，即可完成查询，但查询向导不能设置查询的条件。

1. 基于单表的简单查询向导

切换到"创建"选项卡，在"查询"组中单击"查询向导"按钮，打开"新建查询"对话框，在对话框中选择"简单查询向导"，选择要查询的数据表，此时数据表的所有字段将出现在"可用字段"列表中，将要查询的字段选中，单击按钮 > 添加到"选定字段"列表中，若单击按钮 >> ，则可将所有可用字段添加到选定字段列表中。如果字段选择错误，则可单击按钮 < 或按钮 << 从选定字段列表中删除。当要查询的字段选择结束后，单击"下一步"按钮，对查询进行命名，单击"完成"按钮，完成查询的设置。

【例 5-1】 在"student"表中查询学生的学号、姓名、出生日期和所属院系的具体操作，如图 5-1 所示。

2. 基于多表的查询向导

在查询中，如果查询的字段涉及多个表，而且表之间存在"一对多"的关系时，在使用查询向导时，系统会在查询向导中提示查询是采用"明细"还是"汇总"方式来显示。

【例 5-2】 查询已选课学生的学号、姓名、所选课程的名称和成绩。数据来源于"student"表、"course"表和"grade"表，表之间存在"一对多"的关系，如图 5-2 所示。

注意：如果在向导的第四步选择了"汇总"单选按钮方式显示数据，则需要对汇总的方式进行设置，最后的结果是按汇总后的方式进行显示。

① 单击"查询向导"按钮

② 打开"新建查询"对话框

③ 选择"简单查询向导"命令，再单击"确定"按钮

④ 选择要出现在查询中的字段

⑤ 单击"下一步"按钮，设定查询的标题

单击"完成"按钮

图 5-1　利用向导创建查询的操作过程

查询创建完毕后会保存在查询对象组下，要运行查询，只需双击要运行的查询，或右击，从弹出的快捷菜单中选择"打开"命令，即可运行查询。

5.3.2　利用"设计视图"创建查询

利用向导创建查询时，只能单纯地从数据表中选择需要的字段，而不能设置任何条件，但现实中，对数据的查询往往需要设定条件和范围，在这种情况下，只能利用查询设计器来完成。

1. 查询"设计视图"

查询"设计视图"如图 5-3 所示。窗口分为上下两部分，两部分的大小是可以通过鼠标拖动中间的分隔线进行调整的。当鼠标指针移至中间的分隔线时，指针变成双向箭头，按住鼠标左键拖动，即可调整上下两部分的大小。

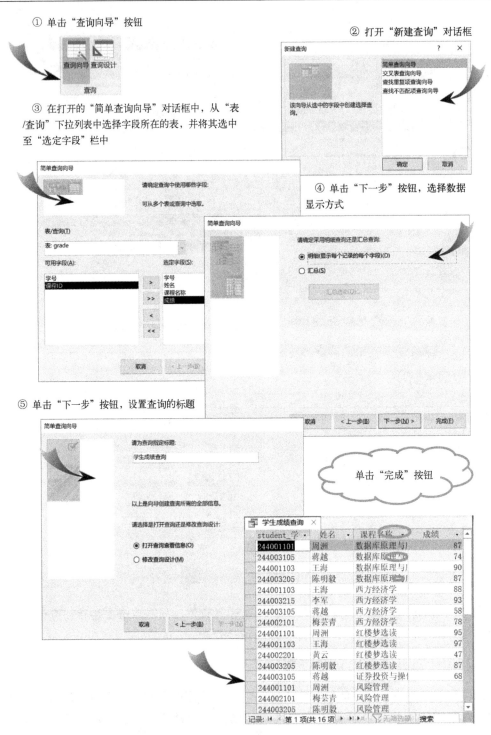

图 5-2　利用向导创建多表查询的操作过程

查询"设计视图"的上半部分窗口是数据表/查询显示区，用来显示查询的数据源，可以是数据表或查询。

查询"设计视图"的下半部分窗口是查询的设计网格，用来设置查询的要求。在查询的设计网格中，有 7 个已经命名的行，各自的作用见表 5-10。

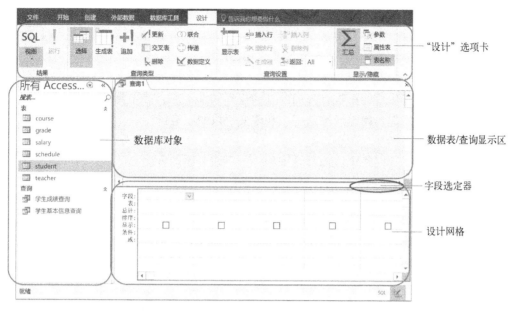

图 5-3　查询"设计视图"

表 5-10　查询设计网格中行的作用

行　　名	作　　用
字段	设置与查询相关的字段（包括计算字段）
表	显示每列字段来源于哪张表或查询
总计	确定字段在查询中的运算方法。"总计"行在默认窗口中不出现，只有单击了"汇总"按钮后才会出现
排序	设置查询输出的动态数据集是否按该字段排序，是升序还是降序
显示	设置输出的动态集中是否显示该字段列，复选框选中则显示，未选中则不显示
条件	设置查询的条件，即输出的动态数据集必须满足相应的条件
或	设置查询的条件。在"或"行的条件与在"与"行的条件之间是逻辑或的关系

注意：如果要设置的准则多于两行，则可在"或"行下方的行中继续输入。同一行之间的关系是逻辑"与"的关系，不同行之间的是逻辑"或"的关系。

2. 使用"设计视图"创建查询

单击"创建"选项卡的"查询"组的"查询设计"按钮，打开查询设计视图，同时将弹出"添加表"窗格，该窗格有 4 个选项卡："表""链接""查询"和"全部"。在"表"选项卡上将显示本数据库中所有的数据表；在"查询"选项卡中将显示数据库当前已经存在的所有查询；在"全部"选项卡中将显示所有的数据表、链接和查询。

查询的数据源即通过"添加表"窗格进行添加，查询的数据源可以是数据表和已创建的查询两类。在对话框中选择要添加的数据表或查询，添加有两种方式：一种是双击要添加的对象名；另一种是单击要添加的对象名，再单击"添加"按钮。添加的数据表或查询将出现在数据表/查询显示区。数据源添加完毕，单击"确定"按钮关闭"添加表"窗格。

注意：在添加数据源的过程中，如果不小心将不相关的表或查询对象添加到了数据源中，可选中后按〈Delete〉键删除，对数据库没有影响。另外，如果打开查询设计视图时没有弹出"添加表"窗格，可在设计视图右击，从弹出的快捷菜单中选择"添加表"命令，或在"设计"功能卡的"查询设置"组上单击"添加表"按钮即可打开"添加表"窗格。

当数据源添加完毕后，即可进行查询内容和规则的设定了。首先要设置的是查询相关的字段。通常包括字段的添加、删除、插入字段和改变字段顺序等操作。

（1）添加字段

在查询设计器的设计网格中添加与查询相关的字段。添加方法如下。

1）双击字段列表框中的字段名，则该字段将被添加到设计网格中。

2）在字段列表框中选中要添加的字段。如果要选中单个字段，可用鼠标单击该字段；要选中多个连续的字段，先单击第一个字段，再按住〈Shift〉键去单击最后一个字段；要选中多个不连续的字段，可先单击第一个字段，再按住〈Ctrl〉键逐一单击其他要选中的字段；要选中整个表中的所有字段，只需双击字段列表框的标题栏。当字段选择结束后，按住鼠标左键将选中的字段拖动到设计网格中。

注意：以上的字段选中操作只能在一个字段列表框中实现，如果要选择多个数据表中的字段，只能多次完成。

3）在设计网格中将插入光标置于字段格中，单元格的右侧将出现下三角按钮，单击该按钮，则当前查询的数据源中所有的字段均会出现在列表中，单击即选中所需字段。

注意：在字段列表框中的第一行是一个"*"，该符号代表该列表中的所有字段。如果要在查询中显示该数据表中的所有字段，可以将"*"字段添加到设计网格的字段格中。

（2）删除字段

在查询设计网格中删除多选的单个或多个字段，只需将插入光标置于要选定的列上方的字段选定器上，鼠标指针变为向下的黑色加粗箭头时，单击选中该列，按〈Delete〉键或单击"查询设置"组的"删除列"按钮。如果要删除多个连续的字段，则将鼠标指针指向第一个要删除的字段选定器，按住鼠标左键拖过所有要求选定的字段，再删除即可。

（3）插入字段

将插入光标置于要插入字段的列位置，单击"查询设置"组的"插入列"按钮，即插入一个空列。

（4）改变字段顺序

在设计网格中字段的顺序即是查询结果中字段显示的顺序，如果需要调整字段顺序，则可选中要调整的字段列，按下鼠标左键拖动到要插入的字段位置，松开鼠标即完成字段位置的移动。

查询设计完成后，单击快速访问工具栏的"保存"按钮，系统将弹出"另存为"对话框，在对话框中输入查询的名称，单击"确定"按钮保存查询。

查询的保存也可通过关闭查询设计器来进行，即单击设计器窗口的"关闭"按钮，系统将弹出对话框询问是否保存查询，单击"是"按钮对查询进行保存。

保存查询后，在查询"设计视图"状态下单击"结果"组的"视图"按钮，即可切换到数据表视图下查看查询的结果。

注意：查询保存在查询对象列表后，如果要修改查询的名称，可在查询名上右击，在弹出的快捷菜单中选择"重命名"命令，即可修改查询名。

【例 5-3】 利用查询设计器创建相关查询，操作示例如图 5-4 所示。

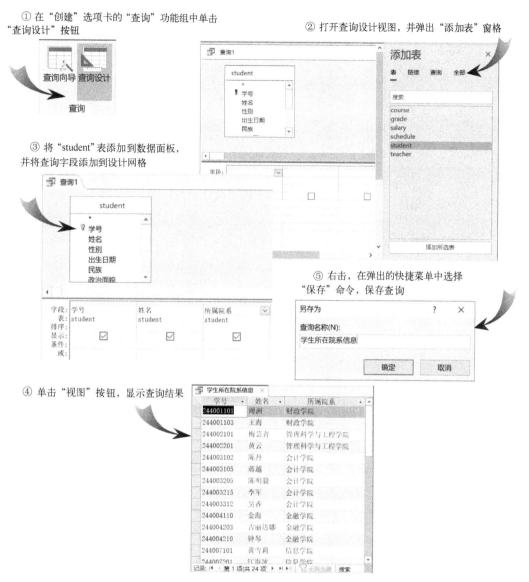

图 5-4　利用查询设计器创建相关查询操作示例

3. 查询设计网格的使用

在查询设计网格中，除了查询的内容（即选择字段）外，还可对查询规则进行相应的设定，通常会涉及排序、显示和条件规则等。

（1）设置排序

在查询的结果中如果希望记录按照指定的顺序排序，可以对在查询设计网格中的"排序"行进行排序设置。

如果排序的字段是多个，则系统将按照字段列表的顺序进行排序，第一个字段的值相同时，再按第二个字段的值进行排序。

【例 5-4】 希望按照学生所选课程的名称升序排列，如果是相同的课程，则按成绩进行降序排列。要求显示的字段包括学号、姓名、课程名称和成绩。具体操作过程如图 5-5 所示。

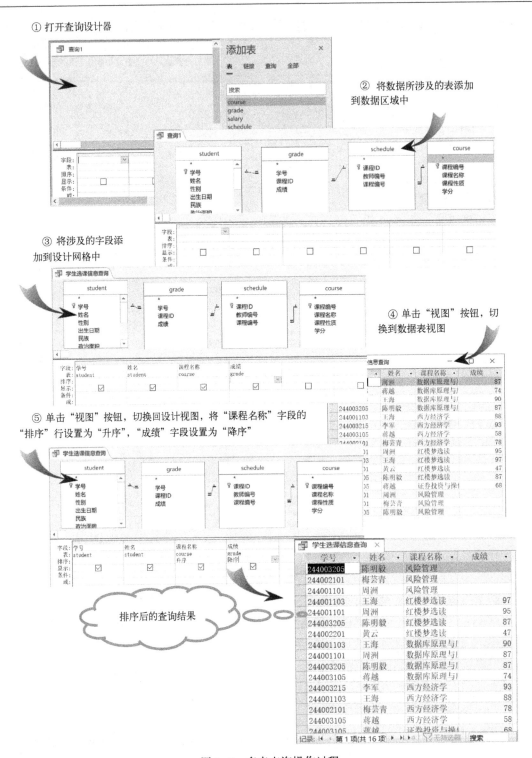

图 5-5　多表查询操作过程

注意：本查询要显示的字段涉及 3 个表，即 "student" 表、"course" 表和 "grade" 表，但在 "grade" 表中没有课程编号，因此与 "course" 表不能连接。而 "grade" 表与 "course" 表是通过 "schedule" 表为中间表进行连接的，因此，在数据区域中，还需要将 "schedule" 表也添加到数据区域中，否则，"课程名称"字段与学生的"学号""姓名"和"成绩"之间没有联系，得到的数据是无意义的。即在涉及多表查询时，添加到数据区域中的表一定是相互连接的，否则查询的结果是无意义的。

（2）设置查询条件

在查询过程中，还可以对查询的结果进行限定。如例5-4所示的查询中，由于"成绩"字段中设定了"如果还未考试，成绩为空值"，因此，在查询学生成绩时不希望显示未出成绩的课程，可以通过条件限定输出数据的范围。

【例5-5】显示所有成绩非空的学生的学号、姓名、课程名称和成绩，具体操作如图5-6所示。

图 5-6　设置查询条件

在"条件"行中进行条件的设置，如果成绩未出，则字段值为 Null。为了保证"成绩"字段的值非空，可在成绩字段下添加条件"Is Not Null"，用来将所有"成绩"值为空的记录过滤掉。

在前面的查询基础上进行修改，只查询所有女同学的选课成绩，在输出信息时只显示学号、姓名、课程名称和成绩。此时，查询的字段还需要加上"性别"字段，它的条件是只能为"女"，同时此字段不显示，还需要将该字段的显示属性设置为未选中。

【例5-6】查询所有女同学的选课信息。显示信息包括学号、姓名、课程名称和成绩。具体操作如图5-7所示。

5.3.3　查询属性

在设计好查询的内容和基本规则后，可以利用"属性表"窗格来对查询进行进一步的设置。在查询设计视图状态，单击"查询设计"选项卡的"显示/隐藏"组的"属性表"按钮，或在设计器窗口中右击，在弹出的快捷菜单中选择"属性"命令，即可打开"属性表"窗格，

将"性别"字段添加到设计网格，在"条件"单元格中设置条件："女"，并取消该字段的"显示"的选中状态

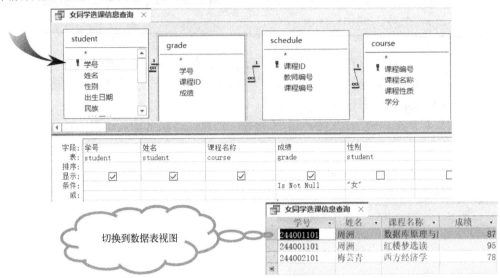

图5-7　女同学选课信息查询操作过程

如图5-8所示。在该窗格中可以对查询进行相应的设置。以下对一些常用的属性进行简单的介绍。

1. 上限值

在查询的数据表视图下，会显示所有满足查询条件的所有数据，如果想对查询的结果进行限定，只显示部分的数据，则需要设定"上限值"。

上限值是对输出记录的范围进行限定的。设定上限值可在"属性表"窗格的"上限值"属性中进行设置，也可在"查询设计"选项卡的"查询设置"组的"返回" 中进行设置。上限值可以用百分数来限定输出记录的百分比，也可以用固定的整数来限定输出记录的条数。系统提供了一组固定的值："All"为默认的上限值，表示所有记录均输出；"5"表示输出前5条记录；"25%"表示输出记录的前25%等。如果要输出的记录范围是列表中没有提供的，可以直接在"上限值"文本框中输入记录条数或百分数，按〈Enter〉键即可。

2. 记录集类型

该属性决定是否允许用户在查询结果中修改数据、删除和增加记录。默认的属性是"动态集"，即允许用户在查询的结果中修改数据、删除和增加记录。如果不允许用户在查询结果中对数据进行修改，则应将"记录集类型"属性设置为"快照"。

3. 输出所有字段

若该属性值设置为"是"，则不论在查询设计网格中如何设置字段及它们是否显示，所有在数据源中出现的字段均会在查询结果中输出。系统默认的属性值是"否"。

图5-8　"属性表"窗格

4. 唯一值

如果该属性值是"是",则查询的显示结果将去掉重复的记录;如果该属性值是"否",则查询的显示结果中即使出现了重复的记录,也会显示出来。

例如,查询"学生基本情况表"中的"性别"字段,在"查询属性"中设置"唯一值"属性的值为"是",则查询结果只有两条记录;如果"唯一值"属性设置为"否",则将显示重复的多条记录。

5.3.4　添加计算字段

在查询中,用户常常会关心数据表中的某些信息,而不是数据表的某个字段的完整信息,这就需要采用添加计算字段的方式来实现。

【例 5-7】查看"student"表中所有学生的出生月份,最后显示学生的姓名和出生月份,并按出生月份升序排列。具体的操作如图 5-9 所示。

① 打开查询设计器,添加"student"表,选择"姓名"字段,并在字段行中添加计算字段

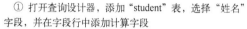

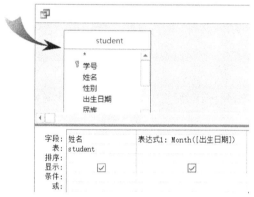

② 单击"视图"按钮,切换到数据表视图

③ 切换到设计视图,为计算字段添加列标题,并设定为升序排列

④ 设置完成后的查询结果

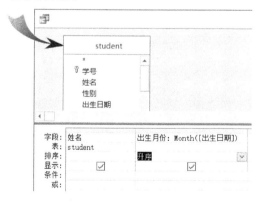

图 5-9　添加计算字段查询操作示例

在创建查询时,由于数据表中没有学生的出生月份,但有学生的出生日期,这样可以利用

Month 函数从学生的出生日期中提取月份，作为查询的一个新字段。

在查询的"设计网格"中添加一个计算字段，系统会自动给该字段命名为"表达式 1"；如果有两个计算字段，则会自动命名为"表达式 2"；若有更多的字段，则会自动按相同的规则顺序命名。若要为计算字段的列标题命名，即可采用在表达式的前面添加标题名的方式，用西文冒号将列标题与表达式分隔，如"出生月份：Month（〔出生日期〕）"。

注意：计算字段是在查询时系统利用基础数据表中的数据，通过表达式的计算而显示出来的结果，它不会影响数据表的值，同样它也不会保存在数据库中，只有运算该查询时，系统通过运算才能得到该数据列。

5.3.5 总计查询

在建立总计查询时，人们更多的是关心记录的统计结果，而不是具体的某个记录，如学生的人数、各个学院的学生人数或选课学生的平均成绩等。在查询中，除了查询满足某些特定条件的记录外，还常常需要对查询的结果进行相应的计算，如求最大值、最小值、计数及均值等。

总计查询分为两类：对数据表中的所有记录进行总计查询和对记录进行分组后再分别进行总计查询。

注意：不能在总计查询的结果中修改数据。

1. 总计项

创建总计查询时，需要根据查询的要求选择统计函数，即在查询"设计网格"的"总计"行中选择总计项。Access 提供的总计项共有 12 个，其功能见表 5-11。

表 5-11　总计项名称及功能

总计项			功　能
类　别	名　称	对应函数	
函数	合计	Sum	求某字段（或表达式）的累加项
	平均值	Avg	求某字段（或表达式）的平均值
	最小值	Min	求某字段（或表达式）的最小值
	最大值	Max	求某字段（或表达式）的最大值
	计数	Count	对记录计数
	标准差	StDev	求某字段（或表达式）值的标准偏差
	方差	Var	求某字段（或表达式）值的方差
其他总计项	分组	Group By	定义要执行计算的组
	第一条记录	First	求在表或查询中第一条记录的字段值
	最后一条记录	Last	求在表或查询中最后一条记录的字段值
	表达式	Expression	创建表达式中包含统计函数的计算字段
	条件	Where	指定不用于分组的字段准则

2. 总计查询

创建总计查询的操作方式与普通的条件查询相同，唯一的区别是需要设计"总计"行，即在查询设计视图下，单击"设计"选项卡的"显示/隐藏"组的"汇总"按钮，在设计网格中添加"总计"行，在"总计"行中对总计的方式进行选择。

【例 5-8】 要统计学生基本情况表中学生的总人数。具体操作如图 5-10 所示。

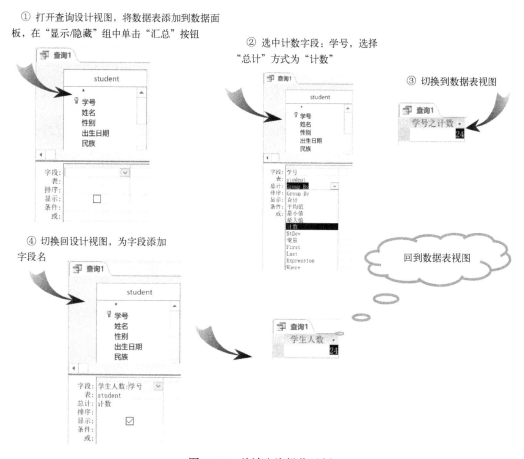

图 5-10　总计查询操作示例

在进行总计查询时，打开查询设计器，将查询相关的数据源添加到数据区域中，单击"设计"选项卡的"显示/隐藏"组的"总计"按钮，在"设计网格"中添加一个"总计"行，同时，在"总计"行中将自动出现"Group By"，将插入光标置于"总计"行，在右侧将出现一个下三角按钮，单击该按钮，显示总计项列表，在列表中单击选项即可选中总计方式。

在设置了总计项后可单击工具栏中的"视图"按钮 ▦▾，即可查看查询结果。由于查询是经过了计算，Access 将自动创建默认的列标题，即由总计项字段名和总计项名组成。若要对列标题进行定义，可在"字段"行中完成，即在总计字段名前插入要命名的新字段名，用西文冒号与原字段名分隔，如例 5-8 中将统计字段的列标题修改为"学生人数：学号"。

注意：在统计一个表中的记录条数时，可选择表中的任何一个字段作为统计字段，但要注意，如果该字段的值为空时该记录不参加总计。

在查询时，如果要对查询的记录进行条件设置，可设置条件列，在条件列中进行条件设置。如图 5-11 所示为统计女同学人数

图 5-11　添加条件的总计查询

的查询设计视图，即为在学生计数的基础上添加条件列完成查询。

注意：系统在添加条件时会自动设置它的显示状态为非显示。

3. 分组总计查询

在查询中，常常不仅需要对某一个字段进行统计，还希望将记录进行分组，再对分组后的值进行统计。这样，在分组时，只需在查询中添加一列分组列，对分组后的结果进行统计。

例如，对"student"表中的学生按学院进行人数统计。如图 5-12 所示为在查询学生人数的基础上按所属学院进行的分组统计设计视图。

又例如，在"student"表中按年级统计学生的人数。在"student"表中"学号"的前两位即是学生的入学年份，因此，可以利用函数 Left([学号],2)取出学生入学年份，按入学年份进行分组，再对学生的"姓名"进行计数统计，并分别对两个字段的列标题进行命名，即可得到各年级的学生人数。具体的设计视图如图 5-13 所示。在对计数的字段进行选择时，可以选择数据表中的任何一个不含空值的字段。在获取"学号"的前两个字符时，可利用 Left 函数，也可用 Mid 函数，即 Mid([学号],1,2)也可取出"学号"字段的前两位。

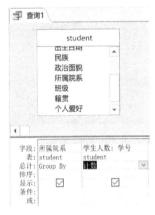

图 5-12　分组统计设计视图

图 5-13　按年级统计学生人数

在分组查询中，常常需要按照统计方式对数据进行统计，因此，分组统计在总计查询中应用广泛。

【例 5-9】要查询所有已选课同学的选课门数和平均分，要求显示姓名、选课门数和平均分。

如图 5-14 所示为对选课门数的总计字段选用"学号"字段和"成绩"字段时的两种不同的效果。在此查询中，涉及两个数据表："student"表和"grade"表。在查询设计中选择计数字段时，由于"grade"表中根据表结构的设计，如果学生所选课程成绩没有出来，该字段的值为空。而 Access 规定，在总计查询中，如果某字段的值为空，则该记录不参加总计运算，因此，在查询设计时，需要考虑到统计字段的选取方式。

例如，查询学生选课的每一门课程中的最高分、最低分，输出结果是课程名称、最高分和最低分。在查询中，成绩是在"grade"表中，课程名称是在"course"表中，这两个表之间没有关系，它们之间的连接表是"schedule"表。因此，在向数据区域中添加表时，需要将 3 个表都添加到数据区域中。具体的查询设计视图如图 5-15 所示。

注意：在多表查询时，一定要注意数据表之间的关系，即在数据区域中的所有数据表一定要有关联。

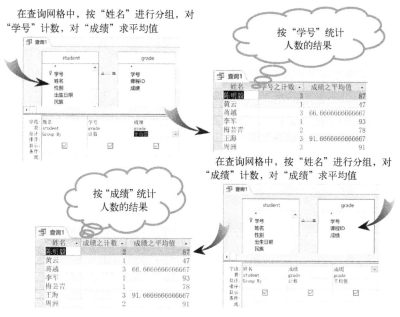

图 5-14 分组总计查询操作

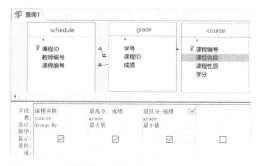

图 5-15 查询课程最高分、最低分的设计视图

5.4 交叉表查询

在 Access 中进行查询时，可以根据条件查看满足某些条件的记录，也可以根据需求在查询中进行计算。但这两方面的功能并不能很好地解决在数据查询中的问题。如果需要查看每个学院的男女生各自的人数，采用分组查询时，每个学院均有男生和女生，则每个学院在查询的结果中均会出现两次，同样，在同一性别中，所属学院名称也会重复出现。在 Access 中，系统提供了一种很好的查询方式来解决此类问题，即交叉表查询。

交叉表查询是将来源于某个表中的字段进行分组，一组放置在数据表的左侧作为行标题，另一组放置在数据表的上方作为列标题，在数据表行与列的交叉处显示数据表的计算值。这样可以使数据关系更清晰、准确和直观地展示出来。

在创建交叉表查询时，需要指定 3 种字段：行标题、列标题和总计字段。

创建交叉表查询有两种方式：利用交叉表查询向导和查询设计视图。

5.4.1 利用向导创建交叉表查询

利用查询向导创建交叉表查询时，要求查询的数据源只能来源于一个表或一个查询，如果查询数据涉及多表，则必须先将所有相关数据建立一个查询，再用该查询来创建交叉表。

利用交叉表查询向导的操作方式是：单击"创建"选项卡的"查询"组的"查询向导"按钮，在打开的"新建查询"对话框中选择"交叉表查询向导"命令，根据向导的提示进行设置即可创建相关的查询。

【例 5-10】创建一个交叉表查询，显示每个学院的男女生人数。

该查询所涉及的数据均可取自于"student"表，因此，可直接采用交叉表查询向导来实现。具体的操作如图 5-16 所示。

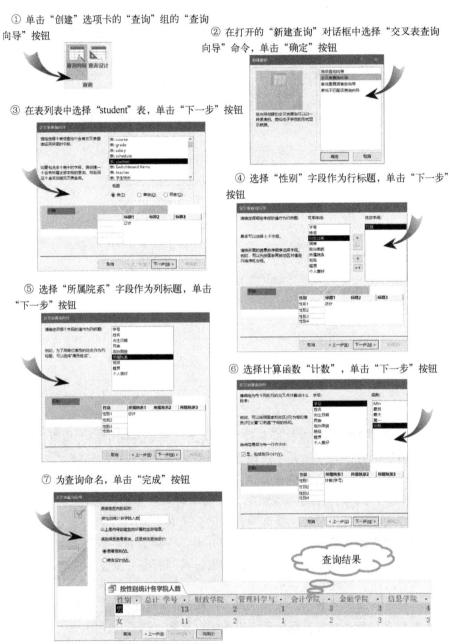

图 5-16　交叉表查询向导创建查询的操作过程

注意：在交叉表查询向导中，系统允许最多有 3 个行标题，只能有 1 个列标题。在交叉处的总计方式，系统提供了 5 个函数：Count、First、Last、Max 和 Min。

5.4.2　利用"查询设计视图"创建交叉表查询

在交叉表查询中，除了运用向导创建交叉表查询外，还可利用"查询设计视图"创建交叉表查询。操作的方式是：在查询设计器区域右击，在弹出的快捷菜单中选择"交叉表查询"命令，查询设计视图转变为交叉表设计网格。在设计网格中添加"总计"行和"交叉表"行。"总计"行用于设计交叉表中各字段的功能，是用于分组还是用于计算，"交叉表"行用于定义该字段是"行标题""列标题""值"或"不显示"。如果某字段设置为不显示，则它将不在交叉表的数据表视图中显示，但它会影响查询的结果，通常可用来设置查询的条件等。

【例 5-11】 如图 5-17 所示为利用"查询设计视图"创建一个交叉表查询，查看每一门课程中选课的男女生人数。查询中所涉及的数据来源于多个表。

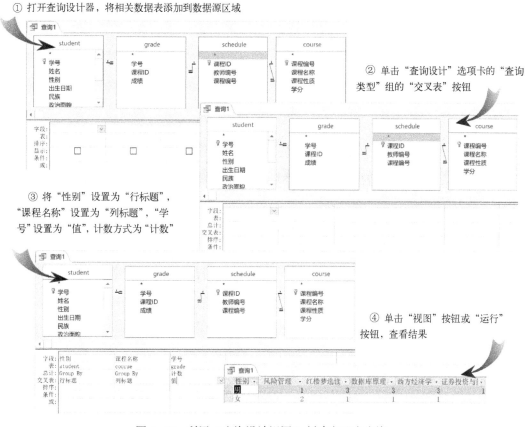

图 5-17　利用"查询设计视图"创建交叉表查询

注意：如果采用"查询向导"来完成此交叉表查询，则需要首先创建一个多表查询，将交叉表查询所涉及的字段包括进去，再利用该查询通过向导创建交叉表查询。

5.5　操作查询

在对数据库进行维护时，常常需要进行大量的数据操作，如备份数据表、在数据表中删除不符合条件的数据或对数据表中的数据进行批量修改等。Access 提供了相应的操作查询，可以轻松地完成相应的操作。

Access 提供的操作查询一共有 4 种：生成表查询、更新查询、追加查询和删除查询。

操作查询与选择查询、交叉表查询等的不同之处在于它会对数据表进行修改，而其他的查询是将数据表中的数据重新进行组织，动态地显示出来。因此，在执行操作查询时一定要注意，它会对数据表进行修改，部分操作是不可逆的。

5.5.1 生成表查询

查询是一个动态数据集，关闭查询则动态数据集就不存在了，如果要将该数据集独立保存备份，或提交给其他的用户，则可通过生成表查询将动态数据集保存在一个新的数据表中。生成表查询可以利用一个或多个表的数据来创建新的数据表。

【例 5-12】要生成一个学生体检表，在表中只需要学生的学号、姓名、性别、年龄和学院，则可利用生成表查询来产生所需要的数据表。

操作方式是，先产生一个相关数据的查询，然后利用生成表查询操作将该查询结果以数据表的方式永久地保存起来。具体操作步骤如图 5-18 所示。

① 打开查询设计器，将"student"表添加到数据区域，再根据要求选择相应的字段到查询设计网格中

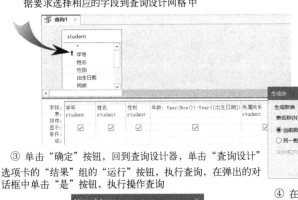

② 单击"查询设计"选项卡的"查询类型"组的"生成表"按钮，弹出"生成表"对话框，定义生成的新表的名字和表的保存位置

③ 单击"确定"按钮，回到查询设计器，单击"查询设计"选项卡的"结果"组的"运行"按钮，执行查询，在弹出的对话框中单击"是"按钮，执行操作查询

④ 在表对象列表中将出现"学生体检表"，双击，即可查看新生成的数据表

图 5-18　生成表查询操作步骤

注意：在生成表查询操作中，学生的年龄字段的取值也可用周岁来计算，可采用：Int((Now( )-[出生日期])/365)或(Now( )-[出生日期])\365 来实现，后者是用整除的方式。

在创建生成表查询时，先创建一个所需数据的查询，然后单击"查询设计"选项卡的"查询类型"组的"生成表"按钮，也可在查询设计器区域右击，在弹出的快捷菜单中选择

"查询类型"→"生成表查询"命令，打开"生成表"对话框，在该对话框中，对要生成的数据表的名称进行定义，同时还可选择要生成的数据表的存放位置，系统默认的是当前数据库，如果要使生成的数据表保存到其他的数据库中，则选中"另一数据库"复选框，在下方的"文件名"文本框中输入要放入的数据库名称，单击"确定"按钮即可。

生成表查询设计好后，即可将该查询保存，在查询列表中该查询名前的图标与普通查询不同。操作查询必须要在运行后才能生成新表，因此，在查询设计视图下，单击"查询设计"选项卡的"结果"组的"运行"按钮，或在查询列表中双击查询名，运行查询，系统将弹出对话框提示该生成表操作是不可撤销的，并询问是否继续，若继续，则在数据表中生成一个新的数据表。

注意：操作查询每运行一次，即会生成一个新的数据表，如果原来已经生成了数据表，则再生成一次时，会覆盖原来的数据表。

在生成表查询创建新的数据表时，新表中的字段自动继承查询数据源的基表中字段的类型及字段大小属性，但不继承其他字段属性。同时，一旦新表生成了，则与原数据表无关。当基础数据表的数据发生变化时，生成的数据表的数据也不会发生变化。

5.5.2　更新查询

更新查询可以根据条件对一个或多个数据表中的一批数据进行更新，大大提高了数据的维护效率和准确性。

【例 5-13】 在新创建的"学生体检表"中添加一个文本型字段"时间"，用于放置学生体检的时间。这里，学生"学号"的前两位为学生所在年级。假设，24 级的学生周五上午体检，25 级的学生周五下午体检，则要完成数据表中各学生的体检时间的操作，可通过更新查询来实现。可采用先将所有的学生的体检时间均设置为"周五上午"，然后再将 25 级的学生的体检时间更新为"周五下午"的方式，具体的操作过程如图 5-19 所示。

注意：更新查询操作时，可以一次更新一个字段的值，也可以一次更新多个字段的值。更新操作要有效，必须运行该更新查询。同时，在更新查询运行时，每运行一次，就会对目标数据表中的数据的值进行一次更改，而且该操作是不可逆的。因此，在运行更新查询时，必须要注意，在对数据表中的数据进行增值或减值更新操作时，如果多次运行，则一定会造成数据表中数据的出错。

更新查询既可以用来实现数据表中数据的更新操作，也可用于数据表中各字段之间的横向计算。

【例 5-14】 计算"salary"表中的"公积金"字段的值，设公积金=（基本工资+岗位工资+津贴）×11%，具体的操作如图 5-20 所示。

5.5.3　追加查询

追加查询是根据条件将一个或多个表中的数据追加到另一个数据表的尾部的操作，通常可以使用该操作来实现数据的备份等。

【例 5-15】 创建一个"学生特长"表，表中包含"学号""姓名""性别"和"个人爱好" 4 个字段。

现在，要将"student"表中的所有爱好书法的学生添加到"学生特长"表中，可利用追

① 将添加了"体检时间"字段的学生体检表
添加到查询设计器，并将"体检时间"字段添加
到设计网格中

② 在"查询设计"选项卡的"查询类型"组中单击
"更新"按钮，切换到更新设计视图，在"时间"的
"更新为"网格中输入"周五上午"

③ 单击"运行"按钮，打开运行提示对话框，单击"是"按钮，
完成数据更新，将数据表中的"时间"字段均添加"周五上午"

④ 回到查询设计视图，在设计网格中添加一个条件字段，
即Left([学号],2)="25"，在"更新为"中输入"周五下午"

⑤ 单击"运行"按钮，打开运行提示对话框，单击"是"按钮，
完成数据更新。将数据表中的 25 级的学生的"体检时间"字段值更新
为"周五下午"

更新后的数据表

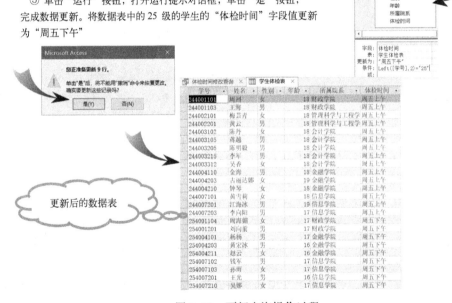

图 5-19　更新查询操作过程

加查询来实现，具体的操作方法如图 5-21 所示。

　　注意：在追加查询操作中，是将一个或多个数据表中的数据追加到另一个表中，既可以向空表中追加数据，也可以向已有数据表中追加数据。追加数据是否成功，在于要追加的数据是否可放入目标表的相应字段中。目标表的相应字段的字段名可以与源数据的字段名不同，但数据类型一定要一致，否则会造成数据追加过程中数据的丢失。

　　追加查询的数据可追加到当前数据库的表中，也追加到其他数据库表中。在追加查询中，每运行一次查询，就会向目标数据表的尾部追加一次数据，因此，追加查询的运行不能多次操作。

① 将"salary"表添加到查询设计器中，单击"更新"按钮，进入更新查询状态，将"公积金"字段添加到设计网格中，在"更新为"网格中输入计算公式

② 单击"运行"按钮，打开运行提示对话框，单击"是"按钮，完成更新查询

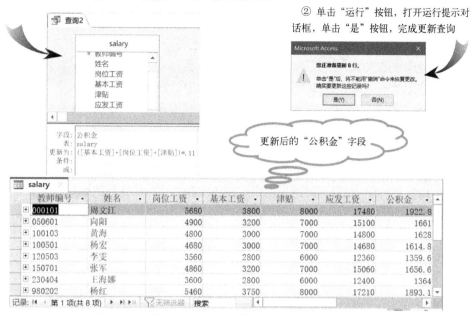

图 5-20　利用更新查询实现横向计算的操作过程

① 将"student"表添加到查询设计器，并将需要字段添加到设计网格中，且对"个人爱好"字段设置查询条件

② 单击"查询设计"选项卡的"查询类型"组的"追加"按钮，打开"追加"对话框，选中追加的目标表"学生特长"表

③ 单击"确定"按钮回到设计视图

④ 单击"查询设计"选项卡的"结果"组的"运行"按钮，打开运行对话框，单击"是"按钮，完成追加查询

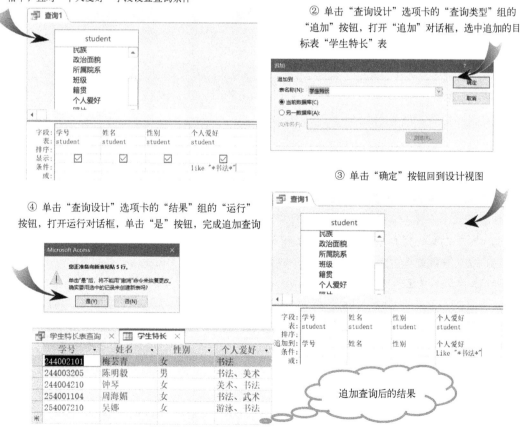

图 5-21　追加查询操作过程

5.5.4　删除查询

删除查询是从一个或多个数据表中删除满足条件的记录，这里删除的是记录，而不是数据表中某个字段的值，如果要删除某个字段的值，则需要利用更新查询来实现。

删除查询是将数据表中满足指定条件的记录从数据表中删除。操作方式是打开查询设计器，将要删除记录的数据表添加到查询的数据区域中，再单击"查询设计"选项卡的"查询类型"组中的"删除"按钮，或在查询设计器区域右击，在弹出的快捷菜单中选择"查询类型"→"删除查询"命令，切换到删除查询设计视图，此时，在设计网格中会出现一个新的"删除"行，在该行中出现"Where"，则下方的"条件"行中将设置删除条件，单击工具栏中的"运行"按钮，即可运行删除查询，将满足条件的记录从数据表中删除。

【例 5-16】 要将学生特长表中的男同学的记录删除掉，则可利用删除查询来实现，具体操作过程如图 5-22 所示。

① 将"学生特长"表添加到查询数据区域中，在"查询设计"选项卡的"查询类型"组中单击"删除"按钮，切换到删除查询设计视图，将"性别"字段添加到设计网格中，在"条件"行输入："男"

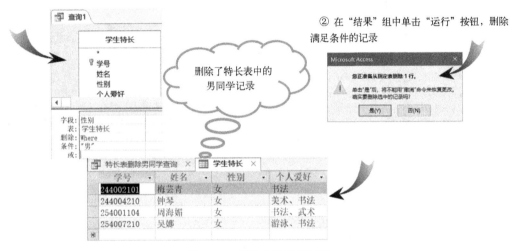

图 5-22　删除查询操作过程

注意： 删除查询可以从一个数据表中删除记录，也可从多个相互关联的数据表中删除记录。如果要从多个表中删除相关记录，则应满足如下条件。

1）在"关系"窗口中定义相关表之间的关系。

2）在"编辑关系"对话框中选中"实施参照完整性"复选框。

3）在"编辑关系"对话框中选中"级联删除相关记录"复选框。

删除查询是永久删除记录的查询，此操作不可逆，因此，在运行删除查询时，一定要慎重，以免由于误操作带来不可挽回的损失。

5.6　参数查询

在前面创建的查询中，不管采用何种方式实现的查询，它的查询条件和方式都是固定的，如果希望按照某个字段或表达式不同的值来查看结果，就必须使用参数查询。

严格地说，参数查询不能算是单独的一类查询，它是建立在选择查询、交叉表查询或操作查询基础上的。在建立选择查询、交叉表查询和操作查询后，可将它修改为参数查询。

参数查询是利用对话框，提示用户输入参数，并检索符合输入条件的记录。Access 可以创建单参数的查询，也可创建多参数的查询。

5.6.1　单参数查询

创建单参数查询，即在查询设计网格中指定一个参数，在执行参数查询时，根据提示输入参数值完成查询。

创建参数查询的方式是在"设计网格"的"条件"行中，利用方括号"[ ]"将查询参数的提示信息括起来。通常将方括号内的内容称为参数名，同时将方括号及其括起来的内容作为查询的条件参数。

【例 5-17】在前面已经创建了一个查看学生出生月份的查询，现在，需要创建一个参数查询，在输入一个月份值时，查询的结果显示该月出生的学生姓名，具体操作如图 5-23 所示。

① 打开已设计好的"学生出生月份"查询设计视图

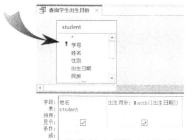

② 在"出生月份"列的"条件"行中输入方括号和其中的参数

③ 单击"运行"按钮或"视图"按钮，打开"输入参数值"对话框

④ 输入参数值，单击"确定"按钮，运行查询

图 5-23　单参数查询操作过程

查询设计完成后，如果要保存修改后的查询，可选择"文件"→"另存为"命令，打开"另存为"对话框，如图 5-24 所示。输入查询的名称，即可保存所建立的参数查询。

注意：建立参数查询后，运行该参数查询的方式与普通的查询运行方式是相同的，唯一不同的是在运行中会弹出一个"输入参数值"对话框，要求输入参数值，输入后单击"确定"按钮，查询的结果即为参数值限定后的结果。

图 5-24　"另存为"对话框

5.6.2　多参数查询

Access 不仅可以创建单参数查询，还可以根据需要创建多参数查询。如果创建了多参数查询，在运行查询时，则必须根据对话框提示依次输入多个参数值。

【例 5-18】 要创建一个查询，使其显示指定成绩范围内学生的姓名、所选课程名称和成绩。这里，成绩的范围通过指定最低分和最高分来实现，最高分和最低分均由参数来实现。具体操作如图 5-25 所示。

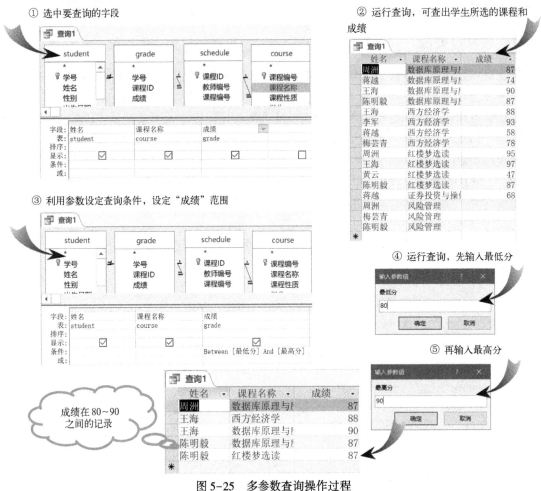

图 5-25　多参数查询操作过程

注意： 在创建参数查询时，可以直接在设计网格的"条件"行中定义查询的参数，这是因为参数名与数据源中的字段名不同。如果定义的参数名与字段名完全相同，则参数的定义必须通过"查询参数"对话框来进行定义，否则系统不会执行该参数。"查询参数"对话框是在查询设计视图状态下，单击"查询设计"选项卡的"显示/隐藏"组的"参数"按钮，如图 5-26 所示。在"查询参数"对话框中可对参数的名称和数据类型进行定义。

图 5-26　"查询参数"对话框

在运行多参数查询时，系统通常会根据参数在查询设计网格的"条件"行中的位置从左到右顺序显示参数提示，但是，如果想改变参数值的输入顺序，可以在"查询参数"对话框中进行调整，即需要先执行的参数先定义，后执行的参数后定义。

5.7　其他类型的查询

在查询中，前面的所有查询均是通过参与查询的表之间相关字段值相等来进行匹配的，而其中的一些特性却无法查询到，如两个表中不匹配的记录、出现重复值的记录等，而这往往是用户关心的问题。

5.7.1　查找重复项查询

在数据维护过程中，常常需要对数据表或查询中的一些数据进行查重处理，Access 提供的查找重复项查询可以实现这个目的。

查找重复项查询是实现在数据表或查询中指定字段值相同的记录超过一个时，系统确认该字段有重复值，查询结果中将根据需要显示重复的字段值及记录条数。

【例 5-19】要在"student"表中按照学院和性别查找学生人数超过一人的学院名称和男女生人数，可选择查询向导中的"查找重复项查询向导"命令来实现，根据向导提示逐步进行操作，具体操作过程如图 5-27 所示。

① 打开"新建查询"对话框，选择"查找重复项查询向导"命令

② 在"查找重复项查询向导"对话框中选择"student"表

③ 选择重复值字段："所属院系"和"性别"

④ 不需要添加另外的查询字段

⑤ 为查询命名

⑥ 单击"完成"按钮，得出查询结果

图 5-27　查找重复项查询操作过程

注意：查找重复项查询向导只能实现在一个数据表或一个查询中查找重复项的操作，如果要实现多表关联数据的重复项查询，则只能先创建一个相关数据的查询，再在查询中查找重复项数据。

【例 5-20】 要查询选课人数在 2 人（含 2 人）以上的课程名称，可采用的方法如下：先创建一个选课情况查询表，里面包含课程名称和学号，再创建一个查找重复项查询，这样即可查到选课人数在 2 人以上的课程名称和选课人数。具体操作过程如图 5-28 所示。

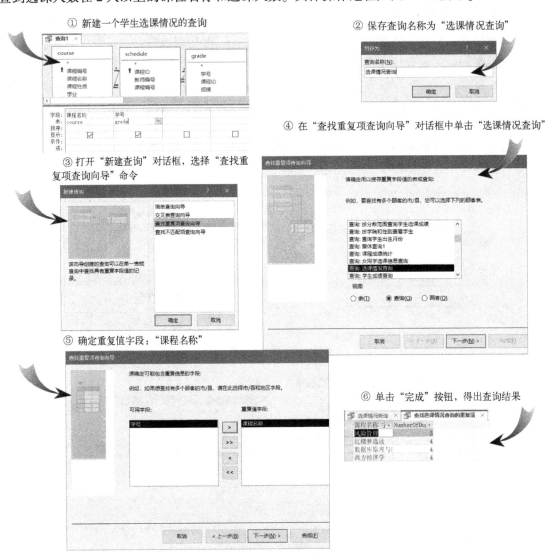

图 5-28　多表相关数据重复项查询操作过程

5.7.2　查找不匹配项查询

在数据管理中，常常要对一些不匹配的数据进行查询，如没有选课的学生姓名，即"student"表中存在的学生，但在"grade"表中没有他的记录，同样，如没有开课的教师，即"teacher"表中有的教师，但"schedule"表中不存在该教师的记录等。

查找不匹配项的查询是在两个表或查询中完成的，即对两个视图下的数据的不匹配情况进行查询。Access 提供了"查找不匹配项查询向导"来实现该操作。

【例 5-21】要查找没有选课的学生的姓名和所在学院，可采用查找不匹配项查询向导来实现，具体的操作过程如图 5-29 所示。

① 打开"新建查询"对话框，单击"查找不匹配项查询向导"，再单击"确定"按钮

② 打开"查找不匹配查询向导"对话框，选中"student"表作为基础表，单击"下一步"按钮

③ 在向导中选中匹配表"grade"，单击"下一步"按钮

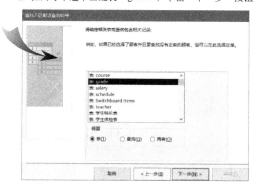

④ 在左右表中均选择"学号"字段，并单击按钮 <=>，确定匹配字段

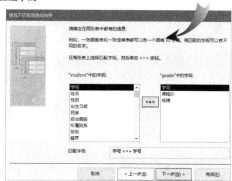

⑤ 选中查询结果中所需要的字段

⑥ 为查询指定名称

⑦ 单击"完成"按钮，显示查询结果

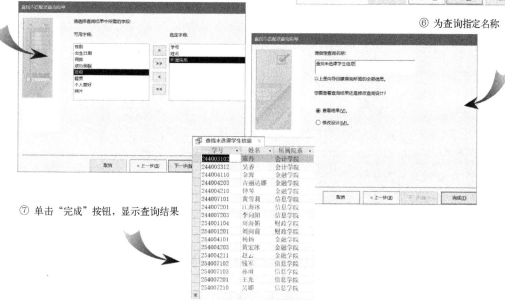

图 5-29 查找不匹配项查询操作过程

注意： 在查找不匹配项记录的查询中，实现的是查找第一张基础表中的匹配字段在第二张表中不存在的记录的操作，因此，一定要明确查找的不匹配项的目标。如果例 5-21 中的查找不匹配项查询中，将"grade"表作为查询的第一张表，即查询的基础表，则查询的结果会是什么呢？请读者思考。

5.8 查询的其他操作

查询的其他操作包括查询的更名、查询的复制和查询的删除等操作，这些操作均可逆。

5.8.1 查询的更名

查询的更名操作与数据表的更名操作相同。可采用如下方法启动查询的更名操作：将鼠标指针指向要更名的查询并单击，再右击，选择快捷菜单中的"重命名"命令。

5.8.2 查询的复制

复制查询有两种操作方法，最简单的一种是将鼠标指针指向要复制查询的名称处，然后按住〈Ctrl〉键同时拖动鼠标左键，即会复制出一个查询的副本；另一种方法是先选定要复制的查询，执行"复制"操作，将该查询复制到剪贴板中，再执行"粘贴"操作，将打开一个"粘贴为"对话框，如图 5-30 所示，在对话框中输入查询的名称，单击"确定"按钮即可完成查询的复制操作。

图 5-30 "粘贴为"对话框

5.8.3 查询的删除

选中要删除的查询，按〈Delete〉键或单击工具栏的"删除"按钮，即可将选中的查询删除。

5.9 拓展阅读——华为的创新精神

华为技术有限公司（简称华为），于 1987 年由任正非先生创立，总部位于广东省深圳市龙岗区。作为信息与通信技术（ICT）领域的领军企业，华为在电信运营商、企业、终端和云计算等多个领域构建了端到端的解决方案优势。华为致力于提供有竞争力的 ICT 解决方案、产品和服务，推动未来信息社会的实现，构建一个更加美好的全连接世界。

华为作为全球 ICT 的先锋，自始至终坚持基础研究的核心地位。公司不断加强科学技术的深度，以创新突破为驱动力，引领产业的蓬勃发展，推动社会向前进步。华为在多个技术前沿领域取得了显著成就，不仅满足了客户需求，更引领了行业发展的新趋势。

在信息论编码领域，华为将经典 FFT 技术拓展至 Goppa 等代数几何码，显著降低了编码复杂度。在机器学习领域，华为提出了基于分位数回归的联邦共形预测方法，有效解决了客户端标签偏移问题，同时保障了预测集的有效覆盖率和差分隐私，华为首创了基于置信度调节机制的内存节约优化器 CAME，大幅降低了内存需求。在无线通信领域，华为提出的低秩数字预失真补偿架构，显著提升了校正性能，为通信技术的发展开辟了新天地。在光通信领域，华为设计的极简光纤非线性补偿算法，有效提升了 800G 光纤的长距传输能力，基于时域有限差分理论的超表面光学数值模型，大幅简化了 WSS 光学模块，华为突破了 222 GB 超高速光电调制器技术，解决了大吞吐编码调制及功耗高的难题，推动了光通信技术的发展。在网络领域，华为通过分层异构拓扑网络架构及全路径路由技术体系创新，缩短了节点间的互联距离，减少了光器件的使用，显著提升了网络的可靠性和吞吐率。在无线领域，华为开展了 11 个场景的原型系统外场测试，验证了 6G 通信感知一体化能力，实现了多目标分辨及室外环境重构；并验证了超大带宽下的极化复用和波束空分复用技术，实现了高速率的室外通信。

在人工智能领域，华为针对生成模型推理计算资源消耗高的问题，提出了全连续表征的积分神经网络，实现了推理效率的数倍提升。在信息检索领域，华为的创新方法有效解决了高维数据索引空间爆炸的问题，大幅提升了检索速度。在 AI 算法领域，华为面对智能时代大模型的机遇和挑战，不断创新突破。例如，昇腾集群系统下的盘古基础模型，构建了万亿级高质量训练数据，实现了训练的近线性扩展。在计算领域，华为采用创新的超节点架构和新一代液冷架构，实现了内存统一编址及资源统一调度，提供了更强的算力和更高的算力密度。

在基础软件领域，华为公司持续打造稳固的产业根基和生态底座，突破双集群强一致、千节点高弹性、全密态等关键技术，GaussDB 成为国内首个软硬协同全栈自主的数据库。同时，华为还突破了低时延确定性、机密计算、混合部署调度等关键技术，欧拉操作系统解决了行业在低时延、安全、资源利用率上的核心挑战。GaussDB 和欧拉操作系统等产品的推出，展现了华为在数据库和操作系统领域的技术实力。在软件工程领域，华为建设开源漏洞知识库，提升了开源项目的安全性能。在系统工程领域，华为提升了仿真测试能力和 ODD 超域检测技术，增强了自动驾驶的安全性和可靠性。

在消费者领域，华为坚持扎根核心技术，持续引领用户体验。无论是影像技术、通信能力还是材料工艺，华为都以其创新技术为用户带来了前所未有的体验。

启示：华为之所以能在激烈的全球竞争中持续取得成功，其核心动力源自于其不懈的创新精神。无论是在 5G 技术的前沿突破，还是在智能手机市场的领先地位，华为都以其全面创新的姿态，引领着行业发展的方向。在管理和企业文化上的革新，同样体现了华为对创新的深刻理解和实践。在数据库技术这一关键领域，华为推出的 GaussDB 等产品，不仅巩固了其技术实力，更为全球数据库技术的进步贡献了重要力量。这些成就提醒我们，持续的技术创新是企业乃至国家竞争力的重要基石。学习华为的创新精神，意味着要勇于探索未知领域，敢于突破现有局限，不断追求卓越。在全球通信技术飞速发展的今天，我们应以华为为榜样，不断推动科技创新，为构建更加智能、高效、安全的数字世界贡献力量。

5.10　习题

1. 选择题

1）在 Access 中，可以作为创建查询数据源的是（　　）。

    A. 查询　　　　　　　　　　　　B. 报表

    C. 窗体　　　　　　　　　　　　D. 外部数据表

2）在 Access 中，为了在运行查询时提示输入信息（条件），可以在查询中设置（　　）。

    A. 参数　　　　　　　　　　　　B. 条件

    C. 排序　　　　　　　　　　　　D. 字段

3）Access 中的查询设计视图下，设置筛选条件的栏是（   ）。

    A. 排序　　　　　　　　　　　　　B. 总计

    C. 条件　　　　　　　　　　　　　D. 字段

4）完整的交叉表查询需要选择（   ）。

    A. 行标题、列标题和值　　　　　　B. 只选行标题即可

    C. 只选列标题即可　　　　　　　　D. 只选值即可

5）以下叙述中，错误的是（   ）。

    A. 查询是从数据库的表中筛选出符合条件的记录，构成一个新的数据集合

    B. 查询的种类有选择查询、参数查询、交叉查询、操作查询和 SQL 查询

    C. 创建复杂的查询不能使用查询向导

    D. 可以使用函数、逻辑运算符、关系运算符创建复杂的查询

2. 填空题

1）函数 Right("计算机等级考试",4)的执行结果是＿＿＿＿＿＿＿＿。

2）创建交叉表查询时，必须对行标题和＿＿＿＿＿＿＿＿进行分组（Group By）操作。

3）在使用查询向导创建查询时，当查询的字段中包含数值型字段时，系统将会提示选择
＿＿＿＿＿＿＿＿。

4）将表 A 的记录添加到表 B 中，且要求保持表 B 中原有的记录，可以使用的查询是
＿＿＿＿＿＿＿＿。

5）如果在查询的条件中使用了通配符方括号"[ ]"，它的含义是＿＿＿＿＿＿＿＿。

第6章 窗　　体

窗体是 Access 数据库中的一个对象，它用于创建用户界面，通过窗体，用户可以方便地输入数据、编辑数据和查询表中的数据。利用窗体可以将整个应用程序组织起来，使其形成一个完整的应用系统。合理设计窗体，可以极大地提高数据库应用程序的用户体验和效率。

6.1　窗体概述

窗体本身并不存储数据，但应用窗体可以方便地对数据库中的数据进行输入、浏览和修改等。窗体中包含很多的控件，可以通过这些控件对表、查询、报表等对象进行操作，也可执行宏和 VBA 程序等。

6.1.1　窗体的功能

窗体是 Access 数据库应用中的一个非常重要的对象。作为用户和 Access 应用程序之间的接口，窗体可以用于显示表和查询中的数据，输入和修改数据表中的数据、展示相关信息等。Access 窗体采用的是图形界面，具有用户友好的特性，它能够显示备注型字段和 OLE 对象型字段的内容，如图 6-1 所示。

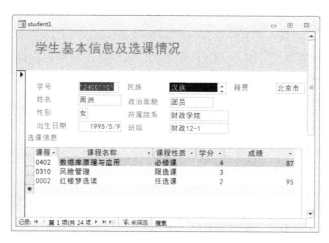

图 6-1　"学生基本信息及选课情况"窗体

窗体的主要作用是接收用户输入的数据或命令，编辑、显示数据库中的数据，构造方便、美观的输入/输出界面。

6.1.2　窗体的结构

窗体由多个部分组成，每个部分称为一个"节"。多数窗体只有主体节，如果需要，也可包括窗体页眉、窗体页脚、页面页眉和页面页脚等几个部分，如图 6-2 所示。

- 窗体的主体：位于窗体中心部分的节，是核心工作区域。通常用于显示表和查询中的数据以及静态数据元素（如标签和标识语）的窗体控件都将显示在窗体主体。

- 窗体页眉：位于窗体的顶部，定义的是窗体页眉部分的高度。一般用于设置窗体的标题、窗体使用说明或相关窗体及执行其他任务的命令按钮等。

- 窗体页脚：位于窗体的底部，一般是所有记录都需要的内容、使用命令的操作说明等信息。也可以设置命令按钮，以便执行一些控制功能。

- 页面页眉：用于设置窗体在打印时的页头信息。如标题、用户要在每一页上方显示的内容。

图 6-2　窗体组成部分

- 页面页脚：用于设置窗体在打印时的页脚信息。如日期、页码或用户需要在每一页下方显示的内容。

注意：页面页眉和页面页脚只能在打印时输出，窗体在屏幕中不显示页面页眉和页面页脚的内容。

在窗体的设计窗口中还包含垂直和水平标尺，用于确定窗体上对象的大小和位置。窗体中各节之间有一个节分隔线，拖动该分隔线可以调整各节的高低。

6.1.3　窗体的类型

Access 提供了 8 种类型的窗体，它们分别是纵栏式窗体、多项目窗体、数据表窗体、窗体/子窗体、图表窗体、数据透视表/数据透视图窗体、分割窗体和导航窗体。

1. 纵栏式窗体

纵栏式窗体在一个窗体界面中显示一条记录，显示记录按列分隔，每列在左边显示字段名，在右边显示字段内容。在纵栏式窗体中，可以随意地安排字段，可以使用 Windows 的多种控制操作，还可以设置直线、方框、颜色、特殊效果等。

2. 多项目窗体

在窗体集中显示多条记录内容。如果要显示的数据很多，多项目窗体可以通过垂直滚动条来浏览。数据多项目窗体类似于数据表。

3. 数据表窗体

数据表窗体从外观上看与数据表和查询显示数据的界面相同，通常情况下，数据表窗体主要用于子窗体，用来显示一对多的关系。

4. 窗体/子窗体

窗体中的窗体称为子窗体，包含子窗体的窗体称为主窗体。主窗体和子窗体通常用于显示多个表或查询中的数据，这些表和查询中的数据具有一对多的关系，如图 6-1 所示。在主窗体中某一条记录的信息，在子窗体中显示与主窗体当前记录相关的记录信息。

主窗体若为纵栏式的窗体，则子窗体可以显示为数据表窗体，也可显示为表格式窗体。子窗体中还可包含子窗体。

主/子窗体包括一对多窗体、父/子窗体和分层窗体。

5. 图表窗体

图表窗体是利用 Microsoft Graph 以图表方式显示用户的数据信息。图表窗体的数据源可以是数据表，也可以是查询。

6. 数据透视表/数据透视图窗体

数据透视表窗体是基于指定的数据表或查询，产生的一个类似于 Excel 数据分析表的窗体形式。数据透视表窗体允许用户对内部的数据进行操作，也可改变透视表的布局，以满足不同的数据分析需求。

7. 分割窗体

分割窗体不同于窗体/子窗体的组合，它的两个视图连接到同一数据源，并且总是相互保持同步。如果在窗体的一个部分中选择了一个字段，则会在窗体的另一部分中选择相同的字段。可以在任一部分添加、编辑和删除数据。

分割窗体同时提供数据的两种视图：窗体视图和数据表视图。使用分割窗体可以在一个窗体中同时利用两种窗体类型的优势。例如，可以使用窗体的数据表部分快速定位记录，然后使用窗体部分查看或编辑记录。窗体部分以醒目而实用的方式呈现出数据表部分。

8. 导航窗体

导航窗体是一个管理窗体，是 Access 的浏览控件，通过该窗体可对数据库中的所有对象进行查看和访问。导航窗体只包含导航控件，用来对数据库应用进行管理。

导航窗体在浏览器状态下无效。

6.1.4　窗体的视图

窗体的视图有4种：窗体视图、设计视图、数据表视图和布局视图。

1）窗体视图是用于显示数据的窗口，在该窗口下可以对数据表或查询中的数据进行浏览或修改等操作。

2）设计视图是用于创建窗体或修改窗体的窗口。

3）数据表视图是以行和列格式显示表、查询窗体数据的窗口。在数据表视图中可以编辑、添加、修改、查找或删除数据。

4）布局视图是用于在显示窗体呈现效果的状态下进行修改和调整的视图。

6.2　创建窗体

Access 快速创建窗体有两种方式：自动窗体和使用"窗体向导"创建窗体。自动窗体是根据所选的数据对象自动生成窗体，生成过程不能干预；"窗体向导"可根据需要选择数据源，并按照提示一步一步进行选择并完成窗体的创建。

6.2.1　自动窗体

自动窗体，即是创建一个选定表或查询中所有字段及记录的窗体，窗体的创建是一次完成的，中间不能干预。且主窗体中的左侧是以字段名作为该行的标签。

1. 使用"窗体"创建自动窗体

要对数据表或查询数据进行展示，制作数据表的输入或浏览窗体，可通过"窗体"按钮来完成窗体的制作。

【例 6-1】 要创建一个显示学生基本情况和其直接子表数据的窗体，可采用"窗体"方式来实现。具体的操作方法如图 6-3 所示。

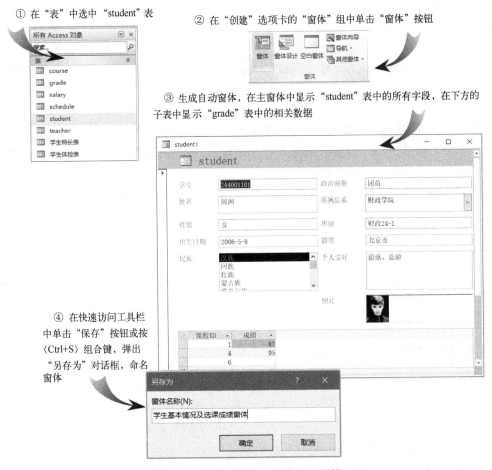

图 6-3 使用"窗体"创建自动窗体

注意：使用"窗体"创建自动窗体时，只能选择一个数据对象作为窗体的数据源，如果这个对象是数据表，且该表中含有子表，则自动窗体是以选中表为主窗体，子表数据为子窗体的模式来构建。

2. 自动窗体的其他创建方式

创建自动窗体，除了可使用"窗体"按钮外，还可以用多个项目、数据表、分割窗体、模式对话框、数据透视表和数据透视图的窗体来自动创建。操作方式与"窗体"方式相似。

【例 6-2】 要使用自动窗体创建一个分割窗体，对教师信息进行查看。具体的操作过程如图 6-4 所示。

注意：在自动创建窗体时，数据源只能有一个，可以是数据表或查询。

图 6-4　自动创建分割窗体的操作过程

6.2.2　使用向导创建窗体

使用"窗体"或其他窗体功能，创建自动窗体，虽然可以快速地创建窗体，但所创建的窗体仅限于单调的窗体布局，不能对数据源中数据的显示情况进行控制，即前面的方式会自动将数据源中的所有字段按表或查询的顺序显示，不能改变顺序或减少字段的显示，同时，也不能将多个数据表或查询中的数据在同一个窗体中进行显示，有一定的局限性。如果要对拟在窗体中显示的字段进行选择，则可以使用向导来创建窗体。

Access 提供的制作窗体的向导有 8 种：窗体向导、创建自动窗体（窗体）、多个项目、数据表、分割窗体、模式对话框、数据透视表和数据透视图。

1. 使用向导创建一对多窗体

【例 6-3】要创建一个学生基本情况以及其选课情况的窗体，可以使用向导来完成，具体操作过程如图 6-5 所示。

在使用向导创建窗体时，如果所涉及的数据源与多个表相关，则需要预先建立数据库中数据表之间的关系，否则会造成数据表之间的数据无关而使数据源中的数据出错。

如果窗体所涉及的数据字段来源于多个表，同时，它们之间存在一对多的关系，则在"窗体向导"对话框中将会出现"请确定查看数据的方式"向导，在此，可对数据查看的方式进行选择，如果选择按"一方"查看，则窗体会产生子窗体；如果选择按"多方"查看，则不会产生子窗体。另外，如果窗体的数据源来源于一个数据表或查询，或数据虽然来源于多个表，但表之间的关系是一对一的，则不会出现子窗体。

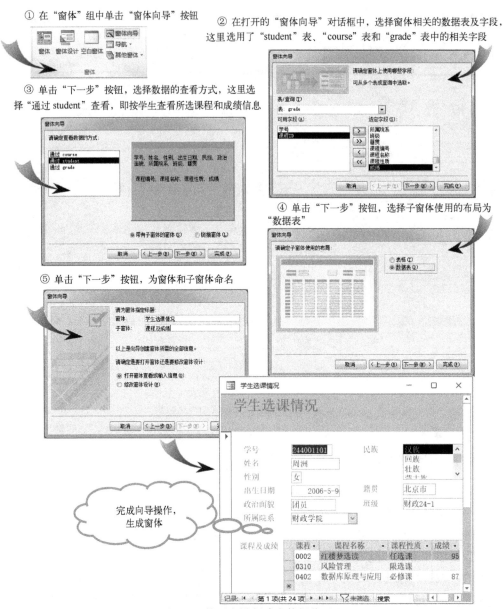

① 在"窗体"组中单击"窗体向导"按钮

② 在打开的"窗体向导"对话框中，选择窗体相关的数据表及字段，这里选用了"student"表、"course"表和"grade"表中的相关字段

③ 单击"下一步"按钮，选择数据的查看方式，这里选择"通过 student"查看，即按学生查看所选课程和成绩信息

④ 单击"下一步"按钮，选择子窗体使用的布局为"数据表"

⑤ 单击"下一步"按钮，为窗体和子窗体命名

完成向导操作，生成窗体

图 6-5　使用向导创建窗体操作过程

注意：如果建立的窗体中带有子窗体，则会在窗体对象卡中产生两个窗体对象，对象名系统会根据所设定的窗体标题而定。子窗体一旦建立，则不应该对它更名，否则会造成与主窗体间的链接出错，当然也不能将子窗体删除，如果删除，则打开主窗体时会出现错误。

2. 使用向导创建图表窗体

在数据库中，使用图表能够更直观地表示数据之间的关系，Access 提供了"图表向导"创建窗体的功能。

【例 6-4】要展示各门课程的平均成绩情况，可采用"图表向导"来实现。具体的操作如图 6-6 所示。

注意：在 Access 2021 中，窗体中的图表还可使用"控件"组右侧的"插入新式图表"功能来实现，为用户提供了柱形图、条形图、折线图、饼图和组合图等图表类型。采用本功能组

来创建图表时，工作窗口右侧会弹出"图表设置"窗格，包含"数据"和"格式"两个选项卡，"数据"选项卡用于图表的数据源、轴和图例等设置，"格式"选项卡用于图表格式的设置，如显示名称、系列填充颜色、数据标签、趋势线等。

① 创建一个关于课程和平均成绩的查询

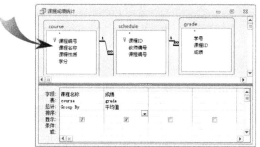

② 单击"创建"选项卡的"窗体"组的"窗体设计"按钮，打开窗体设计器

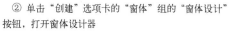

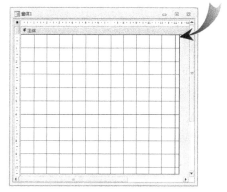

③ 在"表单设计"选项卡的"控件"组中单击"图表"按钮，在窗体区域画出图表区域，弹出"图表向导"对话框，选择视图为"查询"，用于创建图表的表或查询为"课程成绩统计"

⑤ 添加所需字段，单击"下一步"按钮

④ 选择图表类型为"三维柱形图"

⑥ 确认图表中的布局方式

单击"完成"按钮，完成图表制作

图6-6 创建图表窗体操作过程

6.3　利用设计视图创建窗体

利用向导创建窗体可以很方便地创建各种窗体，但它们都有一些固有的模式，不能满足用户的个性化需求，因此，Access 提供了窗体设计工具，方便用户根据自身的不同要求来创建窗体。

6.3.1　窗体设计视图

窗体的设计视图是用于对窗体进行设计的视图，用户常常会在利用向导设计好窗体后，再切换到设计视图来对它进行修改和调整。同样，也常直接打开一个窗体设计视图进行窗体的设计。

在"创建"选项卡的"窗体"组中单击"窗体设计"按钮，即可打开窗体设计视图，在打开窗体设计视图的同时，选项卡中会出现 3 个跟随选项卡："表单设计""排列"和"格式"，系统会自动切换到"表单设计"选项卡，如图 6-7 所示。

图 6-7　窗体"表单设计"选项卡

1)"视图"组：可对窗体的视图进行切换，通常包括窗体视图、数据表视图、设计视图和布局视图。

2)"主题"组：提供窗体的主题效果、窗体的颜色搭配和文本字体的设置。它们均是由系统预先设置并搭配好的。

"主题"为窗体或报表提供了更好的格式设置选项，用户还可以自定义、扩展和下载主题。

3)"控件"组：提供窗体设计所需的控件工具，在"控件"组的列表框中，单击列表框的下拉按钮，可打开整个控件列表，在列表中还可对插入控件时是否启动向导进行设置。如果要重复使用工具箱上的某个控件，可双击该控件将它锁定，则可重复使用该控件，若要取消锁定，按〈Esc〉键即可。控件列表中还有一个常用的工具："选取对象"按钮，单击该按钮，鼠标指针变成空心箭头时，单击窗体上的对象，即可选中该对象，用鼠标指针划过一个矩形区域，可同时选中该区域中的所有对象。

4)"页眉/页脚"组：提供了对窗体的页眉、页脚的设置，当打开窗体设计视图时，窗体默认的只有主体。

● "徽标"按钮：可在窗体的页眉中插入一个标记图片，作为窗体的徽标。

● "标题"按钮：可添加窗体页眉和窗体页脚。

● "日期和时间"按钮：用于在窗体的标题栏插入日期和时间。

5)"工具"组：是用于对窗体的各控件和属性进行设置的功能组。包括添加现有字段、属性表和〈Tab〉键顺序等。

改变窗体的大小，可以通过调整窗体的宽度和高度来实现。调整窗体的宽度，将鼠标指针置于窗体浅灰色区域的右边，当鼠标指针变成双向箭头时，按住鼠标左键左右拖动，即可调整窗体的宽度；将鼠标指针置于窗体浅灰色区域的下侧，当鼠标指针变成双向箭头时，按住鼠标左键上下拖动，即可调整节的高度；如果将鼠标指针指向窗体浅灰色区域的右下角，按下鼠标左键斜向拖动，即可调整该节窗体的高度和宽度。

当窗体存在多节时，将鼠标指针指向窗体区域的左侧滚动条上的节选择按钮位置，鼠标指针变成双向箭头时，按下鼠标左键上下拖动，可调整节的高度。

将鼠标指针指向窗体设计视图的窗口边界，当鼠标指针变成双向箭头时，可调整窗体边界的大小。

6.3.2 常用控件的功能

控件是窗体上用于显示数据、执行操作、修饰窗体的对象。在窗体中添加的每一个对象都是控件。Access 窗体中常用的控件包括文本框、标签、选项组、列表框、组合框、复选框、切换按钮、图像、绑定对象框、未绑定对象框、子窗体/子报表、分页符、选项卡、直线和矩形等。

窗体中的控件类型可分为绑定型、未绑定型与计算型。

- 绑定型控件，有数据源，主要用于显示、输入、更新表中的数据。
- 未绑定型控件，没有数据源，用于显示信息、图形或图像等。
- 计算型控件，用表达式作为数据源，表达式可以利用窗体所引用的表或查询字段中的数据，也可利用窗体上其他控件中的数据。

1. 标签控件 Aa

标签控件主要用来在窗体上显示说明性文本，如窗体的标题。各种控件前的说明文字等都是标签控件。

标签不显示字段或表达式的值，它没有数据源。窗体中的标签常常与其他控件一起出现，如文本框前面的文字等，也可创建单独的标签。

2. 文本框控件 abl

文本框控件主要用来输入、显示或编辑数据，它是一种交互式的控件。它也具有 3 种类型：绑定型、未绑定型与计算型。

- 绑定型文本框，能够从表、查询或 SQL 语言中获得所需要的内容。
- 未绑定型文本框，没有与任何字段相链接，通常用来显示提示信息或接受用户输入数据等。
- 计算型文本框，与表达式相链接，用于显示表达式的值。

Access 提供了文本框控件向导，可以对文本框的格式、输入法和名称等进行定义。

3. 按钮控件 ▭

按钮控件，又称命令按钮，用于执行某项操作或某些操作。Access 提供了命令按钮向导，可以创建 30 多种不同类型的命令按钮。

4. 选项卡控件 ▭

当窗体中要显示的内容太多，而窗体空间有限时，可采用选项卡将内容进行分类，分别放入不同的选项卡中。

在使用选项卡时，用户只需要单击选项卡标签即可进行切换。

5. 链接控件 ◎

链接控件用于在窗体上插入超级链接的控件。

6. 导航控件

导航控件，是在窗体的上下部或侧面创建导航按钮。

7. 选项组控件

选项组控件是由一个组框、一组复选框或切换按钮组成的，选项组可以提供给用户某一组确定的值以备选择，界面友好，易于操作。选项组中每次选择一个选项。

如果选项组绑定到某个字段，则只有组合框架本身绑定到该字段，而不是组框内的某一项。选项组可以设置为表达式或非绑定选项组，也可以在自定义对话框中使用非结合选项组来接受用户的输入，然后根据输入的内容来执行相应的操作。

Access 提供了选项组向导，对选项组各项的标签、默认值、各选项的值、控件类型及样式、选项组标题等进行定义。

8. 组合框控件和列表框控件

组合框控件和列表框控件是用于在一个列表中获取数据的控件。如果在窗体上输入的数据总是一组固定的值列表中的一个或是取自某一个数据表或查询中的记录时，可以使用组合框或列表框控件来实现，这样既保证数据输入的快捷，同时也保证了数据输入的准确性。例如，"student"表中的"学生所属院系"字段，可通过组合框或列表框控件来实现，以免造成数据输入的不唯一。

窗体中的列表框可以包含一列或多列数据，用户从列表中选择一行，而不能输入新值。组合框的列表由多行组成，但只能显示一行数据，如果需要从列表中选择数据，可单击列表框右侧的下三角按钮，在打开的列表中进行选择即可。

列表框和组合框的区别在于，列表框中的数据在列表中可以显示多条值，而组合框只显示一条值，列表框只能在列表中选择数据，而不能输入新数据；组合框可以输入新值，也可以从列表中选择值。

Access 提供了组合框向导和列表框向导，对控件的获取数据的方式或值进行定义。

9. 复选框控件、切换按钮控件和单选按钮控件

复选框控件、切换按钮控件和单选按钮控件作为单独的控件来显示表或查询中的"是"或"否"的值。当选中复选框或单选按钮时，设置为"是"，如果不选中则为"否"；切换按钮如果按下为"是"，否则为"否"。

10. 未绑定对象框控件和绑定对象框控件

未绑定对象框控件和绑定对象框控件用于显示 OLE 对象。绑定对象框用于绑定窗体数据源中的 OLE 对象类型字段，未绑定对象框用于显示 OLE 对象类型的文件。

在窗体中插入未绑定对象框时，Access 会弹出一个对话框对插入对象进行创建或选择插入文件等。

11. 直线控件和矩形控件

在窗体中，可以利用直线控件或矩形控件在窗体中添加图形以美化窗体。

12. 分页符控件

分页符控件用于在窗体上开始一个新的屏幕，或在打印窗体上开始一个新页。

13. 附件

附件用于在窗体中插入数据表中的附件。

14. 子窗体/子报表控件

子窗体/子报表控件是用于在主窗体/主报表中显示与其数据相关的子数据表中数据的

窗体/报表。

15. 图像控件⊡

图像控件用于在窗体中插入图片。

16. Web 浏览器控件🔟

Web 浏览器控件用于在 Access 应用程序中创建新的 Web 混合应用程序并显示 Web 内容。

17. 图表控件⬚

图表控件用于在窗体中显示图形。

6.3.3　常用控件的使用

窗体中添加控件，通常可采用两种方式：一种是将窗体数据源中的字段通过字段列表拖放到窗体的适当位置，得到与相关字段相绑定的控件；另一种是在窗体中利用工具箱添加控件。

通过拖放的控件是与数据源的字段相绑定的，系统也会自动给该控件选择适当的控件类型和标签。创建控件的方式取决于要创建的控件的类型（如绑定型、非绑定型和计算型），类型不同，创建方法不同。

1. 利用字段列表创建绑定型控件

绑定型控件与非绑定型控件的区别是：如果要保存控件的值，通常采用绑定型控件；如果控件的值不需要保存，而只是用于展示或为其他控件提供值，则通常采用非绑定型控件来实现。

在窗体中创建绑定型控件，最简单和直接的方法就是将窗体数据源中的字段通过拖动的方式放置到窗体的适当位置，系统会根据原字段的数据类型和格式来选择适当的控件类型，同时，系统会自动将字段的名称作为控件的标签。

如果原字段类型是普通的文本型字段、日期型或数值型字段，则系统会使用文本框控件来绑定该字段；如果原字段的类型是 OLE 对象，则系统会提供绑定对象框；如果原字段的数据来源由数据列表或查询构成，则系统会使用组合框来绑定该字段；如果原字段为是/否型字段，则系统会使用复选框控件来绑定该字段。

注意：在利用拖动方式将字段添加到窗体中时，如果该表中有子表，也可将该表的子表中的字段拖动到窗体中，系统自动建立它们之间的数据关系。

在窗体中通过拖动的方式创建绑定型控件，还可先在"属性表"中设置窗体的数据源，再打开"字段列表"，通过拖动方式来实现。如果窗体中的数据来源于查询，则在创建窗体前必须要先设置窗体的数据源。

【例 6-5】 在窗体中添加绑定型控件，其操作过程如图 6-8 所示。

将 "teacher" 表中的 "教师编号" "姓名" "性别" "所属院系" 等字段拖动到窗体上时，Access 根据字段的类型和默认的属性设置，以文本框控件来表示该类字段。"是否党员" 为是/否型字段，如果表中字段的显示方式是复选框方式，则以复选框的方式绑定此字段，但如果表中是/否型字段是以文本框方式显示时，则以文本框方式绑定。"所属院系" 字段虽然是文本型字段，但由于该字段的数据来源于数据表字段，因此，Access 采用组合框控件来绑定该字段。而 "照片" 字段为 OLE 对象型字段，Access 采用绑定对象框来显示该字段的内容。文本型字段如果值的来源是值列表，Access 还会采用列表框控件来展示该字段的值。

① 单击"创建"选项卡的"窗体"组的"窗体设计"按钮，打开窗口设计窗格，同时，"字段列表"窗格也打开

② 单击要插入字段的数据表前的折叠按钮，展开表的字段列表

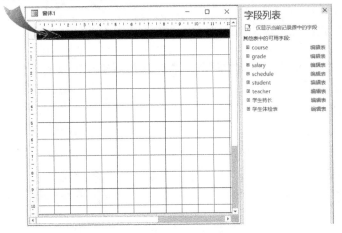

③ 将需要的字段拖到窗口面板的适当位置

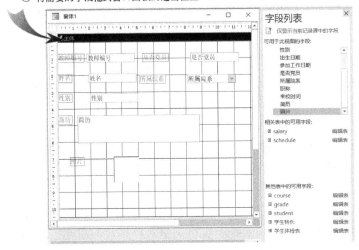

图 6-8　在窗体中添加绑定型控件操作过程

2. 利用控件向导创建绑定型控件

在窗体中添加控件时，系统会对一部分控件提供向导支持，如文本框控件、选项组控件、组合框控件和列表框控件等。

为窗体创建绑定型控件，还可以利用控件向导方式来实现。要使用控件向导创建控件，必须使"控件"组中"使用控件向导"处于选中状态，选中工具箱中的控件向窗体中添加控件时，系统才会自动打开控件向导来指导控件的创建。

Access 工具箱为文本框控件、组合框控件和列表框控件等提供了控件向导。利用控件向导创建控件，是在添加该控件时，系统会弹出相应的向导对话框，用户可根据向导的提示按照设计的要求一步一步地进行设置，直到控件创建完成。利用控件向导创建控件的方式均有相似之处。

利用控件向导创建绑定型控件的前提与利用字段列表拖动方式创建绑定型控件相同，必须是窗体当前有数据源，要添加的字段正好是数据源中的字段。

【例 6-6】 利用控件向导创建一个绑定型组合框控件以实现"职称"字段的输入，操作过程如图 6-9 所示。

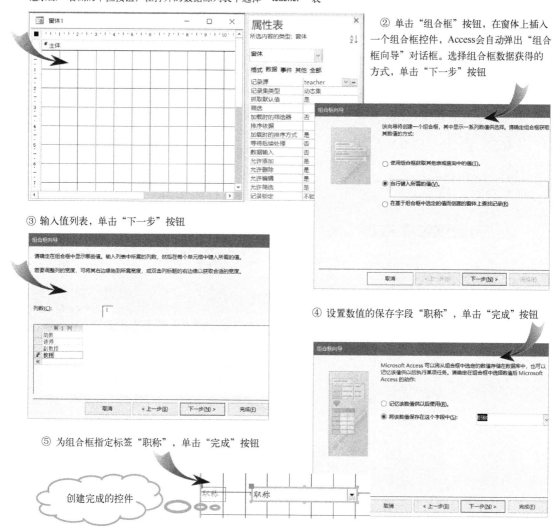

① 打开窗体设计视图，打开"属性表"窗格的"数据"选项卡，单击"记录源"右侧的下拉按钮，在打开的数据源列表中选择"teacher"表

② 单击"组合框"按钮，在窗体上插入一个组合框控件，Access会自动弹出"组合框向导"对话框。选择组合框数据获得的方式，单击"下一步"按钮

③ 输入值列表，单击"下一步"按钮

④ 设置数值的保存字段"职称"，单击"完成"按钮

⑤ 为组合框指定标签"职称"，单击"完成"按钮

创建完成的控件

图 6-9　利用控件向导创建绑定型组合框控件操作过程

3. 利用控件向导添加非绑定型控件

向窗体中添加控件时，如果工具箱中的"使用控件向导"按钮处于选中状态，则添加具有向导支持的控件时，系统会自动打开相应的向导以指导控件的创建过程。

【例 6-7】 利用控件向导创建选项组控件，其操作过程如图 6-10 所示。

注意：利用控件向导创建绑定型控件和非绑定型控件的方式是相似的。在利用控件向导创建控件时，如果窗体中没有数据源，则向导中就不会有选择控件与字段绑定的提示，所创建的控件均为非绑定型控件。如果窗体当前有数据源，则向导中会出现选择控件与字段是否绑定的提示，如果选择与字段相关，则为绑定型字段；如果选择与字段无关，则为非绑定型控件。

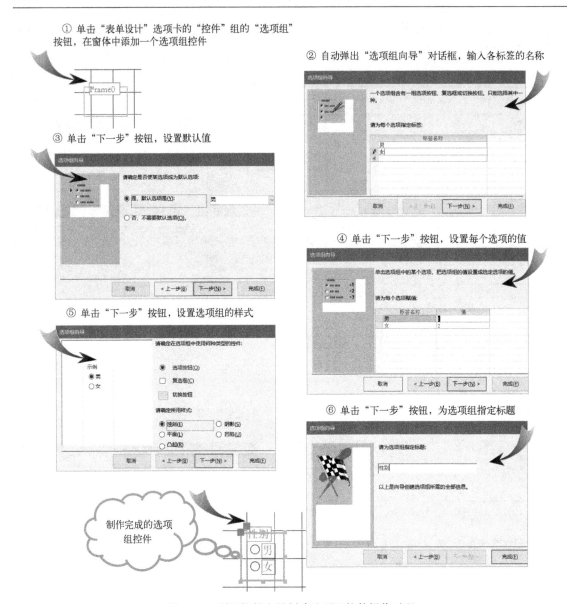

① 单击"表单设计"选项卡的"控件"组的"选项组"按钮，在窗体中添加一个选项组控件

② 自动弹出"选项组向导"对话框，输入各标签的名称

③ 单击"下一步"按钮，设置默认值

④ 单击"下一步"按钮，设置每个选项的值

⑤ 单击"下一步"按钮，设置选项组的样式

⑥ 单击"下一步"按钮，为选项组指定标题

制作完成的选项组控件

图 6-10　利用控件向导创建选项组控件操作过程

4. 在窗体中添加标签控件

在窗体中添加一个标签控件，操作方式是单击工具箱中的"标签"控件按钮，将鼠标指针移至窗体上时，指针变成"十"字形状，按下鼠标左键拖动，在窗体的相应位置画出一个方框，输入要插入的标签文本，即在该位置插入了一个标签。

【例 6-8】在窗体的页眉区域添加一个标签控件，其操作过程如图 6-11 所示。

5. 在窗体中添加命令按钮

命令按钮是实现对窗体进行操作的按钮。Access 提供的一些使用向导可以加快命令按钮的创建过程，因为向导可完成所有基本的工作。使用向导时，Access 将提示输入所需的信息并根据用户的回答来创建命令按钮。通过使用向导，可以创建 30 多种不同类型的命令按钮。

① 在窗体设计视图上右击，在弹出的快捷菜单中选择“窗体页眉/页脚”命令，为窗体添加窗体页眉和页脚
窗体页眉
② 单击“控件”组中的“标签”按钮，在窗体页眉区域画出标签区域，并输入标签文本
窗体页眉
学生基本信息录入窗体

图 6-11 添加标签控件操作过程

【例 6-9】为窗体添加“关闭窗体”的命令按钮，其操作过程如图 6-12 所示。

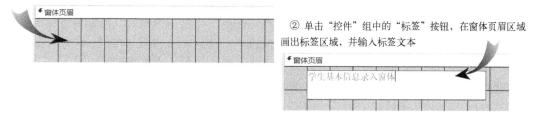

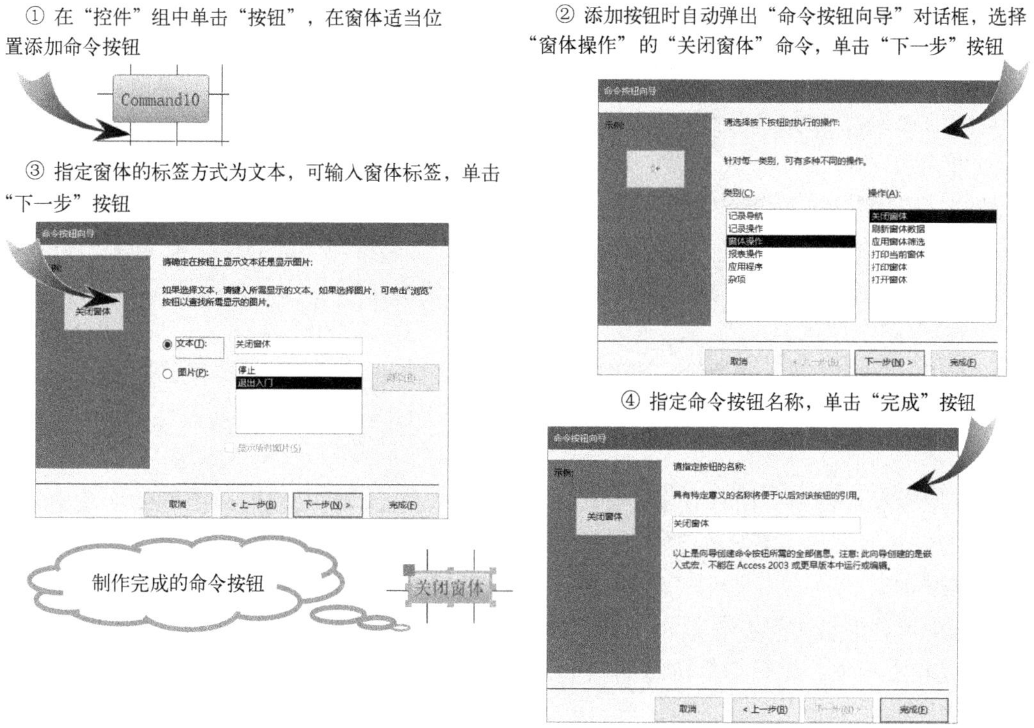

① 在“控件”组中单击“按钮”，在窗体适当位置添加命令按钮
Command10
② 添加按钮时自动弹出“命令按钮向导”对话框，选择“窗体操作”的“关闭窗体”命令，单击“下一步”按钮
③ 指定窗体的标签方式为文本，可输入窗体标签，单击“下一步”按钮
④ 指定命令按钮名称，单击“完成”按钮
制作完成的命令按钮
关闭窗体

图 6-12 利用控件向导添加命令按钮操作过程

在窗体中添加命令按钮时，建议使用“命令按钮向导”。当 Access 使用向导在窗体或报表中创建命令按钮时，向导会创建相应的事件过程并将其附加到该按钮上。可以打开此事件过程查看它如何运行，并根据需要进行修改。

6.3.4 窗体中控件的常用操作

在窗体设计中，常常需要对控件进行各种操作，如控件的选中、调整位置和大小等。

1. 窗体中控件的选定

在对窗体中控件进行操作时，需要首先选定控件。可以选定单个控件，也可以选定多个控件。

（1）选定单个控件

单击该控件，在控件四边和四角出现控制点（黑色小方块）时，该控件被选中。

控件左上角的较大控制点为移动控制点，将鼠标指针移至该位置处，鼠标指针呈手型，按下鼠标左键并拖动即可移动该控件；其他控制点为大小控制点，将鼠标指针移至大小控制点时，指针变成双向箭头，按下鼠标左键并拖动，即可对控件的大小进行调整。

大多数控件在添加到窗体中时，会自动附加一个标签控件。因此，在单击控件时，会同时选中该控件和附加的标签控件，如图 6-13 所示为文本框和附加标签控件的选定操作。

单击文本框，文本框四周出现控制点，文本框与附加标签的左上角出现移动控制点

单击附加标签，附加标签四周出现控制点，文本框与附加标签的左上角出现移动控制点

图 6-13　控件的选定操作

当鼠标指针移至控件区域，鼠标指针变成手型时，按下鼠标左键并拖动鼠标，则将拖动该控件与其附加标签，如果要分别移动附加的标签或控件时，则必须通过鼠标拖动该控件的移动控制点才能完成。

窗体本身及窗体的各个节也可以作为控件来选定。要选定窗体本身，单击"窗体选定器"（位于窗体设计器左上角水平与垂直标尺交汇处）。要选定窗体中的各节，则可单击各节区域或者单击该节名称栏或节选定器（节名称栏与左标尺交汇处）。

（2）选定多个控件

1）利用〈Shift〉键：选中第一个控件，然后按住〈Shift〉键，再选择其他要选定的控件即可完成。如果某控件选错了，也可在按住〈Shift〉键的同时，再单击该控件，即可取消该控件的选中。

2）利用标尺：将鼠标指针置于窗体的水平标尺或垂直标尺上，鼠标指针变成垂直向下或水平向右的箭头时，按下鼠标左键并拖动，窗体中出现垂直或水平的两条直线，则区域内的所有控件均被选中。

3）按下鼠标左键拖动：将鼠标指针指向要选定控件区域的左上角或右下角，按下鼠标左键向右下或左上拖动，鼠标指针画过的矩形方框内的控件均被选中。

2. 复制控件

选定要复制的一个或多个控件（如果要复制带有附加标签的控件，需要选定控件本身而不是附加标签），再执行复制操作，操作方式与 Office 的复制方式相同，通过工具栏上的"复制"按钮，或按〈Ctrl+C〉组合键等，将选定的控件复制到剪贴板中，再将控件粘贴到目标节，粘贴操作可通过工具栏上的"粘贴"按钮或"编辑"菜单的"粘贴"命令，也可用〈Ctrl+V〉组合键来实现。

如果控件的复制是在同节中完成的，可选定该控件，按住〈Ctrl〉键，用鼠标指针拖动控件到目标位置即可。

3. 删除控件

在选定要删除的控件后，按〈Delete〉键即可删除，如果控件有附加标签，则会同时被删除。如果只是想删除控件的附加标签，则应选定附加标签，即附加标签的四周出现控制点时，按〈Delete〉键将标签删除掉。

4. 调整控件的大小

控件的大小可以通过拖动控件的大小控制点来调整，也可通过设置控件的属性来完成，控件属性的设置将在后面介绍。

利用鼠标指针指向控件的大小控制点，当鼠标指针变成双向箭头时，按下鼠标左键双方向拖动，即可调整控件的大小；如果希望控件的大小根据内容来自动调整高度和宽度，当设置控件的字体、字号和字形后，双击大小控制点，则控件的大小会自动调整为控件合适的大小。

5. 移动控件

控件的位置可以通过属性来进行精确的定位，也可用鼠标拖动来完成。

当鼠标指针变成手型时，按下鼠标左键拖动即可使该控件移至目标位置。但这里需要注意，通过拖动的方式改变控件的位置只能在同节中，如果要将控件移到其他的节，则只能先选择"剪切"命令，再选择"粘贴"命令来完成。

如果要将某控件的标签移动到其他节，则只能先选定该附加标签，然后将该标签剪切，到目标节中将它粘贴。当附加标签移到其他的节后，则与原来的控件没有关系了，变成一个独立的标签控件。

6. 对齐控件

要将窗体中多个控件对齐，可先选定控件，然后单击"排列"选项卡的"调整大小和排序"组的"对齐"按钮来完成。对齐方式有多种，如靠上、靠下、靠左、靠右和对齐网格。

对齐控件还可通过控件的属性来完成。

7. 调整间距

当窗体中放置多个控件，要调整多个控件之间水平和垂直间距时，可先选定控件，然后单击"排列"选项卡的"调整大小和排列"组的"大小/空格"按钮，在打开的下拉列表中选择"水平相等""水平增加""水平减少""垂直相等"和"垂直减少"等选项。

6.4　修饰窗体

窗体的基本功能完成后，要对窗体及控件进行格式设定，使得窗体的界面看起来更加合理、美观，除了通过对窗体和控件的"格式"属性表进行设置外，还可利用主题和条件格式等对窗体进行修饰。

6.4.1　使用主题

主题是修饰和美化窗体的一种快捷方法，它是由系统设计人员预先设计好的一整套配色方案，能够使数据库中的所有窗体具有相同的配色方案。

主题是在窗体处于设计视图时，在"表单设计"选项卡的"主题"组中，一共包括"主题""颜色"和"字体"3个按钮。

Access 提供了多套主题以供使用，如果默认的主题不能满足需要，也可在 Office Online 上下载。

【例 6-10】使用"主题"修饰窗体，操作过程如图 6-14 所示。

6.4.2　使用条件格式

除了可以使用属性表、主题等设置窗体的格式外，还可根据控件值作为条件，设置相应的显示格式。

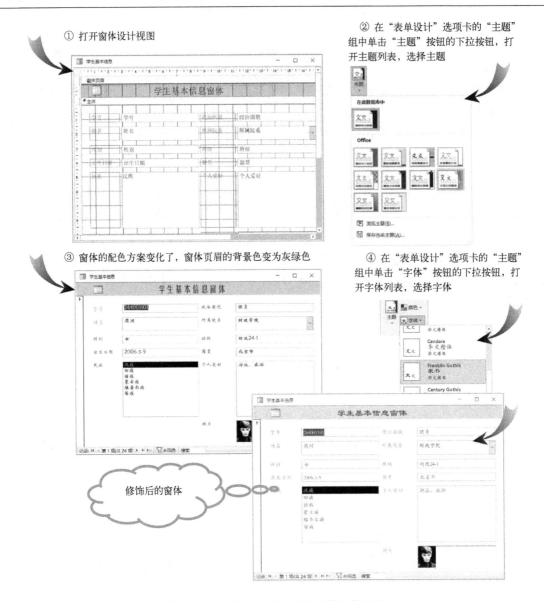

图 6-14　使用"主题"修饰窗体操作过程

【例 6-11】 使用"条件格式"修饰窗体，操作过程如图 6-15 所示。

注意：在设置条件格式时，可以在"条件格式规则管理器"对话框中，单击"新建规则"按钮，打开"新建格式规则"对话框添加条件。

6.4.3　提示信息的添加

为了提升窗体界面的可用性，最好在窗体中为一些特殊字段添加帮助信息，方便用户能够直接了解信息，以达到提供帮助的目的。

添加提示信息的操作方法是：打开窗体设计视图，选中要添加提示信息的控件，打开"属性表"窗格，切换到"其他"选项卡，在"状态栏文字"属性行中输入提示文字信息，保存设置。切换到窗体视图中，当焦点移至该控件时，则会在状态栏中显示该提示信息。也可设置"控件提示文本",在该属性后的文本框中输入提示信息,当对该控件操作时,会显示提示信息。

① 打开窗体设计视图,选中"成绩"控件

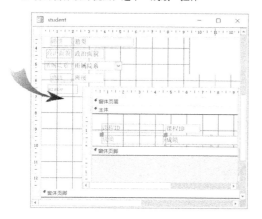

② 在"格式"选项卡的"控件格式"组中单击"条件格式"按钮

③ 打开"条件格式规则管理器"对话框

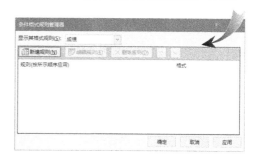

④ 单击"新建规则"按钮,在"新建格式规则"对话框中编辑规则,这里设置当"字段值"小于60时,字体加粗,同时填充橙色底纹

⑤ 单击"确定"按钮,完成规则设置

图 6-15　使用"条件格式"修饰窗体操作过程

【例 6-12】如图 6-16 所示，为窗体控件添加提示信息。

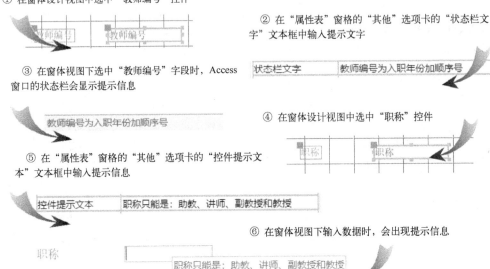

图 6-16　添加提示信息操作过程

6.5　定制系统控制窗体

窗体是应用程序和用户之间的接口，是为用户提供数据的输入、查询、修改和查看数据等操作的用户界面，为用户提供一个应用程序功能选择的操作控制界面。

Access 提供的"切换面板管理器"和"导航窗体"可将各种功能集成在一起，创建一个应用系统的控件界面。

6.5.1　创建切换窗体

使用"切换面板管理器"创建的窗体是一个特殊的窗体，即切换窗体，它实质上是一个控件菜单，通过选择菜单实现对所有集成数据库对象的调用。每一级控件菜单对应一个界面，即切换面板页；每个切换面板页上提供相应的切换项目，即菜单项。创建切换窗体时，首先启动切换面板管理器，然后创建所有的切换面板页和每页上的切换项目，设置默认的切换面板项目，并为每个切换项目设置相应的控件内容。

以创建一个"教学管理系统"切换窗体为例，介绍切换窗体的操作方法。

1. 自定义功能组

要创建切换窗体，需要利用"切换面板管理器"工具按钮来启动切换窗体的创建，但由于 Access 2021 没有将该工具按钮添加到常用工具选项卡中，因此，需要先将该功能按钮添加到工具选项卡中。

【例 6-13】自定义功能组的具体操作方法如图 6-17 所示。

注意：由于系统将常用的功能按钮按照功能进行分组，放置在不同的选项卡中，同时，在不同的状态下，也会有一些跟随选项卡出现在功能区中，以便使用。如果有一些特殊的功能按钮或常用的功能按钮没有在功能区中出现，则可将它添加到功能区中。

新添加的组或功能按钮，如果不需要，可以在打开"自定义功能区"选项卡时，在"自定义列表区"列表中选择要删除的功能按钮或功能组，右击，从弹出的快捷菜单中选择"删除"命令即可删除。

① 选择"文件"→"选项"命令，打开"Access选项"对话框，切换到"自定义功能区"选项卡，在"自定义功能区"列表中选择"数据库工具"，在列表框下方单击"新建组"按钮，在该选项卡中添加一个新组

② 单击"重命名"按钮，打开"重命名"对话框，为组命名

③ 在"从下列位置选择命令"列表中选择"不在功能区中的命令"，并在下方的列表框中选择"切换面板管理器"命令

④ 单击"添加"按钮，将该功能按钮添加到新建的组中

图 6-17　在选项卡上自定义功能组的操作过程

2. 创建切换面板页

默认的切换面板页是启动切换窗体时最先打开的切换面板，也是应用系统的主切换面板，它由"（默认）"来标识。

【例 6-14】创建"教学管理系统"的切换窗体，先创建它的切换面板页，具体的操作过程如图 6-18 所示。

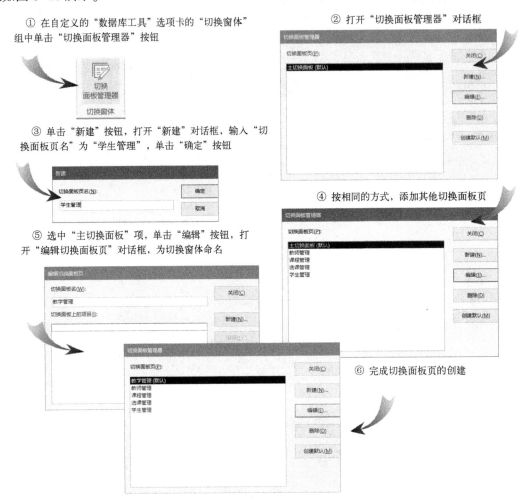

图 6-18　创建默认的切换面板页操作过程

3. 为切换面板页创建切换面板项目

在"教学管理"的主切换面板页上有 4 个切换项目，包括教师管理、学生管理、课程管理和选课管理。在主切换面板页上加入切换项目页，其目的是在单击其项目时，可打开新的切换项目页，实现切换面板页间的跳转，以实现切换面板页之间的切换操作。

【例 6-15】切换面板页创建切换项目，具体操作过程如图 6-19 所示。

4. 为切换项目设置具体操作内容

虽然前面创建了主切换面板页和切换项目之间的跳转操作，但还未加入具体的切换项目，以直接实现系统中的具体操作。这里以"学生管理"为例，在"学生管理"切换面板页上，需要有学生信息浏览、学生选课情况和学生选课成绩等切换项目，当单击某一项目时，即可直

① 在"切换面板管理器"对话框中选中默认项，单击"编辑"按钮

② 打开"编辑切换面板页"对话框，单击"新建"按钮

③ 打开"新建切换面板项目"对话框，设置项目名称和切换目标页

④ 单击"确定"按钮，完成一个切换项目的设置

⑤ 按相同的方式，为每个切换面板项目进行设置

⑥ 单击"关闭"按钮，在"窗体"列表中将出现一个名为"切换面板"窗体

完成后的"切换面板"窗体效果

图6-19 创建切换面板项目操作过程

接打开相应的操作内容，如单击"学生基本信息"按钮时，即可打开已创建好的"学生基本信息"窗体等。

【例6-16】以创建"学生管理"切换面板页为例，介绍在切换面板页中如何创建切换项目的操作，具体操作过程如图6-20所示。

6.5.2 创建导航窗体

切换面板工具虽然可以直接将数据库中的对象进行集中管理，形成一个操作简单、应用方便的系统，但创建前需要设计每一个切换面板页及每一页上的切换面板项目，还需要设计每个切换面板页之间的关系，创建过程较复杂。Access提供了导航窗体，在导航窗体中，可以选择导航按钮的布局，并可在布局上直接创建导航按钮，并连接已建立好的数据库对象，更为方便地将系统进行集成。

导航窗体的创建，是通过单击"创建"选项卡的"窗体"组的"导航"按钮来实现的。系统提供了6种导航窗体的模板，窗体的创建和修改都很方便，即在窗体的创建过程中，可看

① 单击"切换面板管理器"按钮，打开"切换面板管理器"对话框选择"学生管理"命令，单击"编辑"按钮

② 打开"编辑切换面板页"对话框，单击"新建"按钮，创建切换面板页上的切换项目

③ 打开"编辑切换面板项目"对话框，为切换项目设置名称，并在"命令"下拉列表中选择相应的命令方式，这里选择"在'编辑'模式下打开窗体"，在下方的"窗体"下拉列表中选择对应的窗体

④ 依次完成"学生管理"窗体切换项目的设置，单击"关闭"按钮

⑤ 在切换面板页中单击"学生管理"，即打开"学生管理"的切换面板页，单击每个项，即可直接设置

图 6-20　为切换面板页的切换项目设置切换内容

到窗体运行时的效果，因此使用非常方便。

【例 6-17】创建导航窗体，具体过程如图 6-21 所示。

6.5.3　设置启动窗体

当导航窗体或切换窗体创建完成后，希望在启动 Access 的同时，自动启动导航窗体或切换窗体，则可通过设置窗体的启动属性来实现。

具体的操作是：打开"Access 选项"对话框，切换到"当前数据库"选项卡，设置"应用程序的标题"为"教学管理"，也可为应用程序添加图标，在"显示窗体"列表框中选择要自动启动的窗体，这里选择"导航窗体"，即可将导航窗体设置为自动启动的窗体。单击"确定"按钮，保存设置，再关闭教学管理数据库，再次打开时，导航窗体会自动启动。如图 6-22 所示。

注意：如果不希望窗口中打开数据库对象的导航窗格，则可在当前选项卡的"导航"栏中取消"显示导航窗格"的选中状态。

如果在打开数据库时，不希望自动启动窗体，可在打开数据库的过程中按住〈Shift〉键，阻止自动启动窗体。

① 在"创建"选项卡的"窗体"组中单击"导航"下拉列表中的"水平标签和垂直标签，左侧"，打开"导航窗体"设计窗格

② 在水平栏中，单击"新增"按钮，输入水平导航内容，再选中"学生管理"，在垂直栏中依次输入导航内容

③ 选中"教师管理"，在垂直栏中输入相应的垂直导航内容。使用相同的方式，完成所有的水平和垂直导航栏

④ 在"学生管理"的"学生信息浏览"导航按钮上右击，在弹出的快捷菜单中选择"属性"命令，设置导航的内容

⑤ 完成设置，保存窗体

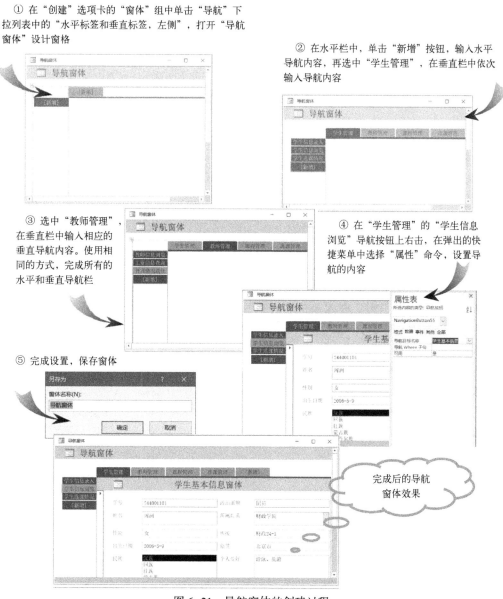

图 6-21 导航窗体的创建过程

图 6-22 设置自动启动的窗体

6.6 对象与属性

在应用领域中有意义的、与所要解决的问题有关系的任何事物都可以作为对象，它既可以是具体的物理实体的抽象，也可以是人为的概念，或者是人和有明确边界与意义的事物。

6.6.1 面向对象的基本概念

对象译自英文"Object"，"Object"也可以翻译成物体，只需要理解为一样物体即可。早期编写程序时，程序员过多地考虑计算机的硬件工作方式，以致程序编写难度大。经过不断的发展，主流的程序语言转向了人类的自然语言，不过在程序编写的思想上仍然没有突破性的改变。面向对象编程思想以人的思维角度出发，用程序解决实际问题。对象为人对各种具体物体抽象后的一个概念。人们每天都要接触各种各样的对象，如手机就是一个对象。

在面向对象的编程方式中，对象拥有多种特性，如手机有高度、宽度、厚度、颜色和重量等特性，这些特性被称为对象的属性。对象还有很多功能，如手机有听音乐、打电话、发信息和看电影等功能，这些功能被称为对象的方法，实际上这些方法是一种函数。对象不是孤立的，是有父子关系的，如手机属于电子产品，电子产品属于物体等，这种父子关系称为对象的继承性。

对象把事物的属性和行为封装在一起，是一个动态的概念。对象是面向对象编程的基本元素，是基本的运行实体。

如果把窗体看成是一个对象，则它具有一些属性和行为特征，如窗体的标题、大小、颜色、窗体中容纳的控件、窗体的事件和方法等。

命令按钮也可以看成是窗体中的一个对象，命令按钮也有相应的属性和行为，如命令按钮的标题、大小、在窗体中的位置、按钮的事件和方法等。

因此，对象是一个封闭体，它是由一组数据和施加于这些数据上的一组操作构成，表示如下。

- 对象名：对象的名称，用来在问题域中区分其他对象。
- 数据：用来描述对象的存储或数据结构，它表明了对象的一个状态。
- 操作：即对象的行为，分为两类，一类是对象自身承受的操作，即操作结果修改了自身原有属性状态；另一类是施加于其他对象的操作，即将产生的输出结果作为消息发送的操作。
- 接口：主要指对外接口，是指对象受理外部消息所指定的操作的名称集合。

归纳起来，对象的特征有以下 4 点。

1）名称/标识唯一，以区别于其他对象。

2）某一时间段内，有且只有一组私有数据用以表述一个状态，且状态的改变只能通过自身行为实现。

3）有一组操作，每一个操作决定对象的一种行为，操作分自动和手动两类。

4）对象内部填装数据、操作，外部以消息通信方式进行相互联系。

6.6.2 对象属性

属性（Attribute）是对象的物理性质，是用来描述和反映对象特征的参数。一个对象的属性，反映了这个对象的状态。属性不仅决定对象的外观，而且决定对象的行为。

1. 利用属性窗口设置对象属性

在窗体设计器中，要设计控件的属性，可通过"属性表"窗格来完成。打开控件的"属性表"窗格的方法是：选中相应控件，单击"表单设计"选项卡的"工具"组的"属性"按钮，或右击，在弹出的快捷菜单中选择"属性"命令。

图 6-23 "属性表"窗格

如图 6-23 所示为一个窗体的"属性表"窗格。通常，控件的"属性表"窗格中，系统根据类别分别对属性采用不同的选项卡进行管理，通常有"格式""数据""事件""其他"和"全部"类型，如果不能确定属性属于哪一类，则可在"全部"选项卡中进行查看。

在选项卡中，左侧为属性的中文名称，右侧则可以对该属性进行设置。在属性窗口中，可通过下拉列表框提供的参数设置对象属性，可由用户为对象设置属性，也可通过对话框为对象设置属性。具体采用哪种方式，可根据不同的属性要求来确定。

对象常用属性见表 6-1。

表 6-1 对象常用属性

属 性 名 称	编码关键字	说 明
标题	Caption	对象的显示标题，用于窗体、标签、命令按钮等控件
名称	Name	对象的名称，用于节、控件
控件来源	ControlSource	控件显示的数据，编辑绑定到表、查询和 SQL 命令的字段，也可显示表达式的结果，用于列表框、组合框和绑定框等控件
背景色	BackColor	对象的背景色，用于节、标签、文本框、列表框等控件
前景色	ForeColor	对象的前景色，用于节、标签、文本框、命令按钮、列表框等控件
字体名称	FontName	对象的字体，用于标签、文本框、命令按钮、列表框等控件
字体大小	FontSize	对象的字体大小，用于标签、文本框、命令按钮、列表框等控件
字体粗细	FontBold	对象的文本粗细，用于标签、文本框、命令按钮、列表框等控件
倾斜字体	FontItalic	指定对象的文本是否倾斜，用于标签、文本框和列表框等控件
边框样式	BorderStyle	对象的边框显示，用于标签、文本框、列表框等控件
背景风格	BackStyle	对象的显示风格，用于标签、文本框、图像等控件
图片	Picture	对象是否用图形作为背景，用于窗体、命令按钮等控件
宽度	Width	对象的宽度，用于窗体、所有控件
高度	Height	对象的高度，用于窗体、所有控件
记录源	RecordSource	窗体的数据源，用于窗体
行来源	RowSource	控件的来源，用于列表框、组合框控件等
自动居中	AutoCenter	窗体是否在 Access 窗口中自动居中，用于窗体
记录选定器	RecordSelectors	窗体视图中是否记录选定器，用于窗体
导航按钮	NavigationButtons	窗体视图中是否显示导航按钮和记录编号框，用于窗体
控制框	ControlBox	窗体是否有"控件"菜单和按钮，用于窗体
最大化按钮	MaxButton	窗体标题栏中最大化按钮是否可见，用于窗体

(续)

属 性 名 称	编码关键字	说 明
最大/小化按钮	MinMaxButtons	窗体标题栏中最大/小化按钮是否可见，用于窗体
关闭按钮	CloseButton	窗体标题栏中关闭按钮是否有效，用于窗体
可移动的	Moveable	窗体视图是否可移动，用于窗体
可见性	Visiable	控件是否可见，用于窗体、所有控件

窗体控件属性的设置可通过"属性表"窗格来实现。选定要设置属性的控件，打开此窗格，在"属性"选项卡中选择要设置的属性，根据要求给各属性设置相应的值，即完成属性的设置。要对其他控件进行属性设置，可在窗体设计视图中单击该属性，也可在"属性表"窗格上侧的对象列表框中选择要设置的控件对象。

【例 6-18】 利用"属性表"窗格设置窗体和控件属性，具体操作方法如图 6-24 所示。

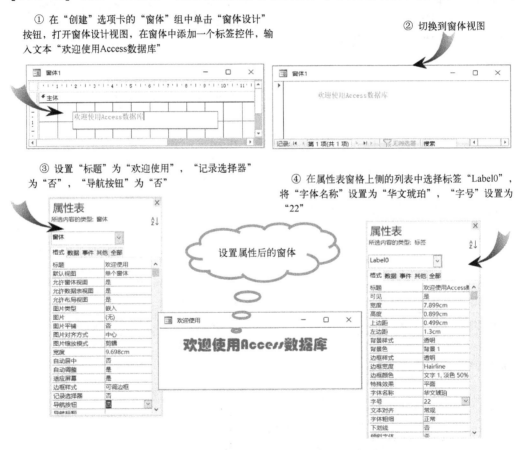

图 6-24 利用"属性表"窗格设置窗体的操作方法

2. 属性设置语句

对象属性值的设置，可采用属性设置的方式，也可以在编码时通过属性设置语句来实现。设置属性值的语句格式一：

[<集合名>].<对象名>.属性名=<属性值>

设置属性值的语句格式二：

```
With <对象名>
    <属性值表>
End with
```

格式一中，<集合名>是一个容器类对象，它本身包含一组的对象，如窗体、报表和数据访问页等。

例如，要定义窗体中的标签（Label0）的"字体名称"为"华文琥珀"，"字号"为"22"，可采用语句格式一定义方式：

```
Label0. FontName ="华文琥珀"
Label0. FontSize ="22"
```

也可采用语句格式二定义：

```
With Label0
    . FontName ="华文琥珀"
    . FontSize ="22"
End with
```

6.6.3　对象事件和方法

方法是一个成员，它定义了可以由对象或类执行的计算或行为。事件指的是一类有可能会触发的调用。

1. 事件

事件（Event）是每个对象可能用以识别和响应的某些行为和动作。在 Access 中，一个对象可以识别和响应一个或多个事件，这些事件可以通过宏或 VBA 代码定义。

利用 VBA 代码定义事件过程的语句格式如下：

【命令格式】

```
Private Sub 对象名称_事件名称([(参数列表)])
    <程序代码>
End Sub
```

【命令说明】

1）对象名称指的是对象（名称）属性定义的标识符，这一属性必须在属性窗口定义。

2）事件名称是某一对象能够识别和响应的事件。

3）程序代码是 VBA 提供的操作语句序列。

表 6-2 为对象事件及触发时机说明。

表 6-2　对象事件及触发时机说明

事　　件	触　发　时　机
打开（Open）	打开窗体，未显示记录时
加载（Load）	窗体打开并显示记录时
调整大小（Resize）	窗体打开后，窗体大小更改时
成为当前（Current）	窗体中焦点移到一条记录（成为当前记录）时；窗体刷新时；重新查询
激活（Activate）	窗体变成活动窗口时

（续）

事　　件	触　发　时　机
获得焦点（GetFocus）	对象获得焦点时
单击（Click）	单击鼠标时
双击（DbClick）	双击鼠标时
鼠标按下（MouseDown）	按下鼠标时
鼠标移动（MouseMove）	移动鼠标时
鼠标释放（MouseUP）	松开鼠标时
击键（KeyPress）	按下并释放某键盘键时
更新前（BeforeUpdate）	在控件或记录更新前
更新后（AfterUpdate）	在控件或记录更新后
失去焦点（LostFocus）	对象失去焦点时
卸载（Unload）	窗体关闭后，从屏幕上删除前
停用（Deactivate）	窗体变成不是活动窗口时
关闭（Close）	当窗体关闭，并从屏幕上删除时

2. 方法

方法（Method）是附属于对象的行为和动作，也可以将其理解为指示对象动作的命令。方法在事件代码中被调用。

调用方法的语法格式如下：

> ［<对象名>］. 方法名

方法是面向对象的，所以对象的方法调用一般要指明对象。

3. 利用代码窗口编辑对象的事件和方法

在窗口设计视图下，在"表单设计"选项卡的"工具"组中单击"查看代码"按钮，即可打开代码的编辑窗口。

选中某一控件，在该控件的属性窗口中单击"事件"选项卡，在相关的事件属性框右侧单击"生成器"按钮，在打开的"选择生成器"对话框中选择"代码生成器"，单击"确定"按钮，打开该事件的代码窗口，即可进行代码的编辑。

【**例 6-19**】在窗口中添加一个命令按钮，单击该命令按钮时改变窗体中标签的标题和字体，具体过程如图 6-25 所示。

在命令按钮（Command1）的 Click()事件中，完成了标签（Label0）的标题（Caption）属性和字体（FontName）属性的设置。

在代码窗口中，如果还要对其他对象及事件进行编码，可在代码窗口上方的左侧的对象名称框处单击下三角按钮，在打开的控件列表（列表中包含本窗体中所有的对象）中选择，在其右侧的事件列表中选择需要驱动的对象，在下方的编辑窗口中就会出现该对象的事件驱动函数，即可在插入光标处输入相应的事件代码。

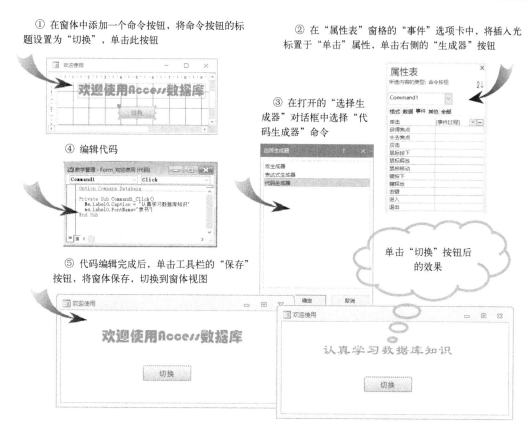

① 在窗体中添加一个命令按钮，将命令按钮的标题设置为"切换"，单击此按钮

② 在"属性表"窗格的"事件"选项卡中，将插入光标置于"单击"属性，单击右侧的"生成器"按钮

③ 在打开的"选择生成器"对话框中选择"代码生成器"命令

④ 编辑代码

⑤ 代码编辑完成后，单击工具栏的"保存"按钮，将窗体保存，切换到窗体视图

单击"切换"按钮后的效果

图 6-25 利用代码编辑窗口编辑事件代码的过程

6.7 窗体设计实例

【例 6-20】创建如图 6-26 所示的利用选项卡查看学生基本情况的窗体。在窗体的第一个选项卡中显示学生的基本信息，第二个选项卡中显示学生的爱好和照片。相关控件属性见表 6-3。

图 6-26 学生基本情况分页显示窗体

a)"基本信息"选项卡 b)"其他"选项卡

表 6-3 "学生基本情况分页显示窗体"控件属性

控件类型	属性名称	属 性 值
主窗体	标题	学生基本情况分页显示窗体
	记录源	student
	滚动条	两者均无
	分隔线	否
	记录选择器	否
	导航按钮	否
	边框样式	对话框边框
页 1	标题	基本信息
	字号	11
文本框	字号	11
	控件来源	学号、姓名、性别、出生日期、籍贯、政治面貌、班级
组合框	字号	11
	控件来源	所属院系
标签	字号	11
	字体粗细	加粗
页 2	标题	其他信息
	字号	11
绑定对象框	控件来源	照片
	缩放模式	拉伸
文本框	控件来源	爱好
	字号	11
	滚动条	垂直

该窗体的创建分为两个部分：主窗体的属性设置和记录源的添加，选项卡控件的添加及各选项卡上相关控件的添加。

选项卡控件也是一种容器控件，在选项卡控件的页上添加控件时，选中该页为当前页；在页中插入控件时，页对象会显示为黑色，表示该页为当前页。在窗体中添加控件时，如果要添加的控件来源于某个表或某个查询时，最简单的方法是将该表或查询设置为窗体的记录源，然后打开记录源的字段列表，将相应的字段拖放到窗体的适当位置，再根据要求进行属性的设置；如果记录源中的字段类型是备注型时，该字段在窗体中即自动为文本框控件，同时自动将"滚动条"属性设置为"垂直"；如果记录源中的某字段的来源是列表或查询时，则窗体中该控件会自动设置为"组合框"控件。如果希望采用的控件与系统的不一致时，可采用添加控件再进行设置的方法来实现。

本窗体的具体操作过程如图 6-27 所示。

【例 6-21】创建如图 6-28 所示的按学院浏览学生情况窗体，窗体左侧是列表框，窗体右侧是子窗体，在列表框中选定学院名称后，子窗体中立即显示筛选后该学院的学生基本信息。

① 打开窗体设计器，按照窗体属性要求设置窗体。在窗体中添加一个选项卡控件

② 设置窗体的记录源为"student"表，在窗口中打开字段列表

③ 切换到"页1"，将选项卡标签设置为"基本信息"。从字段列表中将相应的字段拖放到选项卡中，并按照要求设置字体和字号，并调整相应的位置

④ 切换到"页2"，将选项卡标签设置为"其他"，将"个人爱好"和"照片"两个字段拖放到选项卡中，并设置绑定对象框的"缩放模式"为"拉伸"，调整各控件相应的大小和字体字号等

图 6-27　设置分页窗体的操作过程

图 6-28　按学院浏览学生情况窗体

该窗体分为两个部分，学院名称列表和子窗体，子窗体以参数查询为条件，即列表框的值作为查询的条件。按学院浏览学生情况窗体的基本属性见表 6-4。

表 6-4　按学院浏览学生情况窗体的基本属性

控件类型	属性名称	属性值
主窗体	标题	按学院浏览学生情况
	滚动条	两者均无
	分隔线	否
	记录选择器	否
	导航按钮	否
	宽度	16 cm

（续）

控件类型	属性名称	属 性 值
列表框	名称	List0
	行来源类型	值列表
	行来源	"全体"；"＊"；"财政学院"；"管理科学与工程学院"；"会计学院"；"金融学院"；"经济学院"；"文化与传媒学院"；"信息学院"
	绑定列	2
	默认值	＊
	列数	2
	列宽	3.5 cm；0 cm
子窗体	记录源	窗体查询1（参数查询）
	名称	学生基本情况子窗体

创建一个参数查询："窗体查询1"。利用查询设计器创建查询，数据源为"student"表，查询字段为"所属院系"，条件为"Like［List0］"，如图6-29所示。查询的条件即为窗体中列表框控件List0的值。

利用窗体设计视图新建一个窗体，根据窗体的属性要求设置窗体属性。再在窗体上添加一个列表框控件：List0，列表框控件用于显示学院名称列表。

这里，列表框中属性值为两列，第1列的值为：全体、财政学院、管理科学与工程学院、会计学院、金融学院、经济学院、文化与传媒学院、信息学院，这列数据在列表框中显示；第2列的值为：＊、财政学院、管理科学与工程学

图6-29　参数查询

院、会计学院、金融学院、经济学院、文化与传媒学院、信息学院，第二列的第一个数据为通配符"＊"，这列数据不显示，是列表框的值。

注意：对List0控件的列宽设置为"3.5 cm；0 cm"，即第二列不显示，否则，在列表框中将显示第二列的信息。具体操作过程如图6-30所示。

在窗体中添加子窗体，以"窗体查询1"查询为记录源，将所需字段添加到子窗体中，完成窗体的创建。具体操作过程如图6-31所示。

为了使控件的标签与内容有所区分，这里将所有标签的"字体粗细"属性设置为"加粗"，"字号"属性值均设置为"10"。在打开该窗体时，如果子窗体中的数据为空，是因为当前没有选中的列表框值，当在列表框中单击选中某一个学院名称或全体时，则在右侧的子窗体中显示相应的记录数据。要解决这一问题，则应该对列表框的默认值进行设置，即默认值为"＊"，再打开窗体时，右侧子窗体中将显示所有学生的信息，同时，列表框中将选中"全体"。

【例6-22】创建如图6-32所示的窗体，在窗体上显示出"student"表中的数据，在窗体的右下方有一个"打开学生成绩窗体"命令按钮，单击该按钮弹出"学习成绩"窗体。"学习成绩"窗体中显示当前学生的各科成绩，并在课程成绩低于60时，"成绩"文本框中的文字显示为红色、加粗；"学习成绩"下方显示该学生各门课程考试的平均分和已修的总学分。该窗体的设计分为两个部分："学生信息"窗体和"学习成绩"窗体。

① 在窗体设计视图下添加一个列表框控件，打开"列表框向导"对话框，选择"自行键入所需的值"单选按钮，单击"下一步"按钮

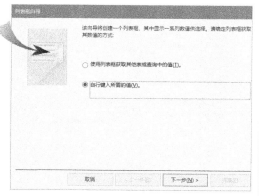

② "列数"为"2"，分别输入两列值列表，注意，第一列的第一个数值为"全体"，第二列的第一个数值为"*"，二列其余的值相同，输入完毕后单击"下一步"按钮

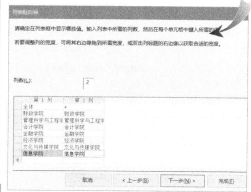

③ 选择"Col2"作为值列表，单击"下一步"按钮

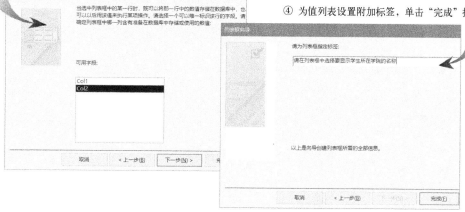

④ 为值列表设置附加标签，单击"完成"按钮

图 6-30　添加列表框控件操作过程

首先，进行"学习成绩"窗体设计，其相关属性见表 6-5。

表 6-5　"学习成绩"窗体属性

控件类型	属性名称	属性值	说明
窗体	记录源	学习成绩查询	利用"course"表、"grade"表等创建的学生成绩信息查询为窗体的数据源
	默认视图	连续窗体	窗体中可同时显示多条记录
	分隔线	否	
	宽度	9 cm	
	标题	学习成绩	
主体节	高度	0.9 cm	
窗体页眉	高度	0.9 cm	
	背景色	标准色：浅蓝	
窗体页脚	高度	1 cm	
	背景色	标准色：浅蓝	

① 在窗体中添加子窗体控件，打开"子窗体向导"对话框，数据来源选择"使用现有的表和查询"，单击"下一步"按钮

② 选择"窗体查询1"作为数据源，选择需要显示的字段列表，单击"下一步"按钮

③ 为子窗体设置名称，单击"完成"按钮

④ 完成设计的窗体设计视图

图 6-31　为窗体添加子窗体操作过程

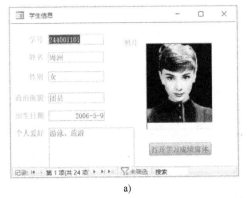
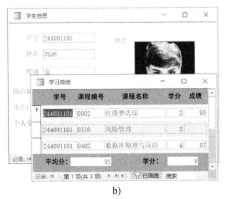

a)　　　　　　　　　　　　b)

图 6-32　"学生信息"窗体及"学习成绩"窗体

a)"学生信息"窗体　b)"学习成绩"窗体

窗体的"默认视图"属性值包含 3 种，其属性值见表 6-6。

表 6-6　窗体"默认视图"属性值说明

属 性 值	显示记录情况	页眉页脚显示情况
单个窗体	窗体中一次只能显示一条记录	窗体视图可以显示页眉页脚区域
连续窗体	窗体中可以显示多条记录	窗体视图可以显示页眉页脚区域
数据表	可同时显示多条记录	窗体视图不能显示页眉页脚区域

在创建"学习成绩"窗体时，先创建一个窗体设计视图，在窗体中添加窗体页眉和页脚，然后根据窗体属性表的要求对窗体的格式进行设置，再添加窗体的记录源，利用查询设计器生成相关数据的查询，通过字段列表将相关字段拖到窗体的主体节，将各字段的附加标签剪切后粘贴到窗体的页眉处，将字体加粗，对位置进行调整。然后在窗体的页脚添加两个文本框控件，分别对附加标签进行设置，并在属性窗口中对各文本框的"控件来源"进行设置，可用表达式生成器，也可直接输入表达式，平均分的控件来源值为"=Avg([成绩])"，总学分的控件来源值为"=Sum([学分])"。具体的操作过程如图6-33所示。

① 打开一个新的窗体设计视图，在"属性表"窗格的"格式"选项卡中按照要求设置窗体属性

② 切换到"数据"选项卡，设置窗体的"记录源"，单击"记录源"左侧的"生成器"按钮，打开查询设计器

③ 如前图所示创建查询，完成设置后关闭查询生成器，弹出提示对话框

④ 单击"是"按钮，关闭查询设计器，生成窗体的记录源

⑤ 在窗体设计视图下添加窗体页眉和窗体页脚，将相关数据拖放到窗体的主体，将附加标签剪切后粘贴到窗体的页眉，分别按要求设置窗体页眉和窗体页脚的格式

⑥ 在窗体主体中选中"成绩"文本框，选择"格式"菜单的"条件格式"命令，打开"条件格式规则管理器"对话框

⑦ 在窗体的页脚添加两个文本框控件，分别输入计算表达式

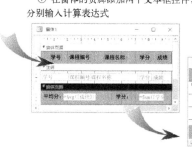

图6-33 创建"学习成绩"窗体操作过程

接下来，对"学生信息"窗体进行设计，"学生信息"窗体的内容包括"学生基本情况表"中的数据，还包括一个命令按钮，用于打开已创建的"学习成绩"窗体。"学生信息"窗体中的窗体属性见表6-7。

表 6-7 "学生信息"窗体属性

控件类型	属性名称	属性值	控件类型	属性名称	属性值
窗体	记录源	student	窗体	宽度	12 cm
	标题	学生基本信息	主体节	高度	8 cm
	滚动条	两者均无	绑定对象框	缩放模式	拉伸
	分隔线	否	所有附加标签	字体粗细	加粗
	记录选择器	否	命令按钮	标题	打开学习成绩窗体

在窗体设计视图中创建窗体，在窗体中绑定记录源为"student"表，将相关字段拖放到窗体的主体中，并按照窗体的相关属性要求进行属性的设置。窗体基本信息设置完成后，在窗体中添加命令按钮，利用命令按钮控件向导完成命令按钮的设置，创建"学生信息"窗体的具体操作过程如图 6-34 所示。

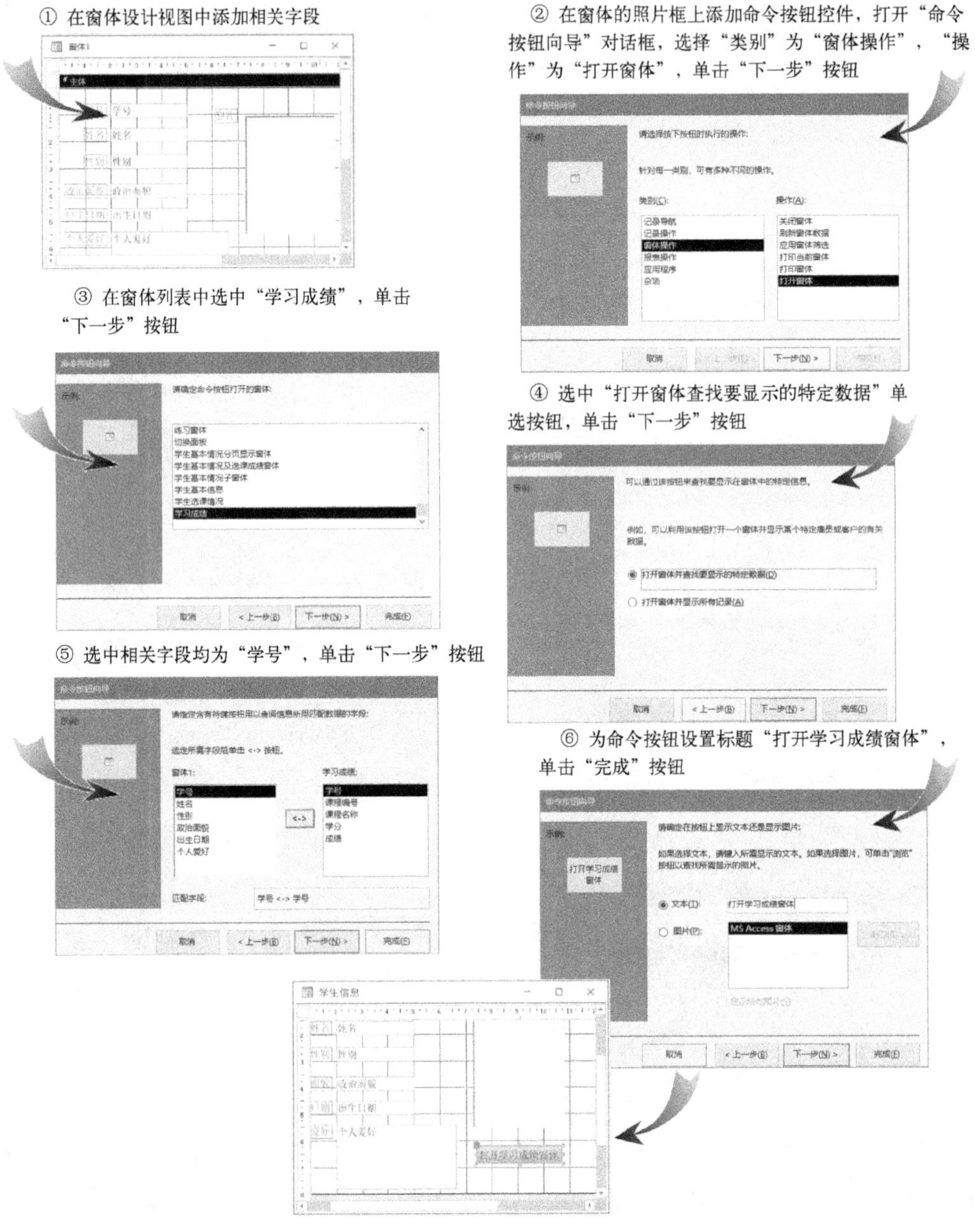

① 在窗体设计视图中添加相关字段

② 在窗体的照片框上添加命令按钮控件，打开"命令按钮向导"对话框，选择"类别"为"窗体操作"，"操作"为"打开窗体"，单击"下一步"按钮

③ 在窗体列表中选中"学习成绩"，单击"下一步"按钮

④ 选中"打开窗体查找要显示的特定数据"单选按钮，单击"下一步"按钮

⑤ 选中相关字段均为"学号"，单击"下一步"按钮

⑥ 为命令按钮设置标题"打开学习成绩窗体"，单击"完成"按钮

图 6-34 创建"学生信息"窗体操作过程

在窗体创建完成后保存窗体。在窗体选项卡中双击窗体名称，即可打开窗体，在打开窗体时单击"打开学习成绩窗体"按钮，则可打开"学习成绩"的链接窗体。

6.8 拓展阅读——国产数据库技术自主创新案例分析

随着信息技术的飞速发展，数据库作为信息存储与管理的核心，其重要性日益凸显。长期以来，国际巨头如 Oracle、Microsoft SQL Server 等占据了市场主导地位。然而，近年来国产数据库技术的崛起，不仅打破了这一局面，更展示了中国在自主创新方面的决心与实力。以下将通过几个典型的国产数据库技术自主创新案例，分析其创新点及对行业的影响。

案例一：华为 GaussDB。华为公司推出的 GaussDB 是一款基于云计算的分布式数据库产品，它采用了多种数据存储模型，支持关系型、非关系型以及图计算等多种数据类型。GaussDB 的创新之处在于其独特的云原生架构设计，能够实现高效的资源调度和弹性伸缩。此外，它还融合了 AI 技术进行智能优化，提高查询效率和系统稳定性。华为 GaussDB 的推出，不仅满足了大数据时代对于数据处理的高性能需求，也展现了中国企业在全球数据库技术领域的竞争力。

案例二：阿里巴巴 OceanBase。阿里巴巴集团自主研发的 OceanBase 是一个高性能、可扩展、支持多租户的关系型数据库系统。它采用分布式架构设计，能够在多个数据中心之间实现数据的高可用性和强一致性。OceanBase 的一个显著创新是其一体化的多模数据库功能，同时支持 SQL 和 NoSQL 接口，极大地提高了开发效率和应用灵活性。OceanBase 成功应用在"双11"全球狂欢节中，处理了创纪录的交易量，显示了其在高并发场景下的卓越性能。

案例三：腾讯 TBase。腾讯公司的 TBase 是一个高度兼容 MySQL 的分布式关系型数据库管理系统。它的创新之处在于实现了数据自动分片、在线扩容和故障自恢复等功能，极大提升了系统的可用性和易用性。TBase 还引入了多项性能优化措施，比如热点更新优化、事务日志合并等，使其在处理海量数据时仍能保持高效稳定。TBase 的应用案例包括腾讯的社交网络、游戏平台等关键业务系统，充分证明了其在实际生产环境中的强大能力。

案例四：PingCAP TiDB。PingCAP 开发的 TiDB 是一个开源的分布式关系型数据库，它支持水平弹性伸缩、强一致性和高可用性。TiDB 的创新点在于其采用了 Raft 协议来实现数据复制，确保了数据的强一致性；同时，通过引入分布式事务算法，解决了分布式环境下的事务管理问题。TiDB 的应用场景广泛，从互联网金融到传统企业的数字化转型，都能找到其身影，体现了开源社区和国产数据库技术共同进步的态势。

案例五：中兴通讯 GoldenDB。中兴通讯推出的 GoldenDB 是一款金融级交易型数据库，它针对金融行业的特殊需求进行了深度定制和优化。GoldenDB 的自主创新体现在其高性能的交易处理能力，以及对复杂查询的快速响应。此外，GoldenDB 还具备高可靠性和安全性，能够满足金融行业对于数据一致性和保密性的严格要求。GoldenDB 已在多家银行核心业务系统中得到应用，标志着国产数据库技术在高端市场的突破。

以上案例展示了国产数据库技术在自主创新方面的丰硕成果。这些数据库产品不仅在技术上达到了国际先进水平，而且在实际应用中已展现出强大的市场竞争力。国产数据库技术的发展，不仅为中国的信息产业安全提供了保障，也为全球数据库技术的进步做出了贡献。未来，随着技术的不断迭代和创新，国产数据库将在更多领域展现其独特的价值和潜力。

启示：通过国产数据库技术的自主创新案例，学生将获得宝贵的思想启迪，并深刻理解科技创新是第一生产力，创新是推动发展的核心动力，学生应该在学习过程中增强自主创新意识，减少对外依赖，为将来提升国家的科技自立能力打下基础，积极培养创新思维，敢于挑战现有的知识边界，勇于探索未知领域，坚定为国家发展和社会进步贡献力量的信念。

6.9 习题

1. 选择题

1）在窗体中用来输入或编辑字段数据的交互控件是（   ）。

    A. 文本框控件   B. 标签控件

    C. 复选框控件   D. 列表框控件

2）窗体是（   ）。

    A. 用户和用户的接口   B. 数据库和数据库的接口

    C. 操作系统和数据库的接口   D. 用户和数据库之间的接口

3）窗体是 Access 数据库中的一种对象，以下哪项不是窗体具备的功能（   ）。

    A. 输入数据   B. 编辑数据

    C. 输出数据   D. 显示和查询表中的数据

4）当窗体中的内容太多无法放在一面中全部显示时，可以用来分页的控件是（   ）。

    A. 选项卡   B. 命令按钮

    C. 组合框   D. 选项组

5）为窗口中的命令按钮设置单击鼠标时发生的动作，应选择设置其属性对话框的（   ）。

    A. 格式选项卡   B. 事件选项卡

    C. 方法选项卡   D. 数据选项卡

2. 填空题

1）窗体中的数据主要来源于＿＿＿＿＿＿＿和＿＿＿＿＿＿＿。

2）Access 的控件对象可以设置某个属性来控制对象是否可用（不可用时显示为灰色状态）。需要设置的属性是＿＿＿＿＿＿＿。

3）在创建窗体/子窗体之前，必须设置＿＿＿＿＿＿＿之间的关系。

4）窗体由多个部分组成，每个部分称为一个＿＿＿＿＿＿＿。

5）在窗体视图中显示窗体时，要使窗体中没有记录选定器，应将窗体的"记录选定器"属性值设置为＿＿＿＿＿＿＿。

第 7 章　宏

宏是 Access 数据库对象之一，是一种功能强大的工具。通过宏，Access 能够自动执行多种复杂的操作任务，例如，打开另一个数据库对象、应用筛选器、启动导出操作以及许多其他任务。利用宏，用户可以方便快捷地对 Access 数据库系统进行操作。

7.1　Access 宏对象的概念

宏是指一个或多个操作的集合。其中，每个操作也称为宏操作，用来实现特定的功能，如打开窗体、打印报表等。

将多个宏操作按照一定的顺序依次定义，形成操作序列宏，运行宏时系统会根据前后顺序依次执行各个宏操作。对单个宏操作而言，功能是有限的，只能实现特定的简单的功能。将多个宏操作按照一定的顺序连续执行，就可以完成功能相对复杂的各项任务。

在宏中可以加入"If"条件表达式形成带条件的宏，也称为"条件宏"，按照条件表达式的值决定是否执行对应的宏操作。

为了提高宏的可读性，可以将相关宏操作分为一组，并为该组指定一个有意义的名称，分组不会影响操作的执行方式，但组不能单独调用或运行。

在宏中可以嵌入一个或多个子宏，每个子宏有单独的名称并可独立运行，此时的宏通常只作为宏引用，宏中子宏的应用格式为：宏名 . 子宏名。

7.2　宏的创建与编辑

在 Access 中，宏的创建、修改及调试都是在宏的设计窗口中实现的。在"数据库"窗口中，单击"创建"选项卡的"宏与代码"组的"宏"按钮，就可以打开如图 7-1 所示的宏设计窗口（也称为宏窗口）。

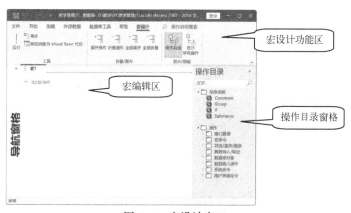

图 7-1　宏设计窗口

在宏设计窗口中会打开"宏设计"选项卡，其中包括了"工具""折叠/展开"和"显示/隐藏"3 个组。"工具"组中的"运行"按钮用来执行当前宏；"单步"按钮用来单步运行宏操作，一次执行一条宏命令；"将宏转换为 Visual Basic 代码"按钮用于将当前宏转换为 Visual Basic 代码。"折叠/展开"组中提供了 4 个用于折叠或展开所选宏操作或全部宏操作的按钮。"显示/隐藏"组中的"操作目录"按钮可以显示或隐藏宏设计器的操作目录，"显示所有操作"按钮可以显示或隐藏操作列中下拉列表中所有的操作或者尚未受信任的数据库中允许的操作。

在宏设计窗口的右侧是"操作目录"任务窗格，在宏操作中所有的程序流程命令、各种类型的宏操作命令，以及当前数据库中含有宏的对象，都在该窗格中罗列，以便编辑宏时选择添加。在操作目录的下方给出当前所选宏操作的提示和帮助信息。

宏设计窗口的中心区域为宏编辑区，在该编辑区可以添加宏操作。添加宏操作时，可以从"添加新操作"列表中选择相应的操作，也可以从操作目录中双击或拖动相应的操作。

一旦在"添加新操作"列表框中输入或选择了宏操作后，系统就会自动打开该宏操作的操作参数编辑块，在该编辑块中可以为选定的宏操作设置相应的参数，如操作对象、操作方式等。操作参数编辑块中显示当前宏操作包含的参数名和对应参数值设定框，可以输入或选择参数值，如图 7-2 所示。

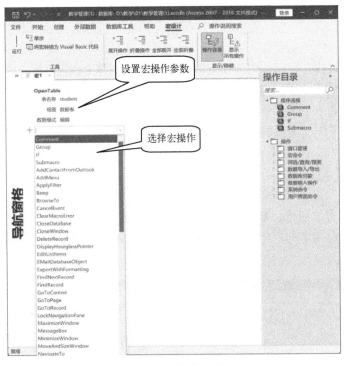

图 7-2　宏操作示例

7.2.1　操作序列宏的创建

操作序列宏按照一定的顺序依次定义宏操作，其创建步骤如下。

1）进入数据库窗口，单击"创建"选项卡的"宏与代码"组的"宏"按钮，打开宏设计窗口。

2）在宏编辑区，单击"添加新操作"右侧向下箭头按钮打开操作列表，从中选择要使用的操作。或者将宏操作命令从操作目录拖动至宏编辑区，此时会出现一个插入栏，指示释放鼠标按钮时该操作将插入的位置；或者直接在宏操作目录中双击所选操作。

3）如果有必要，可以在打开的当前宏编辑区中设置当前宏的操作参数。

4）还可以添加注释宏操作"Comment"，在当前位置添加"注释"项，可在"注释"项中为操作输入一些解释性文字，或者为整个宏操作序列添加说明文字，此项为可选项。

5）如果需增加更多的操作，则可以把指针移到下一操作行，并重复步骤 1）~3）完成新操作。

6）单击工具栏中"记录"组的"保存"按钮，命名并保存设计好的宏。

注意：如果保存的宏被命名为 AutoExec，则在打开该数据库时会自动运行该宏。要想取消自动运行，打开数据库时按住〈Shift〉键即可。

在宏的设计过程中，也可以通过将某些对象（如窗体、报表及其上的控件对象等）拖动至宏设计窗口的操作行内的方式，快速创建一个在指定数据库对象上执行操作的宏。

通常，在已经设置好的宏操作名称的左侧有个展开/折叠按钮 ⊞/⊟，单击该按钮可以展开或折叠该宏操作更详细的参数信息。

【**例 7-1**】在宏设计窗口中建立一个宏，命名为"宏 7-1"，该宏按序依次完成操作：打开窗体"学生基本信息"；弹出对话框，提示"已经打开'学生基本信息'窗体"；关闭"学生基本信息"窗体。

根据前述创建操作序列宏的操作步骤，在宏设计窗口中设计宏操作，如图 7-3 所示。表 7-1 列出了在宏设计窗口中建立的 3 个宏操作及其操作参数，未列出的参数均使用系统提供的默认值。

表 7-1 "宏 7-1"的操作及参数设置

宏 操 作	操 作 参 数		说 明
	参 数 名 称	参 数 值	
OpenForm	窗体名称	学生基本信息	打开名称为"学生基本信息"的窗体，系统默认以"窗体视图"打开
MessageBox	消息	已打开"学生基本信息"窗体	打开消息框，该消息框标题栏显示"信息提示"，消息框提示内容为"已打开'学生基本信息'窗体"，内容左侧的图标为消息类型
	类型	信息	
	标题	信息提示	
CloseWindow	对象类型	窗体	关闭指定的"学生基本信息"窗体。若省略操作参数，则关闭当前活动窗口
	对象名称	学生基本信息	

7.2.2 宏操作分组

Access 可以将功能相关或相近的多个宏操作设置成一个宏组（Group）。宏组实际上是对宏操作的组织管理，不会影响操作的执行方式，但也不能单独调用或运行宏组中的操作。宏组的目的是对宏操作分组，方便用户管理宏操作，尤其在编辑大型宏时，可将每个宏组块向下折叠为单行，从而减少滚动操作。

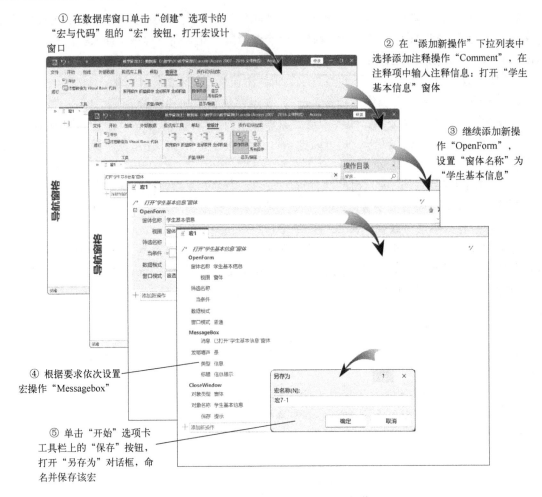

图 7-3　创建操作序列宏"宏 7-1"的操作过程

宏组的创建步骤如下。

1）进入数据库窗口，在"创建"选项卡的"宏与代码"组中单击"宏"按钮，打开宏设计窗口。

2）在"添加新操作"下拉列表中选择"Group"命令，或者将操作目录中的"Group"块拖动到宏编辑区。

3）在生成的"Group"块顶部的文本框中，输入宏组名称，即完成分组。

4）在该组块的"添加新操作"中选择需要的宏操作命令，或将宏操作从操作目录拖动到"Group"块中。

5）如果希望在宏内包含其他的组块，则重复步骤 2）~4）。

6）单击工具栏上的"保存"按钮，命名并保存设计好的宏。

注意："Group"块可以包含其他"Group"子块，最多可以嵌套 9 级。

如果要对已经存在的宏操作进行分组，则右击所选的宏操作，从弹出的快捷菜单中选择"生成分组程序块"命令，在生成"Group"块顶部的文本框中，输入宏组名称；或者直接在宏编辑区中拖动"宏操作"块到某个已经建好的"Group"块中。

【例 7-2】在宏设计窗口中建立一个名称为"宏组 1"的宏，该宏包括"宏 1"组、"宏 2"组和"宏 3"组。这 3 个宏组包括的宏操作功能如下。

- 宏 1：打开教师信息表"teacher"，使计算机发出"嘟嘟"的响声。
- 宏 2：打开"学生选课成绩查询"，弹出对话框，提示"成绩查询已打开"。
- 宏 3：保存所有修改后，退出 Access。

根据前述创建宏组的操作步骤，在宏设计窗口中设计"宏组 1"，如图 7-4 所示。表 7-2 列出了在宏设计窗口中建立的 3 个宏组，以及每个组中包括的宏操作及操作参数，未列出的参数均使用系统提供的默认值。

图 7-4 "宏组 1"设计窗口

表 7-2 "宏组 1"的设置内容

组 名	宏 操 作	操 作 参 数		说 明
		参 数 名 称	参 数 值	
宏 1	OpenTable	表名称	teacher	以系统默认的"数据表视图"方式，打开名称为"teacher"的表
		视图	数据表	
	Beep			使计算机发出"嘟嘟"声
宏 2	OpenQuery	查询名称	学生选课成绩查询	以系统默认的"数据表视图"方式，打开名为"学生选课成绩查询"的查询
	MessageBox	消息	成绩查询已打开	打开消息框，该消息框标题栏显示"信息提示"，消息框提示内容为"成绩查询已打开"，内容左侧的图标为消息类型
		类型	重要	
		标题	信息提示	
宏 3	QuitAccess	选项	全部保存	保存所有修改后，关闭 Access

7.2.3 子宏的创建

每个宏可以包含多个子宏。根据用户设计需要，可以在"RunMacro"或"OnError"宏操作中通过名称来调用子宏。

用户可通过与添加宏操作相同的方式将"Submacro"块添加到宏。添加"Submacro"块之后，可将宏操作拖动到该块中，或者从显示在该块中的"添加新操作"列表项中选择操作。

用户也可以在已有的宏操作基础上创建"Submacro"块，方法是选择一个或多个操作，右击，在弹出的快捷菜单中选择"生成子宏程序块"命令，则生成"Submacro"块，所选宏操作包含在该块中，给该块命名，完成创建子宏。

图7-5 创建子宏设计窗口

图7-5是创建子宏的设计窗口，在子宏块中可以添加新操作，但是不能再嵌套子宏。

注意：子宏必须始终是宏中最后的块，子宏中的操作不能在宏设计窗口中直接运行，除非运行的宏中有且仅有子宏。如果没有专门指定要运行的子宏时，则只会运行第一个子宏。另外，"Group"块中也不能添加子宏。

若要调用子宏（例如，在窗体或报表的事件属性中，或者使用"RunMacro"或"OnError"操作调用子宏），使用的语法格式为：宏名.子宏名。

7.2.4 条件宏的创建

在执行宏操作的过程中，如果希望只有当满足指定条件时才执行宏的一个或多个操作，可以使用"If"块进行程序流程控制。还可以使用"Else If"和"Else"块来扩展"If"块，类似于VBA等编程语言中的条件语句。在宏中添加"If"块的操作如下。

1）进入宏设计窗口，从"添加新操作"下拉列表中选择"If"项，或从"操作目录"窗格中拖动"If"项到宏编辑区，产生一个"If"块。

2）在"If"块顶部的"条件表达式"文本框中，输入条件项，该条件项为逻辑表达式，其返回值（即条件表达式的结果）只有两个："真"和"假"，宏将会根据条件是否为真来选择执行宏操作。

3）根据实际需要，在"If"块中添加新操作。

4）保存所创建的条件宏。

在宏的操作序列中，如果既存在带条件的操作，也存在无条件的操作，那么带条件的操作的执行取决于条件表达式的结果，而无条件的操作则会无条件地执行。

在输入条件表达式时，可能会应用窗体或报表上的控件值，可以使用语法：

Forms![窗体名]![控件名]或Reports![报表名]![控件名]

例如，条件表达式：

Forms![窗体1]![Text0]="王海"

该宏条件表示：判断"窗体1"窗体中"Text0"文本控件的值是否为"王海"。

【**例7-3**】在"条件宏练习"窗体（见图7-6）中，使用宏命令实现功能：从"对象选择"选项组中选择一个对象，然后单击"打开"按钮，则打开相应的对象。即选择"打开窗体"单选按钮，并单击"打开"按钮，则打开"学生基本信息"窗体；选择"打

图7-6 例7-3建立的"条件宏练习"窗体

开查询"单选按钮，并单击"打开"按钮，则打开表"学生选课成绩查询"；选择"打开数据表"单选按钮，并单击"打开"按钮，则打开表"教师信息表"。单击"关闭"按钮，则关闭当前窗体。

已知窗体中的选项组控件的名称为"frame0"，每个选项的值依次为 1、2、3，命令按钮的名称分别为"open"和"close"。操作步骤如下。

（1）建立窗体

根据题目要求和图 7-6 所示的窗体视图，在"教学管理"数据库中建立"条件宏练习"窗体。建立窗体的操作步骤参见第 6 章，控件属性值设置见表 7-3。

表 7-3 "条件宏练习"窗体控件属性值设置

控件类型	属性名称	属性值	说明
选项组及标签	选项组名称	frame0	
	默认值	1	
	标签标题	对象选择	
选项按钮及选项标签	选项 1 标签标题，选项值	打开窗体，1	
	选项 2 标签标题，选项值	打开查询，2	
	选项 3 标签标题，选项值	打开数据表，3	
按钮 1	名称，标题	open，打开	
	单击	选择"条件宏 1．宏 1"	注意：到步骤（3）再设置
按钮 2	名称，标题	close，关闭	
	单击	选择"条件宏 1．宏 2"	注意：到步骤（3）再设置

（2）创建宏

根据前述创建宏组的操作步骤，在宏设计窗口中设计名称为"条件宏 1"的宏，如图 7-7 所示。表 7-4 列出了该宏中子宏的设置内容，未列出的设置项均使用系统提供的默认值。

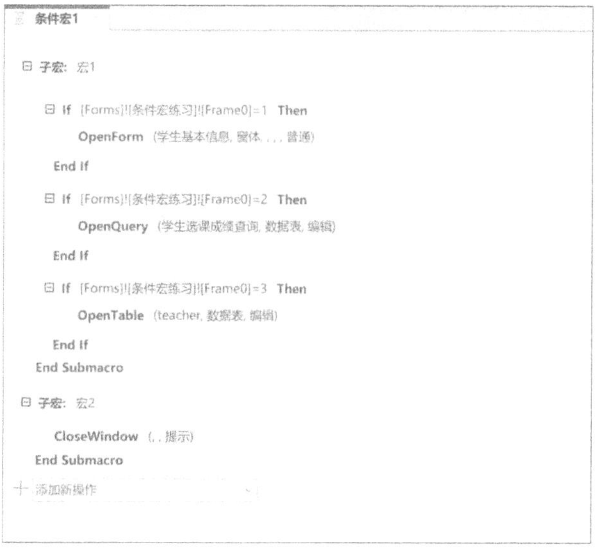

图 7-7 "条件宏 1"设计窗口

表 7-4 "条件宏 1"子宏的设置内容

子宏名	条　件	宏　操　作	操 作 参 数		说　　明
			参数名称	参 数 值	
宏 1	[Forms]![条件宏练习]![frame0]=1	OpenForm	窗体名称	学生基本信息	打开名为"学生基本信息"的窗体
	[Forms]![条件宏练习]![frame0]=2	OpenQuery	查询名称	学生选课成绩查询	打开名为"学生选课成绩查询"的查询
	[Forms]![条件宏练习]![frame0]=3	OpenTable	表名称	teacher	打开名为"teacher"的表
宏 2		CloseWindow			关闭当前窗体

（3）关联窗体和宏

关联窗体和宏，实际上就是将宏指定为窗体或窗体中控件的事件属性设置。其操作步骤如下。

1）打开"条件宏练习"窗体的设计视图，在属性窗口中选择"open"命令并在"事件"选项卡中选择"单击"属性，从下拉列表中选择"条件宏1.宏1"，如图 7-8 所示。

2）同理，设置"close"命令的"单击"事件属性的值为"条件宏1.宏2"。

3）保存窗体设计，然后运行该窗体对象。

图 7-8 在"单击"属性中附加宏

7.2.5 宏的编辑

宏创建完后，可以打开进行编辑，其操作步骤如下。

1）在"所有 Access 对象"窗格中，右击导航窗格中的"宏"对象，在弹出的快捷菜单中选择"设计视图"命令。

2）打开宏设计窗口，对宏进行编辑修改。

3）保存修改过的宏。

在编辑宏时，经常要进行下面的操作。

（1）选定宏操作块

在宏设计窗口中，如果要选定一个宏操作块，单击该宏操作块的区域即可；如果要选定多个宏操作块，则需要按〈Ctrl〉键或〈Shift〉键来配合鼠标选定。

（2）复制或移动宏

首先选择好要复制或移动的操作块，右击该块，在弹出的快捷菜单中选择"复制"或"剪切"命令，然后将鼠标指针置于目标块位置，右击，在弹出的快捷菜单中选择"粘贴"命令，宏操作连同操作参数同时被复制或移动到了目标位置，目标块后面行的内容顺序下移。当然也可以用鼠标拖动的方式来移动宏操作行，或者使用宏操作块右侧的"上移"按钮🔼或"下移"按钮🔽来移动宏操作块。

（3）删除宏

首先选定要删除的宏操作块，然后按〈Delete〉键或单击宏操作右侧的"删除"按钮✕，则选定的宏操作被删除，后面的行顺序上移。

7.3　宏的运行和调试

宏创建完成后，需要运行该宏才能实施宏操作。对于比较复杂的宏，为了保证宏运行的正确性，往往需要先调试，再运行。

7.3.1　宏的运行

宏有多种运行方式。可以直接运行某个宏，可以运行宏里的子宏，可以从另一个宏或 VBA 事件过程中运行宏，还可以为窗体、报表或其上控件的事件响应而运行宏。

1. 直接运行宏

若要直接运行宏，可执行下列操作之一。

- 从宏设计窗口中运行宏：单击"工具"组的"运行"按钮。
- 从"所有 Access 对象"窗格中运行宏：在导航窗格中单击"宏"对象栏，然后双击相应的宏名；或右击相应的宏，从弹出的快捷菜单中选择"运行"命令。
- 若要从宏中运行另一个宏，则使用"RunMacro"或"OnError"宏操作调用其他宏。如图 7-9 所示，在"宏 2"中运行"宏 7-1"。

2. 宏作为对象事件的响应

在 Access 中可以通过选择运行宏或事件过程来响应窗体、报表或控件上发生的事件。操作步骤如下。

图 7-9　使用"RunMacro"操作在
"宏 2"中运行"宏 7-1"

1）在设计视图中打开窗体或报表，设置窗体、报表或控件的有关事件属性为宏的名称。

2）若要运行宏中的子宏，则将其指定为窗体、报表或控件的有关事件属性的值，使用该子宏的语法格式为：宏名 . 子宏名；如例 7-3 中的图 7-8 所示。

3）若要在 VBA 代码过程中运行宏，则在过程中使用"Docmd"对象的"RunMacro"方法，并指定要运行的宏名。例如，DoCmd. RunMacro "宏 7-1"。

7.3.2　宏的调试

对于比较复杂的宏，往往需要先调试，再运行。在 Access 系统中提供了"单步"宏调试工具。使用单步跟踪执行，可以观察宏的流程和每个操作的结果，从中发现并排除出现问题和错误的操作。

【例 7-4】 对例 7-1 创建的"宏 7-1"进行调试。

其操作步骤如下。

1）在数据库导航窗格中，右击"宏 7-1"对象，在弹出的快捷菜单中选择"设计视图"命令，进入宏设计视图。

2）单击"工具"组中的"单步"按钮 单步，系统进入单步运行状态。

3）单击"工具"组中的"运行"按钮 ，系统弹出"单步执行宏"对话框，如图 7-10 所示。

4）在该对话框中，单击"单步执行"按钮，则以单步形式执行当前宏操作；单击"停止所有宏"按钮，则停止宏的执行并关闭对话框；单击"继续"按钮，则关闭"单步执行宏"

对话框，并执行宏的下一个操作。如果宏的操作有误，则会弹出"操作失败"对话框，可停止该宏的执行。在宏的执行过程中按〈Ctrl+Pause〉组合键也可以停止宏的执行。

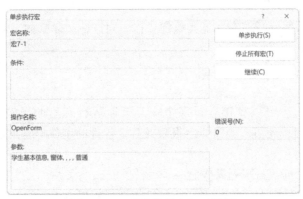

图 7-10 "单步执行宏"对话框

7.4 利用宏创建菜单

菜单是可视化界面的重要组成部分，一个完善的数据库应用系统应该包含窗口菜单栏或菜单命令功能组，能够利用菜单栏中或功能组中的菜单命令完成相应的操作。在 Access 中，可以利用宏来创建和运行窗口菜单。

7.4.1 创建窗口下拉菜单

创建窗口下拉菜单的步骤如下。

1）为窗口菜单栏中的每个下拉菜单创建宏，即一个下拉菜单对应一个宏。

2）创建一个与窗口菜单栏对应的宏，该宏中只包含一种宏操作（AddMenu），用来将每个下拉菜单所创建的宏添加到菜单栏中。

3）将窗体的"菜单栏"属性设置为菜单栏对应的宏名，把菜单栏挂接到窗体上，使得打开窗体时自动激活相应的菜单栏。

【例 7-5】在"教学管理"数据库中创建如图 7-11 所示的主窗体，该窗体是一个仅插入了背景图片的空白窗体。然后在该窗体中创建一个菜单栏，该菜单栏所包含的全部菜单项见表 7-5。

图 7-11 主窗体

表 7-5　菜单栏中所包含的全部菜单项

菜单名（宏名）	下拉菜单子项（子宏名）	宏　操　作	说　　　明
数据表	教师信息表	OpenTable	打开数据表"teacher"
	课程信息表	OpenTable	打开数据表"course"
查询	学生选课成绩查询	OpenQuery	打开查询"学生选课成绩查询"
	课程成绩统计	OpenQuery	打开查询"课程成绩统计"
窗体	学生基本信息	OpenForm	打开名称为"学生基本信息"的窗体
	按学院浏览学生情况	OpenForm	打开名称为"按学院浏览学生情况"的窗体
其他	退出	QuitAccess	退出系统
	关于	MessageBox	打开消息框，该消息框标题栏显示"关于"，消息框提示内容为"中央财经大学版权所有，抄袭必究！"，内容左侧的图标为信息类型

下面对主窗体进行具体设置，其操作过程如图 7-12 所示。

① 分别创建名称为"数据表""查询""窗体"和"其他"的4个宏。在宏编辑区中插入子宏，子宏名称为下拉菜单中显示的菜单命令名，并在"子宏"块中选择相应的宏操作

② 创建一个名为"菜单栏"的宏，将各菜单项添加到菜单栏中

③ 打开"主窗体"设计视图，在其"属性表"窗格中，设置"菜单栏"属性为宏"菜单栏"，保存后即完成菜单栏的加载操作

④ 重新打开主窗体，查看"加载项"选项卡中"菜单命令"组中菜单栏的变化

图 7-12　对主窗体进行具体设置

7.4.2　创建窗口多级菜单

通常，数据库应用系统往往都具有多级下拉菜单。在 Access 中，利用宏可以方便地创建窗口多级下拉菜单。其操作方法：首先，为最末级的菜单创建相应的带有子宏的宏；然后，创建上一级菜单项的宏，并通过"AddMenu"宏操作将其下级菜单项组合进来；依次创建各级菜单的宏；最后，将创建的窗口菜单栏宏挂接到窗体上。

【例 7-6】 在图 7-12 创建的窗口菜单栏的基础上，为"数据表"主菜单项添加如图 7-13 所示的二级下拉菜单。

图 7-13　窗口二级下拉菜单

其操作步骤如下。

1）为"数据表"主菜单的二级下拉菜单创建相应的宏。按照前述创建下拉菜单的方法，创建如图 7-14 所示的"学生信息"宏，其中包含了两个子宏"学生基本情况表"和"学生成绩表"，它们对应的宏操作均为"OpenTable"。

2）在"数据表"主菜单中添加新的菜单项"学生信息"，并通过"AddMenu"宏操作将已经创建的二级下拉菜单宏"学生信息"组合到该菜单项，如图 7-15 所示。

图 7-14　"学生信息"宏

图 7-15　将二级下拉菜单宏"学生信息"组合到上级菜单项"数据表"中

3) 打开主窗体，可看到如图 7-13 所示的二级下拉菜单。

同理，用户可参照上述创建下拉菜单的方法，创建三级、四级或更多级的窗口下拉菜单。

7.5 宏设计综合实例

宏命令是增强窗体和报表功能的一种重要方式，通常在窗体或报表中的控件中绑定宏来执行宏操作。

【例 7-7】综合使用"宏""查询"和"窗体"对象的设计，完成根据输入学生姓名和学号查询学生课程成绩的功能。内容包括：在"窗体"中建立一个名为"学生课程成绩查询"窗体；在"查询"中建立一个名为"学生课程成绩查询"的查询对象；在"宏"中建立一个名为"查询宏"的宏对象。各对象的参考设置见表 7-6。

表 7-6　窗体控件属性、查询字段属性和宏命令参数

对 象	对 象 名	属 性
窗体		标题：学生课程成绩查询
		滚动条：两者均无；记录选择器：否
		边框样式：对话框边框
标签	Label0	标题：输入学号和姓名查询课程成绩；字号：20
	Label1	标题：学号：
	Label2	标题：姓名：
文本框	text1	标签名称：Label1
	text2	标签名称：Label2
命令按钮	Command0	标题：查询；"单击"事件：查询宏 . 查询
	Command1	标题：关闭；"单击"事件：查询宏 . 关闭
查询	学生课程成绩查询	"学号"字段的条件：like [forms]![学生课程成绩查询]![text1]
		"姓名"字段的条件：like [forms]![学生课程成绩查询]![text2]
宏："查询宏"	子宏："查询"	IF 条件：[Forms]![学生课程成绩查询]![Text1] Is Null Or [Forms]![学生课程成绩查询]![Text2] Is Null
		Messagebox：该消息框标题栏显示"输入有误"，消息框提示内容为"学号或密码不能为空"，为"信息"类型
		OpenQuery：打开"学生课程成绩查询"查询对象
	子宏："关闭"	CloseWindow：关闭当前窗体

根据实例要求，具体的操作步骤如下：

1）建立"学生课程成绩查询"窗体，如图 7-16 所示，根据表 7-6 进行属性设置。注意，先不要设置命令按钮的"单击"事件，即先不绑定宏。

2）建立名为"学生课程成绩查询"的查询对象，该查询是个参数查询，在查询设计器中，"学号"字段下设置条件为"like [forms]![学生课程成绩查询]![text1]"，在"姓名"字段下设置条件为"like [forms]![学生课程成绩查询]![text2]"，如图 7-17 所示。

3）建立名为"查询宏"的宏对象，其中包括两个子宏"查询"和"关闭"，子宏"查询"是一个条件宏，当窗体中的输入条件为空时，弹出"学号或密码不能为空"消息提示对话框，不为空时打开上一步建立的查询对象"学生课程成绩查询"。子宏"关闭"的功能为关

闭当前窗体。如图 7-18 所示。

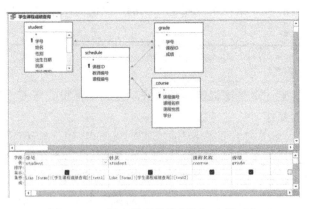

图 7-16　"学生课程成绩查询"窗体　　　　图 7-17　"学生课程成绩查询"查询对象

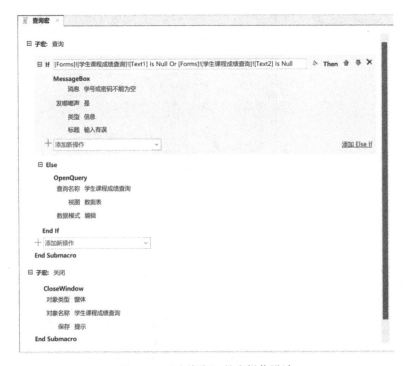

图 7-18　"查询宏"的宏操作设计

4）在窗体中绑定宏。打开"学生课程成绩查询"窗体设计中，在命令按钮"Command0"属性表的"单击"事件中选择子宏"查询宏.查询"，命令按钮"Command1"的"单击"事件选择子宏"查询宏.关闭"，此时完成了窗体绑定宏的操作。

5）保存设计对象后，打开如图 7-16 所示的"学生课程成绩查询"窗体，输入学号和姓名后，即可打开符合条件的查询对象，如果学号或姓名输入为空，则会弹出消息提示对话框。

7.6　常用宏操作

Access 提供了 60 多个可选的宏操作命令，见表 7-7。

表 7-7 常用宏操作命令

操作类型	操作命令	含 义
窗口管理	CloseWindow	关闭指定窗口，或关闭当前激活窗口
	MaximizeWindow	当前窗口最大化
	MinimizeWindow	当前窗口最小化
	MoveAndSizeWindow	移动并调整当前激活窗口
	RestoreWindow	当前窗口恢复至原始大小
宏命令	CancelEvent	取消导致该宏运行的 Access 事件
	ClearMarcoError	清除 MacroError 对象中的上一错误
	OnError	定义错误处理行为
	RemoveAllTempVars	删除所有临时变量
	RemoveTempVars	删除一个临时变量
	RunCode	执行指定的 Access 函数
	RunDataMacro	执行数据宏
	RunMacro	执行指定的宏
	RunMenuCommand	执行指定 Access 菜单命令
	SetLocalVar	将本地变量设置为给定值
	SetTempVar	将临时变量设置为给定值
	SingleStep	暂停宏的执行并打开"单步执行宏"对话框
	StartNewWorkflow	为项目启动新工作流
	StopAllMacro	终止所有正在运行的宏
	StopMacro	终止当前正在运行的宏
	WorkflowTasks	显示"工作流任务"对话框
筛选/查询/搜索	ApplyFilter	筛选表、窗体或报表中的记录
	FindNextRecord	查找满足指定条件的下一条记录
	FindRecord	查找满足指定条件的第一条记录
	OpenQuery	打开指定的查询
	Refresh	刷新视图中的记录
	RefreshRecord	刷新当前记录
	RemoveFilterSort	删除当前筛选
	Requery	实施指定控件重新查询，即刷新控件数据
	SearchForRecord	基于某个条件在对象中搜索记录
	SetFilter	筛选表、窗体或报表中的记录
	SetOrderBy	对表、窗体或报表中的记录应用排序
	ShowAllRecords	关闭所有查询，显示出所有的记录
数据导入/导出	AddContactFromOutlook	添加来自 Outlook 中的联系人
	CollectDataViaEmail	在 Outlook 中使用 HTML 或 InfoPath 表单收集数据
	EmailDatabaseObject	将指定的数据库对象包含在 Email 消息中，对象在其中可以查看和转发
	ExportWithFormatting	将指定的 Access 对象中的数据输出到其他格式（如 *.xls、*.txt、*.rtf、*.htm）的文件中
	SaveAsOutlookContact	当前记录另存为 Outlook 联系人
	WordMailMerge	执行"邮件合并"操作

（续）

操作类型	操作命令	含 义
数据库对象	GoToControl	将光标移动到指定的对象上
	GoToPage	将光标翻到窗体中指定页的第一个控件位置
	GoToRecord	用于指定当前记录
	OpenForm	打开指定的窗体
	OpenReport	打开指定的报表
	OpenTable	打开指定的数据表
	PrintObject	打印当前对象
	PrintPreview	当前对象的"打印预览"
	RepaintObject	刷新对象的屏幕显示
	SelectObject	选定指定的对象
	SetProperty	设置控件属性
数据输入操作	DeleteRecord	删除当前记录
	EditListItems	编辑查阅列表中的项
	SaveRecord	保存当前记录
系统命令	Beep	使计算机发出"嘟嘟"声
	CloseDatabase	关闭当前数据库
	DisplayHourglassPonter	设定在宏运行时鼠标指针是否显示成 Windows 中的等待操作光标（沙漏状光标）
	QuitAccess	退出 Access
用户界面命令	AddMenu	将一个菜单项添加到窗体或报表的自定义菜单栏中，每一个菜单项都需要一个独立的"AddMenu"操作
	BrowseTo	将子窗体的加载对象更改为子窗体控件
	LockNavigationPane	用于锁定或解除锁定导航窗格
	MessageBox	显示消息框
	NavigateTo	定位到指定的导航窗格组或类别
	Redo	重复最近的用户操作
	SetDisplayedCategories	用于指定要在导航窗格中显示的类别
	SetMenuItem	设置自定义菜单中菜单命令的状态（启用或禁用，选中或不选中）
	UndoRecord	撤销最近的用户操作

7.7 拓展阅读——国产数据库产品先驱"数据库四小龙"

自 1978 年萨师煊教授在中国人民大学开设"数据库系统概论课"以来，我国国产数据库的发展历程已逾四十载。在这一过程中，国产数据库技术不仅迎头赶上，更在某些领域达到了世界领先水平。其中，"数据库四小龙"——武汉达梦、人大金仓、南大通用、神舟通用，作为国产数据库产品的先驱，发挥了举足轻重的作用。

中电科金仓（北京）科技股份有限公司（简称"人大金仓"）是"四小龙"里成立最早的，是由中国人民大学一批最早在国内开展数据库教学、科研、开发的专家于 1999 年发起创立，是中国电子科技集团有限公司（CETC）的成员企业。曾先后承担国家"863"、电子发展基金、信息安全专项、国家重点研发计划和"核高基"等重大课题研究。核心产品金仓数据库管理系统 KingbaseES 是具备国际先进水平的大型通用数据库。人大金仓具备国内领先的数据库产品、服务及解决方案体系，广泛服务于电子政务、国防军工、能源、金融、电信等 60 余个重点行业和关键领域，累计装机部署超百万套。

与人大金仓的发展起点类似，达梦数据库同样来源于高校。1982 年，华中理工大学（即如今的华中科技大学）教授冯裕才开始着手准备数据库管理系统的研发工作，并成立了自己的研发小组。历经六年，终于在 1988 年成功研制了我国第一个自主版权的数据库管理系统 CRDS。1992 年，创办了我国第一个专业从事数据库技术研究的机构，并承担了国家多项重要科研课题。2000 年，冯裕才创建了国内第一个数据库公司——武汉达梦数据库有限公司，正式通过市场运作模式，将达梦产品、服务推广至更多的政府单位、军方以及合作企业。达梦数据先后完成并获得数十项国家级或省部级科研开发项目与奖项，逐渐成长为国内数据库行业的领先企业。公司服务于包括建设银行、中国人保、国家电网、中国航信、中国移动及中国烟草等在内的知名客户，其服务成功应用于金融、能源、航空、通信和党政机关等数十个领域。

天津南大通用数据技术股份有限公司（以下简称"GBASE"）成立于 2004 年，是具有自主知识产权的国产数据库产品与服务提供商。GBASE 构建了覆盖数据管理全生命周期、全技术栈的数据产品体系及服务解决方案。GBASE 系列数据库产品及服务范围覆盖全国各个省级行政区域，为金融、电信、政务、能源、交通、国防军工等百余个行业的上万家用户提供产品和服务，并远销美国、巴西、墨西哥等几十个国家及地区。

天津神舟通用数据技术有限公司（简称"神舟通用"）隶属于中国航天科技集团有限公司（CASC），是北京神舟航天软件技术股份有限公司控股子公司，是国内从事数据库、数据挖掘分析产品研发的专业公司。自 1993 年在中国航天科技集团开展数据库研发以来，神通数据库已历经 29 年的发展历程。公司核心产品主要包括神通关系型数据库、神通 KStore 海量数据管理系统、神通商业智能套件等系列产品研发和市场销售。基于产品组合，可形成支持交易处理、MPP 数据库集群、数据分析与处理等方案，可满足多种应用场景需求，客户主要覆盖政府、电信、能源、国防和军工等领域。

启示：国产数据库的发展对维护国家信息安全具有重要意义，国产数据库技术的突破强调了自主创新在技术突破中的核心地位，体现了科技工作者的担当精神和社会责任，这激励学生要积极培养独立思考和解决问题的能力，要在未来的工作中勇于创新，承担责任，为国家的科技进步做出重要的贡献。

7.8 习题

1. 选择题

1）使用宏组的目的是（ ）。

    A. 设计出功能复杂的宏　　　　　B. 对多个宏进行组织和管理

    C. 设计出包含大量操作的宏　　　D. 减小程序内存消耗

2）下列关于宏操作的叙述，错误的是（ ）。

    A. 可以使用宏组来管理相关的一系列宏

B. 所有宏操作都可以转化为相应的模块代码

C. 使用宏可以启动其他应用程序

D. 宏的关系表达式中不能应用窗体或报表的控件值

3）设宏名为 Macro，其中包括 3 个子宏分别为 Macro1、Macro2、Macro3，调用 Macro2 的格式正确的是（　　）。

　　A. Macro-Macro2　　　　　　　　B. Macro！Macro2

　　C. Macro. Macro2　　　　　　　　D. Macro2

4）在宏的条件表达式中，要引用"rpt"报表上名为"txtName"的控件的值，可以使用的引用表达式是（　　）。

　　A. Reports！rpt！txtName　　　　　B. rpt！txtName

　　C. Report！txtName　　　　　　　D. txtName

5）要限制宏操作的范围，可以在创建宏时定义（　　）。

　　A. 宏操作对象　　　　　　　　　B. 宏条件表达式

　　C. 宏操作目标　　　　　　　　　D. 控件属性

2. 填空题

1）在创建条件宏时，如果要引用窗体"Form2"上文本控件"Text01"的值，正确的表达式引用为_____。

2）宏是一个或多个_____的集合。

3）如果要建立一个宏，希望执行该宏后，首先打开一个窗体，那么在该宏中执行的宏操作命令为_____。

4）创建数据库自动运行的宏，必须将宏命名为_____。

5）打开一个表应该使用的宏操作是_____。

第8章 报　　表

报表是 Access 数据库对象之一，报表根据用户设定的格式在屏幕上显示或打印输出格式化的数据信息，通过报表可以对数据库中的数据进行分组、计算、汇总，以及控制数据内容的大小和外观等，但是报表不能对数据源中的数据进行维护，只能在屏幕上显示或在打印机上输出。

8.1　概述

报表对象的主要功能是将数据库中需要的数据提取出来，再加以整理和计算，并以打印格式输出数据。

8.1.1　报表的功能

报表是数据库中数据通过屏幕显示或打印输出的特有形式。尽管多种多样的报表形式与数据库窗体、数据表十分相似，但它的功能却与窗体、数据表有根本的不同，它的作用只是用来数据输出。

报表的功能主要包括：可以呈现格式化的数据；可以分组组织数据，进行汇总；可以包含子报表及图表数据；可以打印输出标签、发票、订单和信封等多种样式的报表；可以进行计数、求平均、求和等统计计算；可以嵌入图像或图片来丰富数据显示等。

8.1.2　报表的视图

Access 的报表操作提供了 4 种视图："报表视图""打印预览""布局视图"和"设计视图"。"报表视图"用于显示报表数据内容；"打印预览"用于查看报表的页面数据输出形态，即打印效果预览；"布局视图"的界面风格与报表视图类似，但是在该视图中可以移动各个控件的位置，可以重新进行控件布局；"设计视图"用于创建和编辑报表的结构，添加控件和表达式，美化报表等。

4 种视图的切换可以通过单击"开始"选项卡的"视图"组的"视图"按钮下面的小箭头，在弹出的下拉列表中选择相应的视图命令。或者在数据库窗口右下角的视图区域▦ ▯ ▦ ▧中选择相应的视图按钮。

8.1.3　报表的结构

报表的结构和窗体类似，通常由报表页眉、报表页脚、页面页眉、页面页脚和主体 5 部分组成，每个部分称为报表的一个节。如果对报表进行分组显示，则还有组页眉和组页脚两个专用的节，这两个节是报表所特有的。报表的内容是以节来划分的，每个节都有特定的用途。所有报表都必须有一个主体节。

在报表设计视图中，视图窗口被分为许多区段，每个区段就是一个节，如图 8-1 所示。

其中显示有文字的水平条称为节栏。节栏显示节的类型，通过双击节栏可访问节的属性窗口，通过上下移动节栏可以改变节区域的大小。报表左上方按钮是"报表选择器"，通过双击"报表选择器"可访问报表的属性窗口。

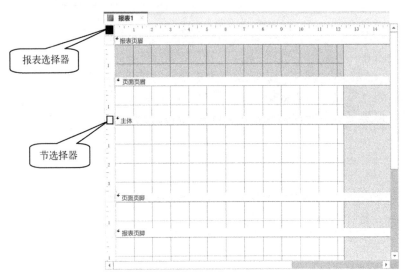

图 8-1　报表的结构

报表中各节的功能如下。

- 报表页眉：是整个报表的页眉，只能出现在报表的开始处，即报表的第一页，用来放置通常显示在报表开头的信息，如标题、日期或报表简介。在报表设计区中，右击，从弹出的快捷菜单中选择"报表页眉/页脚"命令，可添加或删除报表页眉/页脚及其中的控件。

- 页面页眉：用于在报表中每页的顶部显示标题、列标题、日期或页码，在表格式报表中用来显示报表每一列的标题。在报表设计区中，右击，从弹出的快捷菜单中选择"页面页眉/页脚"命令，可添加或删除页面页眉/页脚及其中的控件。

- 主体：显示或打印来自表或查询中的记录数据，是报表显示数据的主要区域，是整个报表的核心。数据源中的每一条记录都放置在主体节中。

- 页面页脚：用于在报表中每页的底部显示页汇总、日期或页码等。页面页脚和页面页眉可用同样的命令被成对地添加或删除。

- 报表页脚：用来放置通常显示在页面底部的信息，如报表总计、日期等，仅出现在报表最后一页页面页脚的下方。报表页脚和报表页眉可用同样的命令被成对地添加或删除。

- 组页眉：在分组报表中，可以使用"排序和分组"属性设置"组页眉/组页脚"区域，以实现报表的分组输出和分组统计。组页眉显示在记录组的开头，主要用来显示分组字段名等信息。如要创建组页眉，则在报表设计区中，右击，在弹出的快捷菜单中选择"排序与分组"命令，或者在"报表设计"选项卡的"分组和汇总"组中单击"分组和排序"按钮，在打开的"分组、排序和汇总"窗格中进行设置。

- 组页脚：显示在记录组的结尾，主要用来显示报表分组总计等信息。如要创建组页脚，则在报表设计区中，右击，在弹出的快捷菜单中选择"排序和分组"命令，或者在

"报表设计"选项卡的"分组和汇总"组中单击"分组和排序"按钮,在打开的"分组、排序和汇总"窗格中进行设置。

8.1.4 报表的类型

报表主要分为 4 种类型:纵栏式、表格式、标签式和两端对齐式。

1)纵栏式报表:也称为窗体报表,一般是在报表的主体节区显示一条或多条记录,而且以垂直方式显示,如图 8-2 所示。报表中每个字段占一行,左边是字段的名称,右边是字段的值。纵栏式报表适合记录较少、字段较多的情况。

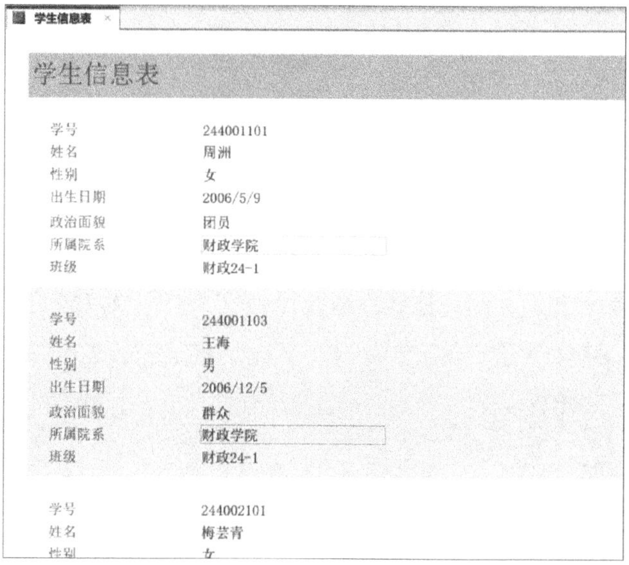

图 8-2 纵栏式报表

2)表格式报表:以整齐的行、列形式显示记录数据,一行显示一条记录,一页显示多行记录,如图 8-3 所示。字段的名称显示在每页的顶端。表格式报表与纵栏式报表不同,其记录数据的字段标题信息不是被安排在每页的主体节区内显示,而是安排在页面页眉节区显示。表格式报表适合记录较多、字段较少的情况。

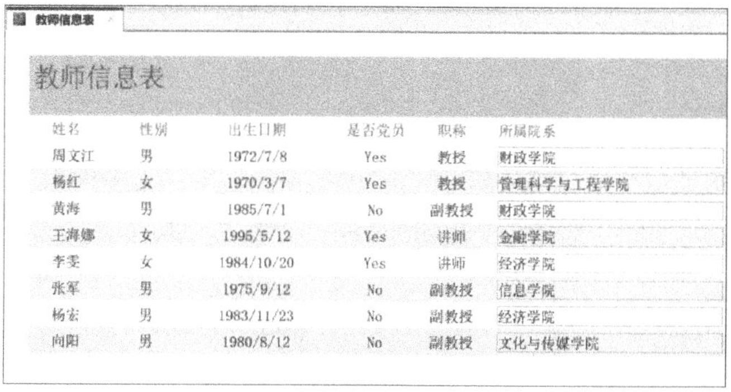

图 8-3 表格式报表

3)标签式报表:是一种特殊类型的报表,将报表数据源中少量的数据组织在一个卡片似的小区域,如图 8-4 所示。标签式报表通常用于显示名片、书签或邮件地址等信息。

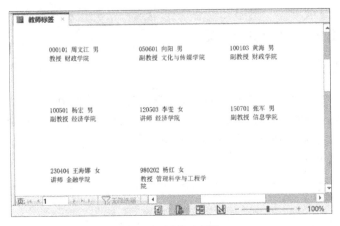

图 8-4　标签式报表

4）两端对齐式报表：与纵栏式报表类似，两端对齐式报表也是在报表的主体节区显示一条或多条记录，但通常是以两端对齐的方式来布局显示字段名称和字段的值，如图 8-5 所示，单个记录形成一个表格，字段的值通常在字段名称的右侧或下方。两端对齐式报表实质上是对纵栏式报表中字段布局的重新组织，往往更适合记录较少、字段较多的情况。

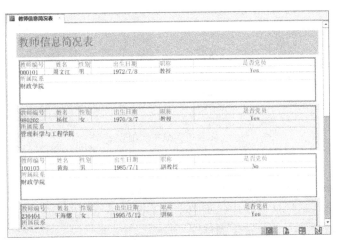

图 8-5　两端对齐式报表

8.2　创建报表

在 Access 中，可以使用"报表""报表向导""标签""报表设计""空报表"5 种方式来创建报表。
- "报表"是利用当前导航窗格中选定的数据表或查询自动创建一个报表。
- "报表向导"允许用户创建几种不同风格的报表，并能够选择使用分类和汇总的功能。
- "标签"是使用标签向导允许用户创建各种规格的标签，如产品的标签等。
- "报表设计"是打开报表设计视图，通过添加各种控件自己设计一张报表。
- "空报表"是创建一张空白报表，通过将选定的数据表字段添加进报表中建立报表。

8.2.1 使用"报表"工具自动创建报表

使用"报表"工具可以自动创建简单的表格式报表，该报表能够显示数据源（数据表或查询）中的所有字段和记录，但用户不能选择报表的格式，也无法部分选择出现在报表中的字段。但是用户可以在自动创建完成后，在设计视图中修改该报表。

【例8-1】使用"报表"工具自动创建报表，需要预先在导航窗格中选择数据源。操作过程如图8-6所示。

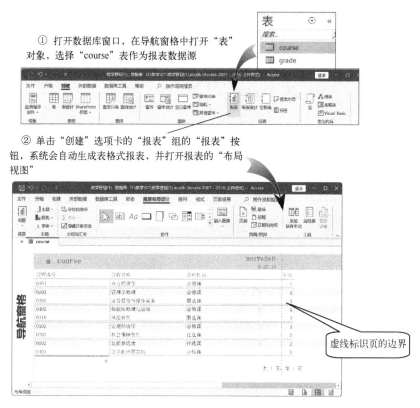

图 8-6 使用"报表"工具自动创建报表

自动创建报表完毕后，系统会自动进入报表的"布局视图"，并且自动打开"报表布局设计"选项卡，使用该功能区中的工具可以对报表进行简单的编辑和修改。一旦打开报表"布局视图"窗口，在最上端的功能菜单中会新增以红色字样显示的"报表布局设计""排列""格式"和"页面设置"选项卡，可以使用选项卡中的工具来完善报表布局设计。

注意：在报表的"布局视图"中有贯穿整个页面的横向和纵向的虚线，该虚线用来标识整个页面的边界。用户可以根据这些边界标识调整布局控件。

8.2.2 使用"报表向导"创建报表

使用"报表向导"创建报表时，向导将提示用户输入有关记录源、字段、版面以及所需的格式，并且可以在报表中对记录进行分组或排序，并计算各种汇总数据等。用户在报表向导的提示下可以完成大部分报表设计的基本操作，加快了创建报表的过程。

使用"报表向导"创建报表的操作步骤如下。

1）在"创建"选项卡的"报表"组中，单击"报表向导"按钮 ，启动报表向导，如图8-7所示。

2）在"表/查询"下拉列表中，选择报表所需的数据来源，并将"可用字段"列表中的某些字段移动到"选定字段"列表中。选定字段后，单击"下一步"按钮，进入向导第二步。

3）如果选择的字段属于一个表或查询，则向导会提示是否添加分组级别，如图8-8a所示。如果选择的字段是属于多个表或查询（或一个基于多表的查询），则会让选择查看数据的方式（指定基于的表或查询），之后同样会显示添加分组级别对话框。

图8-7　"报表向导"对话框

如果要分组，可以选定用于分组的字段，单击按钮 ，或双击所选定的分组字段，分组的样式就会出现在对话框右侧的预览区域中，如图8-8b所示。可选定多个字段来设定多级分组，这时还可以使用"优先级"按钮指定分组的级别；如果要另行设置分组间隔，可单击"分组选项"按钮，在弹出的窗口中进行分组间隔的设置。

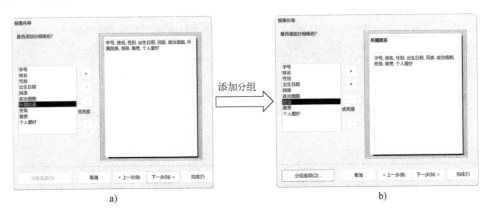

a)　　　　　　　　　　　　　　　　b)

图8-8　"报表向导"添加分组级别
a) 分组前　b) 分组后

4）在下一步向导中，需要为记录指定排序次序最多可以按4个字段对记录进行排序。如果报表包含数值型的字段，还可以通过单击"汇总选项"按钮，在弹出的"汇总选项"对话框中设置需要计算的汇总值。

5）在下一步向导中，选择设置报表的布局方式。布局样式有"纵栏表""表格"和"两端对齐"，布局方向有"横向"和"纵向"。如果在前续向导中选择了分组字段，则可选择设置的布局样式为"递阶""块"和"大纲"。

6）在下一步向导中，指定报表的标题，选择报表完成后的状态，单击"完成"按钮，即可完成报表的创建。图8-9所示为创建好的基于"所属院系"分组的显示学生信息的表格式报表。

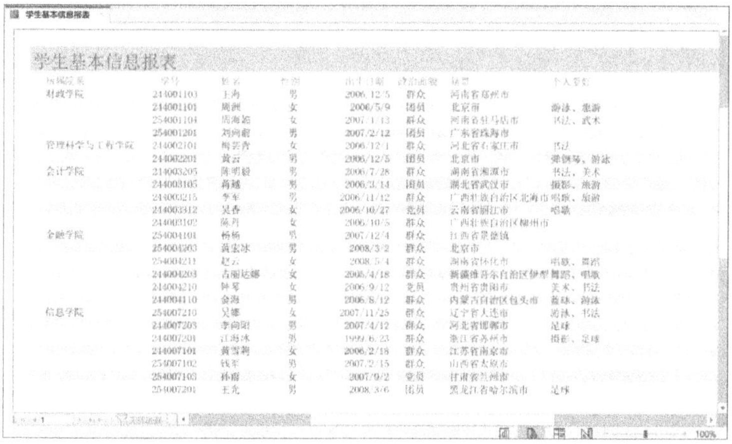

图 8-9　使用"报表向导"方式创建的报表

注意：如果要在报表中包括来自多个表和查询的字段，则在报表向导的第一步中的"报表向导"对话框中选择第一个报表或查询的字段后，不要单击"下一步"或"完成"按钮，而是重复执行选择表或查询的步骤，并选择要在报表中包括的字段，直至选择所有所需的字段。

8.2.3　使用"标签"创建报表

在日常生活与工作中，标签的应用范围很广，如书签、产品标签、邮件标签、名片等。

【例 8-2】Access 提供了"标签向导"来方便地创建标签报表，其操作过程如图 8-10所示。

8.2.4　使用"报表设计"创建报表

除了可以使用自动报表和向导功能创建报表外，还可以在"设计视图"中手动创建报表。在"设计视图"下可以灵活建立或修改各种报表。主要操作过程有：创建空白报表并选择数据源；添加页眉/页脚；布置控件显示数据、文本和各种统计信息；设置报表排序和分组属性；设置报表和控件外观格式、大小、位置和对齐方式等。

以下将使用"设计视图"创建报表"学生信息表"，其步骤如下。

1）在数据库窗口中，单击"创建"选项卡的"报表"组的"报表设计"按钮，生成一个空白的报表，自动打开"报表设计"选项卡，并进入报表"设计视图"，如图 8-11 所示。一旦打开报表"设计视图"窗口，窗口顶端会新增以红色字样显示的"报表设计""排列""格式"和"页面设置"选项卡，可以使用选项卡中的工具来完善报表设计。

2）在打开的"报表设计"选项卡中，单击"工具"组中的"添加现有字段"按钮，在窗口右侧打开"字段列表"窗格，如图 8-12 所示。在"字段列表"窗格中选择报表的数据源为"student"表。

3）除了通过"添加现有字段"在"字段列表"窗格中选择数据源外，也可以在报表的"属性表"窗格中的"数据"选项卡或"全部"选项卡中，设置报表的"记录源"属性。单击"工具"组中的"属性表"按钮，打开"属性表"窗格，设置其"数据"选项卡下的"记录源"属性为"student"表，如图 8-13 所示。

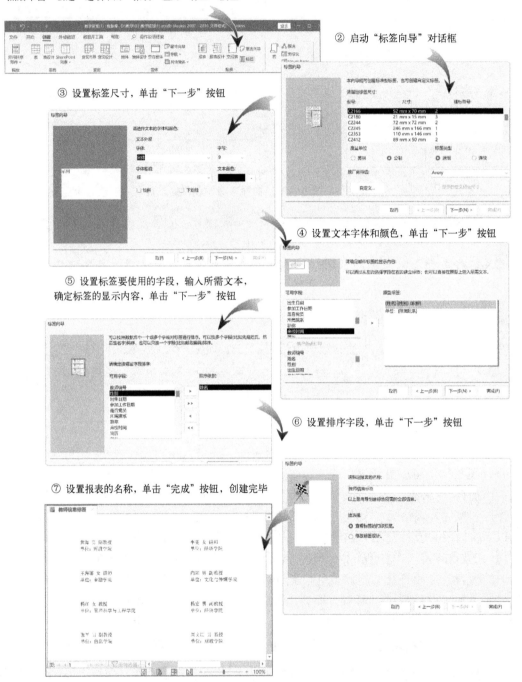

图 8-10 使用"标签向导"创建报表

如果现有的数据源不能满足报表需要，用户也可以通过新建数据源来设置"记录源"的属性。单击"记录源"属性右侧的"浏览"按钮，在打开的"查询生成器"中新建查询对象，作为报表的记录源。

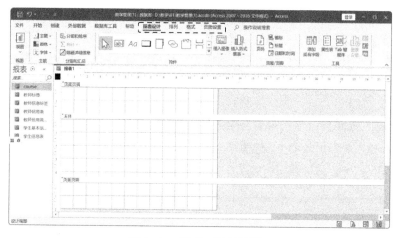

图 8-11 报表"设计视图"

图 8-12 "字段列表"窗格

图 8-13 设置报表"记录源"属性

4）在步骤 2）中打开了"字段列表"窗格，从中选择要在报表中显示的字段，拖到主体节中。或者双击该字段，将其自动添加到主体节中，如图 8-14 所示。

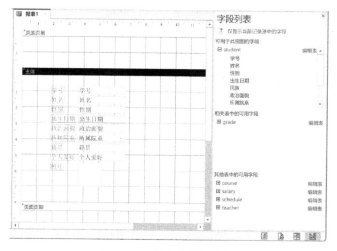

图 8-14 报表中添加字段

5）调整控件对象的布局和大小，调整方法和窗体中的控件对象操作类似。

6）在报表的"页面页眉"中添加一个标签控件，输入标题为"学生信息表"，在报表设计视图的"格式"选项卡中，设置控件的属性为：仿宋、字号20、加粗、黑色字体，或者在该控件的"属性表"中设置相关属性。并在主体节的底部添加一个直线控件，如图8-15所示。

7）修改报表"页面页眉"节和"主体"节的高度，以适当的尺寸容纳所包含的控件。保存并命名该报表为"学生信息表"，预览所创建的报表，如图8-16所示。

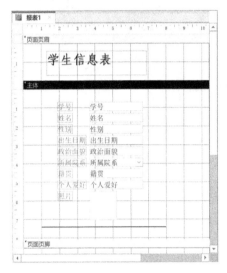

图8-15　设计报表布局

图8-16　报表预览显示

8.2.5　使用"空报表"工具创建报表

使用"空报表"工具创建报表与使用"报表设计"工具创建报表类似，但是使用"空报表"创建报表默认进入"布局视图"，并且主要在"布局视图"下进行报表设计，而使用"报表设计"创建报表默认进入"设计视图"，并且主要在"设计视图"下进行报表设计。此外，在"设计视图"下更方便建立纵栏式报表，而在"布局视图"下更方便设置表格式报表。但是在设计报表的过程中经常需要切换不同视图。

以下将使用"空报表"工具创建报表"教师信息表"，其步骤如下。

1）在数据库窗口中，单击"创建"选项卡的"报表"组的"空报表"按钮，生成一个空白的报表，并进入报表"布局视图"，如图8-17所示。

2）在窗口的右侧会打开"字段列表"窗格，如果"字段列表"窗格未打开，则在"报表布局设计"选项卡中，单击"工具"组中的"添加现有字段"按钮来打开该窗格，如图8-18所示。在"字段列表"窗格中选择报表的数据源为"teacher"表。

3）在"字段列表"窗格中选择要在报表中显示的字段，拖到主体节中。或者双击该字段，将其自动添加到主体节中。如图8-19所示。

4）切换到报表的"设计视图"，打开"报表页眉"区域，并在其中添加一个标签控件，输入标题"教师信息表"，在"文本格式"选项组或"属性表"窗格中，设置控件的属性为：仿宋、字号20、加粗、黑色字体，如图8-20所示。

图 8-17 报表"布局视图"

图 8-18 "字段列表"窗格

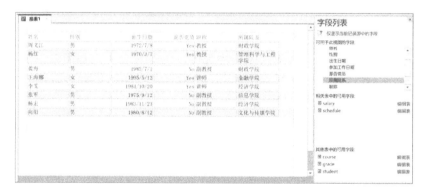

图 8-19 在"布局视图"中添加字段

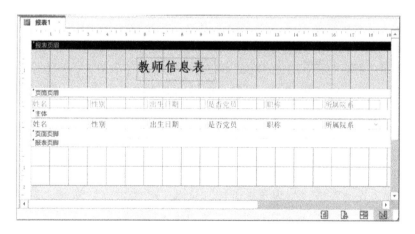

图 8-20 在"报表页眉"中添加标签控件

5）根据需要进一步设置控件的属性和风格，设置方式同前述的使用"报表设计"创建报表的内容，最后保存并命名该报表为"教师信息表"，预览所创建的报表，如图 8-21 所示。

图 8-21　报表预览

8.3　编辑报表

在报表的"设计视图"和"布局视图"中都可以创建报表，也都可以对已经创建的报表进行编辑和修改。只是在"设计视图"中看不到报表控件关联的数据，而在"布局视图"中可以呈现控件的数据源内容。这两种视图中都包含了"设计""排列""格式"和"页面设置"4 个选项卡，而且这两种视图下的各选项卡中提供的组命令也几乎一样，不同之处在于，在报表的"设计视图"和"布局视图"中将分别打开"报表设计"选项卡和"报表布局设计"选项卡。

8.3.1　设置报表格式

1. 设置格式

Access 报表的格式设置与窗体的格式设置类似，主要通过 Access 主题工具设置报表的主题、颜色和字体。Access 中的主题功能与其他 Office 应用程序中的主题类似，不仅可以设置，还可以扩展和下载主题，也可以通过 Office Online 或电子邮件与他人共享主题，并且还可用于其他 Office 应用程序。通过主题设置，可以一次性地更改整个报表内容的主题、颜色和字体。"主题"功能的设置位于"报表设计"或"报表布局设计"选项卡中。此外，通过"格式"选项卡中提供的功能命令，可以设置报表内容的字体、背景，以及控件的格式等。

设置报表格式的操作步骤如下。

1）进入报表"学生信息表"的"设计视图"或"布局视图"。

2）单击"报表设计"或"报表布局设计"选项卡的"主题"按钮。在打开的下拉列表中选择"平面"命令，报表内容将根据所需主题更改风格，如图 8-22 所示。

3）选中"报表页眉"节，单击"格式"选项卡的"控件格式"组的"形状填充"按钮 [△ 形状填充 ∨]，在弹出的下拉列表中单击"深灰 1"图标按钮。接着选中报表页眉中的标签控件，在"格式"选项卡的"字体"组中设置该控件的字体颜色为"红色"，设置结果如图 8-23 所示。

2. 设置条件格式

使用条件格式，可以对字段值本身或包含字段表达式的值设置条件规则，从而对报表中的各个值应用不同的格式。

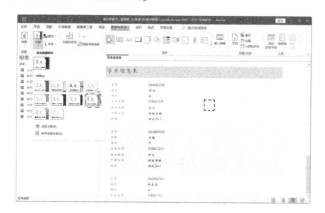

图 8-22　设置报表主题

图 8-23　设置控件格式

【例 8-3】在报表"教师信息表"中设置条件格式，具体的操作过程如图 8-24 所示。

① 进入报表"布局视图"，在"格式"选项卡中单击"条件格式"按钮，弹出"条件格式规则管理器"对话框

② 设置格式规则为"职称"，单击"新建规则"按钮，打开"新建格式规则"对话框

③ 在"新建格式规则"对话框中设置规则为：当字段值等于"教授"时，该字段值的单元格背景颜色为红色。然后单击"确定"按钮

④ 在"条件格式规则管理器"对话框中显示已添加的规则，用户可以继续添加新规则，或者重新编辑或删除原有规则。规则设置完毕后单击"确定"按钮，返回"布局视图"

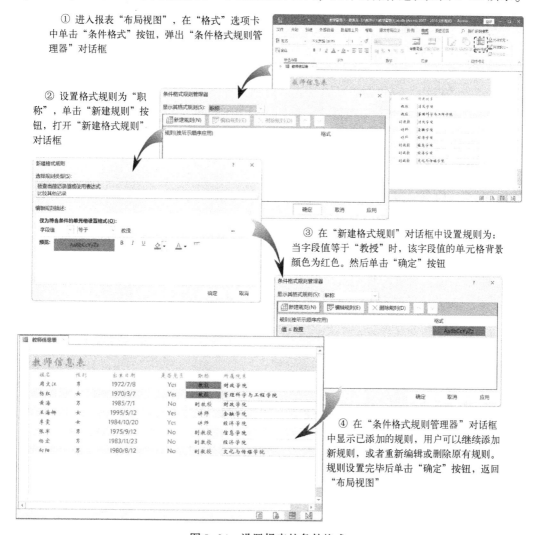

图 8-24　设置报表的条件格式

8.3.2　修饰报表

1. 添加背景图案

可以给报表的背景添加图片以增强显示效果。其操作步骤如下。

1）打开报表对象，进入报表"设计视图"或"布局视图"。

2）打开报表的"属性表"窗格，选择"报表"类型，在"格式"选项卡的"图片"属性中设置背景图片，如图 8-25 所示。

3）在"格式"选项卡中继续设置背景图片的其他属性，在"图片类型"下拉列表中选择"共享""嵌入"或"链接"，在"图片缩放模式"下拉列表中选择"剪辑""拉伸"或"缩放"等，此外还可以设置"图片对齐方式""图片平铺"和"图片出现的页"等属性。

在报表"设计视图"或"布局视图"中，也可以在窗口顶端菜单中单击"格式"选项卡的"背景"组中的"背景图像"按钮 ，选择背景图片。

图 8-25　报表图片背景设置

2. 添加当前日期和时间

可以在报表中添加当前日期和时间，其操作步骤如下。

1）打开报表对象，进入报表的"设计视图"或"布局视图"。

2）在"报表设计"或"报表布局设计"选项卡的"页眉/页脚"组中，单击"日期和时间"按钮，打开"日期和时间"对话框，如图 8-26 所示。

3）在"日期和时间"对话框中，选择显示日期以及时间，并选择显示格式，单击"确定"按钮完成插入。

4）插入后，默认在报表页眉中自动添加了一个文本框 =Date() （如果同时插入了日期和时间，则添加两个文本框控件），其"控件来源"属性为日期或时间的计算表达式，即 =Date() 或 =Time()。用户也可以重新调整该文本框的位置。

当然，用户也可以在报表上手动添加一个文本框控件，通过设置其"控件来源"属性为日期或时间的计算表达式，来显示日期或时间。该文本框控件的位置可以安排在报表的任何节区中。

图 8-26　"日期和时间"对话框

3. 添加页码

在报表中添加页码的操作步骤如下。

1）打开报表对象，进入报表的"设计视图"或"布局视图"。

2）在"报表设计"或"报表布局设计"选项卡的"页眉/页脚"组中，单击"页码"按钮，打开"页码"对话框。

3）在"页码"对话框中，根据需要选择相应的页码格式、位置、对齐方式和是否首页显示页码等，如图 8-27 所示。

4）单击"确定"按钮后，则自动在报表设计视图中插入一个显示页码计算表达式的文本框 ="页" & [Page]。

用户也可以在报表的"设计视图"中手动添加一个文本框控

图 8-27　"页码"对话框

件，并设置其"控件来源"属性（也可以直接在文本框中输入）。如果打印每一页的页码，则在文本框中输入"＝"第"＆[Page]&"页""；如果打印总页码，则在文本框中输入"＝"共"＆[Pages]&"页""；如果要同时打印页码和总页码，则在文本框中输入"＝"第"＆[Page]&"页，共"＆[Pages]&"页""。表达式中的 Page 和 Pages 可看作 Access 提供的页码变量，Page 表示报表当前页的页码，Pages 表示报表的总页码。

4. 添加分页符

一般情况下，报表页码的输出是根据打印纸张的型号及页面设置参数来决定输出页面内容的多少，内容满一页才会输出至下一页。但在实际使用中，经常要按照用户需要在规定位置选择下一页输出，这时就可以通过在报表中添加分页符来实现。

添加分页符的操作步骤如下。

1）打开报表对象，进入报表的"设计视图"。

2）单击"报表设计"选项卡的"控件"组的"分页符"按钮。

3）单击报表中需要设置分页符的位置，分页符会以短虚线标识在报表的左边界上。

分页符应该设置在某个控件之上或之下，以免拆分了控件中的数据。如果要将报表中的每条记录或记录组都另起一页，可以通过设置组页眉、组页脚或主体节的"强制分页"属性来实现。

8.3.3　创建多列报表

在默认的设置下，系统创建的报表都是单列的，为了实际的需要还可以在单列报表的基础上创建多列报表。在打印多列报表时，组页面、组页脚和主体占满了整个列的宽度，但报表页眉、报表页脚、页面页眉、页面页脚却占满了整个报表的宽度。

创建多列报表的操作步骤如下。

1）打开报表对象，进入报表的"设计视图"或"布局视图"。

2）在"页面设置"选项卡的"页面布局"组中，单击"页面设置"按钮，打开"页面设置"对话框。

3）在"页面设置"对话框中，选择"列"选项卡，如图 8-28 所示。在"列数"文本框中输入所需的列数，并指定合适的行间距、列间距、列尺寸和列布局。

4）根据多列的设置，在"页"选项卡中选定打印方向和纸张大小。单击"确定"按钮后，完成多列的页面设置。

图 8-28　"页面设置"对话框

8.4　报表的高级应用

报表的高级应用主要包括对报表进行排序和分组，以及对报表的统计计算等。

8.4.1　报表的排序和分组

报表的排序和分组是对报表中数据记录的排序和分组。在报表中对数据记录进行分组是通过排序实现的，排序是按照某种顺序排列数据，分组则是把数据按照某种条件进行分类。对分组后的数据可以进行统计汇总计算。

1. 报表的排序

默认情况下，报表中的记录是按照自然顺序，即数据输入的先后顺序来排列，但是可以对报表重新排序。报表中最多可以按 10 个字段或字段表达式对记录进行排序，也就是说报表最大的排序级别为 10 级。报表记录排序的操作步骤如下。

1）打开报表对象，进入报表的"设计视图"或"布局视图"。

2）单击"报表设计"或"报表布局设计"选项卡的"分组和汇总"组的"分组和排序"按钮，在报表窗口的下方打开"分组、排序和汇总"窗格。该窗格中有"添加组"和"添加排序"两个按钮，如图 8-29 所示。

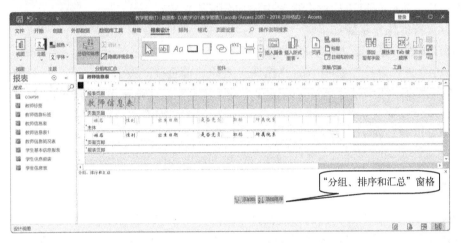

图 8-29　添加报表排序

3）在"分组、排序和汇总"窗格中，单击"添加排序"按钮 ，打开"排序依据"功能栏，并弹出"选择字段"下拉列表，如图 8-30 所示。在该列表框中选择一个字段，则该排序字段插入"分组、排序和汇总"窗格中，形成一个排序依据功能栏。如果报表的排序依据为一个字段表达式，则单击"选择字段"下拉列表中的"表达式"按钮，在弹出的"表达式生成器"对话框中设置字段表达式。用户可以在该字段的"排序功能栏"中设置或更改其排序次序（升序或降序）。

4）插入排序字段后，在"分组、排序和汇总"窗格插入相应的"排序依据"功能栏，若有多个"排序依据"功能栏，则这些"排序依据"功能栏根据排序优先级别分级显示。第一行的字段或表达式具有最高的排序优先级，第二行则具有次高的排序优先级，依此类推。如图 8-31 所示是按"教师编号"字段和"性别"字段进行排序的窗格。

图 8-30　"选择字段"下拉列表

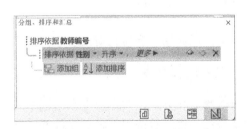

图 8-31　"分组、排序和汇总"窗格

如继续设置字段的排序方式，则单击"排序依据"功能栏中的"更多"按钮 更多▶ ，会展开更多的功能设置命令，包括排序方式、是否汇总、标题设置、页眉页脚显示等，用户可以根据需要设置。"排序依据"功能栏最右侧有"上移""下移"和"删除"3个图标按钮命令，可以调整该排序的优先级或删除该排序。

2. 报表的分组

分组是指报表设计时按选定的某个字段值是否相等而将记录划分成组的过程。操作时，先选定分组字段，在该字段上将字段值相等的记录归为同一组，字段值不等的记录归为不同组。报表通过分组可以实现同组数据的汇总和显示输出，增强了报表的可读性和信息的利用。一个报表最多可以对 10 个字段或表达式进行分组。

记录分组的操作步骤如下。

1）打开报表对象，进入报表的"设计视图"或"布局视图"。

2）单击"报表设计"或"报表布局设计"选项卡的"分组和汇总"组的"分组和排序"按钮，在报表窗口的下方打开"分组、排序和汇总"窗格。单击该窗格中的"添加组"按钮 添加组 。

3）打开"分组形式"功能栏，并弹出"选择字段"下拉列表。在该列表框中选择一个字段（或单击"表达式"，在打开的表达式生成器中输入字段表达式），则在"分组、排序和汇总"窗格插入所选字段作为分组依据的"分组形式"功能栏，默认会打开该字段的分组页眉，如图 8-32 所示，设置了分组字段"所属院系"。

4）单击"分组形式"功能栏中的"更多"按钮，会展开更多的功能设置命令来设置组属性，因为要分组所以必须设置"有页眉节"或"有页脚节"，创建组页眉或组页脚。是否对该组进行汇总计算，以及其他属性的设置，则根据需要来设置。

5）完成分组设置后，可以看到在报表中增加了一个以分组字段为界的组页眉或组页脚。如图 8-32 所示，增加了组页眉"所属院系页眉"。

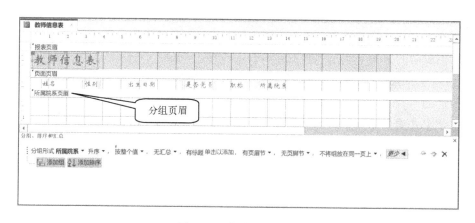

图 8-32 报表分组字段

6）调整、保存并预览报表，完成对报表的分组与排序。

在上述报表分组操作设置字段"分组形式"功能栏中的分组属性时，属性值是由分组字段的数据类型决定的，具体见表 8-1。

表 8-1 "分组形式"选项说明

分组字段数据类型	选 项	记录分组形式
文本	按整个值	分组字段表达式上，值相同的记录
	前缀字符	分组字段表达式上，前面第 1 个字符或第 2 个字符相同的记录
	自定义	分组字段表达式上，与自定义前缀字符数相同的记录
数字、货币	按整个值	分组字段表达式上，值相同的记录
	按文本字符前缀	分组字段表达式上，前面若干个字符数相同的记录
	按数字或日期间隔	分组字段表达式上，指定数字或日期间隔值内的记录
Yes/No	先"选定"后"清除"	分组字段表达式上，先是选定（或 Yes）的记录，后是未选定记录
	先"清除"后"选定"	分组字段表达式上，先是未选定（或 No）的记录，后是选定记录
日期/时间	按整个值	分组字段表达式上，值相同的记录
	年	分组字段表达式上，日历年相同的记录
	季度	分组字段表达式上，日历季相同的记录
	月	分组字段表达式上，月份相同的记录
	周	分组字段表达式上，周数相同的记录
	日	分组字段表达式上，日期相同的记录
	时	分组字段表达式上，小时数相同的记录
	分	分组字段表达式上，分钟数相同的记录
	自定义	分组字段表达式上，指定日期（以天、小时或分钟为单位）间隔值内的记录

8.4.2　使用计算控件

报表设计过程中，除在版面上布置绑定控件直接显示字段数据外，还经常要进行各种运算并将结果显示出来。例如，报表设计中的页面输出、分组统计数据的输出等均是通过设置绑定的"控件来源"属性为计算表达式形式而实现的，这些控件就称为计算控件。计算控件往往利用报表数据源中的数据生成新的数据在报表中体现出来。

1. 报表添加计算控件

计算控件的"控件来源"属性是以"="开头的计算表达式，当表达式的值发生变化时，会重新计算结果并输出显示。文本框是最常用的计算控件。

【例 8-4】以数据表"教师信息表"作为数据源创建一个"教师信息汇总表"报表，并根据教师的"出生日期"字段值使用计算控件来计算教师的年龄。其具体操作过程如图 8-33 所示。

2. 报表统计计算

报表设计中，可以根据需要进行各种类型的统计计算并输出显示，操作方法就是使用计算控件设置其"控件来源"属性为合适的统计计算表达式。

在 Access 中利用计算控件进行统计计算并输出结果操作主要有 3 种形式。

（1）在主体节内添加计算控件

在主体节中添加计算控件对每条记录的若干字段值进行求和或求平均计算时，只要设置计算控件的"控件来源"为不同字段的计算表达式即可。

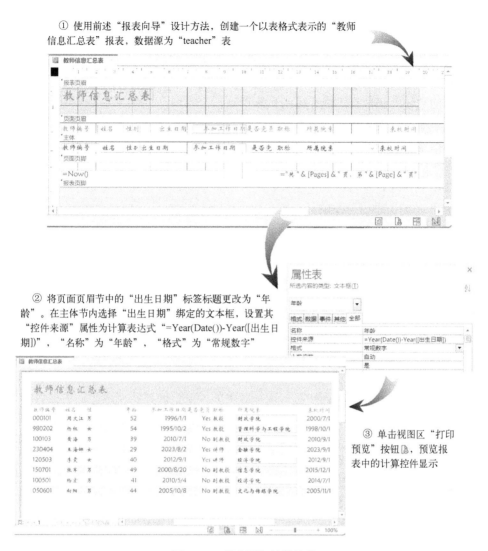

① 使用前述"报表向导"设计方法，创建一个以表格式表示的"教师信息汇总表"报表，数据源为"teacher"表

② 将页面页眉节中的"出生日期"标签标题更改为"年龄"。在主体节内选择"出生日期"绑定的文本框，设置其"控件来源"属性为计算表达式"=Year(Date())-Year([出生日期])"，"名称"为"年龄"，"格式"为"常规数字"

③ 单击视图区"打印预览"按钮，预览报表中的计算控件显示

图 8-33 报表添加计算控件

例如，当在一个报表中列出教师的工资发放情况时，若要对每位教师的应发工资进行计算，则需要在主体节中添加一个新的文本框控件，且设置新添计算控件的"控件来源"为"=[岗位工资]+[基本工资]+[津贴]"即可。

注意：主体节的计算是对一条记录的横向计算，Access 的统计函数不能出现在此位置。

（2）在报表页眉/报表页脚区内添加计算控件

在报表页眉/报表页脚区内添加计算控件，可对某些字段的所有记录进行统计计算。这种形式的统计计算一般是对报表字段列的所有纵向记录数据进行统计，而且要使用 Access 提供的内置统计函数（例如，Count 函数完成计数，Sum 函数完成求和，Avg 函数完成求平均）来实现相应的计算操作。

例如，通过报表对学生的成绩信息进行展示，如果要在报表中计算学生成绩的总平均分，则应在报表的页眉或页脚区域添加一个计算控件，并在新添加的计算控件中设置其"控件来源"属性为"=Avg([成绩])"即可。

（3）在组页眉/组页脚区内添加计算控件

在组页眉/组页脚节区内添加计算控件，以实现对某些字段的分组记录进行统计计算。这种形式的统计计算同样是对报表字段列的纵向记录数据进行统计，只不过与报表页眉/报表页脚的对整个报表的所有记录进行统计不同的是只对该组记录进行统计。统计计算同样需要使用 Access 提供的内置统计函数来完成相应的计算操作。

例如，报表是按课程名称实现分组报表，针对在分组报表中显示每门课程的课程平均分，则应在组页眉或组页脚中添加计算控件，在新添加的计算控件中设置其"控件来源"属性为"＝Avg（［成绩］）"即可。

当然，分组统计计算也可以通过在报表的"分组、排序和汇总"窗格中添加的分组项中，设置其"汇总"功能，进行分组统计计算。

8.4.3 创建子报表

子报表是插在其他报表中的报表。在合并报表时，两个报表中的一个必须作为主报表，主报表可以是绑定的，也可以是非绑定的。也就是说，报表可以基于数据表、查询或 SQL 语句，也可以不基于其他数据对象。非绑定的主报表可作为容纳要合并的无关联子报表的"容器"。

主报表可以包含子报表，也可以包含子窗体，而且能够包含多个子窗体和子报表。子报表和子窗体中，还可以包含子报表或子窗体，但是，一个主报表中只能包含两级子报表或子窗体。

带子报表的报表通常用来体现一对一或一对多的关系上的数据，因此，主报表和子报表必须同步，即主报表某记录下显示的是与该记录相关的子报表的记录。要实现主报表与子报表同步，必须满足两个条件：一是，主报表和子报表的数据源必须先建立一对一或一对多的关系；二是，主报表的数据源是基于带有主关键字的表，而子报表的数据源则是基于带有与该主关键字相关联且具有相同数据类型的字段的表。

以下将介绍创建子报表的方法。

1. 在已有报表中创建子报表

在创建子报表之前，首先要确保主报表和子报表之间已经建立了正确的联系，这样才能保证在子报表中的记录与主报表中的记录之间有正确的对应关系。

以在"学生信息表"主报表中添加"学生选课成绩查询"子报表为例，其操作步骤如下。

1）在"设计视图"中打开已经建立的主报表"学生信息表"，并适当调整控件布局。如图 8-34 所示。

2）单击工具栏的"子窗体/子报表"按钮（确保"使用控件向导"按钮也处于选中状态）。在主报表上划出放置子报表的区域，弹出"子报表向导"对话框，如图 8-35 所示。根据向导提示，选择子报表的数据源为"学生选课成绩查询"，选择包含的字段为"学号""课程名称"和"成绩"，系统自动以"学号"作为链接字段，最后指定子报表的名称。

3）插入子报表控件后，报表设计视图的样式如图 8-36 所示，用户还可根据需要重新调整报表的版面布局。

4）单击视图区域中的"打印预览"按钮，预览报表显示，如图 8-37 所示。

2. 添加子报表

在 Access 数据库中，可以将某个已有报表作为子报表添加到其他报表中。其操作步骤如下。

图 8-34 主报表设计视图

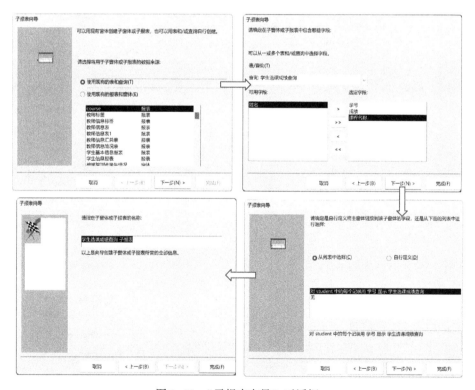

图 8-35 "子报表向导"对话框

1）打开主报表对象，进入报表的"设计视图"。

2）打开 Access 数据库对象导航窗格（可通过按〈F11〉键来快速切换）。

3）将作为子报表的报表从导航窗格中拖动到主报表中需要插入子报表的位置，这样系统会自动将子报表控件添加到主报表中。

4）调整、保存并预览报表。

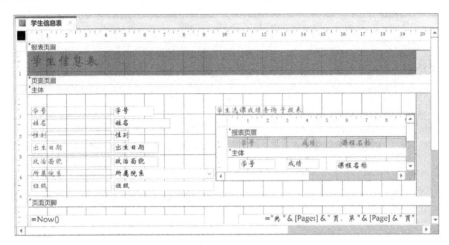

图 8-36　含子报表的设计视图

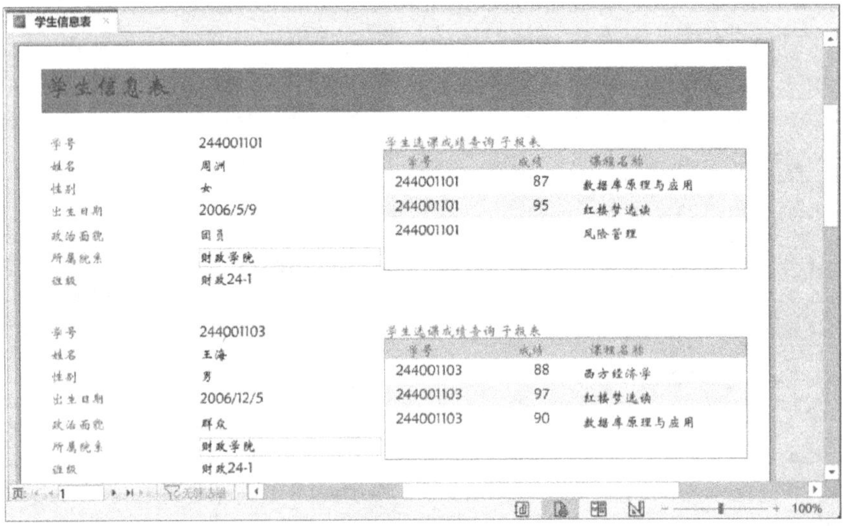

图 8-37　预览报表

注意：子报表在链接到主报表之前，应当确保已经正确地建立了表间关系。

3. 链接主报表和子报表

通过向导创建子报表，在某种条件下（如字段同名）系统会自动将主报表与子报表进行链接。但如果主报表和子报表不满足指定的条件，则需要在子报表控件"属性表"窗格中设置"链接主字段"和"链接子字段"的属性，如图 8-38 所示。在"链接主字段"中输入主报表数据源中链接字段的名称，在"链接子字段"中输入子报表数据源中链接字段的名称。

图 8-38　子报表"属性表"窗格

设置主、子报表链接字段时，链接字段并不一定要显示在主报表或子报表上（数据源如果是查询时就必须要显示在报表上），但必须包含在主报表/子报表的数据源中。

8.5 报表的预览和打印

创建报表的主要目的是将显示结果打印出来。为了保证打印出来的报表符合要求，可在打印之前对页面进行设置，并预览打印效果，以便及时发现问题，进行修改。

1. 预览报表

预览报表就是在屏幕上预览报表的打印效果。预览报表可以通过"打印预览"视图查看报表的打印外观和每一页上所有的数据。打开报表对象，单击"开始"选项卡的"视图"组的"视图"按钮，在打开的下拉列表中选择"打印预览"命令，则进入报表"打印预览"视图。或单击窗口右下角视图区域的"打印预览"按钮，进入"打印预览"视图，如图 8-39 所示。

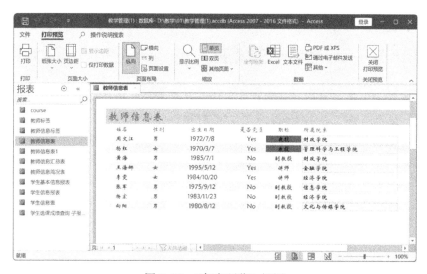

图 8-39 "打印预览"视图

在"打印预览"视图下会打开"打印预览"选项卡功能区，该选项卡中包括用于打印属性设置的"打印"组，用于设置页面尺寸的"页面大小"组，用于设置页面布局的"页面布局"组，用于调试显示比例和设置单页或多页的"缩放"组，用于导出或输出报表数据的"数据"组，以及关闭预览视图的"关闭预览"组。

2. 页面设置

设置报表的页面，主要是设置页面的大小，打印的方向及页边距等。其操作步骤如下。

1) 打开报表对象，进入报表"打印预览"视图，在"打印预览"选项卡的"页面布局"组中，单击"页面设置"按钮，打开"页面设置"对话框。

用户也可以在报表"布局视图"或"设计视图"中，在打开的"页面设置"选项卡中单击"页面设置"按钮。

2) "页面设置"对话框中，有"打印选项""页"和"列"3 个选项卡，可以修改报表的页面设置。其中，在"打印选项"选项卡中设置页边距并确认是否只打印数据；在"页"选项卡中设置打印方向、页面纸张、打印机；在"列"选项卡中设置报表的网格设置、尺寸和列的布局。

3) 单击"确定"按钮，完成页面设置。

3. 打印报表

用户可以在"打印预览"视图中，通过单击"打印预览"选项卡的"打印"组的"打印"按钮，打开"打印"对话框，在该对话框中可以设置打印机、打印范围和打印份数等打印选项，单击"确定"按钮后即开始打印报表。用户也可以通过单击"文件"选项卡的"打印"按钮下拉列表中的操作命令来打印报表。

报表打印的操作步骤如下。

1）打开报表对象，进入报表的"打印预览"视图，单击"打印预览"选项卡的"打印"按钮，打开"打印"对话框。

2）或者通过选择"文件"→"打印"命令，在打开的右侧窗口中，单击"打印"按钮，打开"打印"对话框。

3）在"打印"对话框中，设置打印机、打印范围、打印份数等参数后，单击"确定"按钮开始打印。

8.6　拓展阅读——云数据库的发展

随着云计算技术的迅猛发展，云数据库作为云计算的核心组成部分，正迎来前所未有的产业变革和创新。云数据库，即基于云计算技术的数据存储和管理系统，它通过虚拟化、自动化等技术手段，将数据库资源池化，实现动态分配和调度。相比传统数据库，云数据库具有更高的灵活性、可扩展性和易用性，能够更好地满足企业对于数据处理、分析和应用的多元化需求。云数据库具有弹性伸缩特性，能够敏锐地感知业务需求变化，自动调整资源规模，实现成本效益最大化，通过先进的数据备份和容灾恢复技术，云数据库确保了业务的连续性和数据的稳固安全。云数据库提供简洁的用户界面和丰富的 API，加之容器化部署和自动化运维的支持，使得云数据库的管理变得轻松自如。

主流云服务提供商，如亚马逊 AWS、谷歌云平台、阿里云、腾讯云和华为云，它们提供的云数据库产品各具特色，从关系型到非关系型，从高性能 NoSQL 到实时大数据分析，可以满足不同业务场景的需求。例如，亚马逊 AWS 提供 RDS 和 DynamoDB 等，覆盖从关系型到 NoSQL 的全方位数据库服务；谷歌云提供 Cloud SQL 和 BigQuery 等产品，为企业提供强大的数据管理和分析能力；阿里云提供 RDS MySQL、RDS PostgreSQL 和 Lindorm 等，满足多样化的数据库需求；腾讯云提供云数据库 MySQL、MariaDB 和 Redis 等，为企业应用提供稳定可靠的支持；华为云提供 RDS for MySQL、RDS for PostgreSQL 和 GaussDB NoSQL，优化大多数数据库应用场景。

云数据库的实际应用案例遍布金融、零售及制造等多个行业，它们通过云数据库实现了数据的实时存储、分析和智能应用，极大提升了企业的数据生产力。云数据库的弹性伸缩和高安全性，让金融机构能够应对交易高峰，保障数据的安全存储和传输。云数据库的实时分析能力，让零售商能够洞察消费者行为，实现精准营销和优化库存管理。云数据库支撑的智能制造，让制造企业能够实时监控生产流程，提升生产效率和产品质量。

专业性上，云数据库提供多样化的数据库服务，包括关系型、NoSQL、数据仓库等，覆盖了从金融到电商、从制造到服务的全业务场景。它不仅功能丰富、配置灵活，更在数据安全和备份恢复方面展现出其强大的可靠性。云数据库的创新步伐从未停歇，随着技术的不断演进，它将继续作为企业数字化转型的强大引擎，推动数据生产力的持续提升。选择云数据库服务时，企业应根据自身的业务特点和需求，挑选最合适的云数据库产品，以实现数据管理的优化和业务价值的最大化。

　　启示： 云数据库的发展之路也是科技创新之路，展示了科技创新在推动产业进步中的关键作用。企业、科研机构只有不断追求技术创新，才能保持竞争优势。创新人才的培养是科技创新的核心驱动力，只有创新才能驱动发展，才能推动社会进步。

8.7　习题

1. 选择题

1）在关于报表数据源设置的叙述中，以下正确的是（　　　）。

A. 只能是表对象　　　　　　　　　B. 只能是查询对象

C. 可以是表对象或查询对象　　　　D. 可以是任意对象

2）要显示格式为"页码/总页数"的页码，应当设置文本框的控件来源属性是（　　　）。

A. ［Page］/［Pages］　　　　　　B. ［Page］& "/" &Pages

C. ［Page］&/&［Pages］　　　　　D. ［Page］& "/" &［Pages］

3）要计算报表中所有学生的"英语"课程的平均成绩，在报表页脚节内对应"英语"字段列的位置添加一个文本框计算控件，应该设置其控件来源属性为（　　　）。

A. " =Avg(［英语］)"　　　　　　B. " =Sum(［英语］)"

C. "Avg(［英语］)"　　　　　　　D. "Sum(［英语］)"

4）下面关于报表对数据处理的描述中叙述正确的是（　　　）。

A. 报表只能输入数据　　　　　　　B. 报表只能输出数据

C. 报表不能输入和输出数据　　　　D. 报表可以输入和输出数据

5）要实现报表按某字段分组统计输出，需要设置（　　　）。

A. 报表页脚　　　　　　　　　　　B. 主体

C. 页面页脚　　　　　　　　　　　D. 该字段组页脚

2. 填空题

1）要设置在报表每一页的底部都输出的信息，需要设置＿＿＿＿＿＿＿＿。

2）要进行分组统计并输出，统计计算控件应该设置在＿＿＿＿＿＿＿＿。

3）要在报表页中主体节区显示一条或多条记录，而且以垂直方式显示，应选择＿＿＿＿＿＿类型。

4）在使用报表设计器设计报表时，如果要统计报表中某个字段的全部数据，应将计算控件放在＿＿＿＿＿＿＿＿。

5）Access 的报表对象的数据源可以设置为＿＿＿＿＿＿＿＿。

第 9 章 VBA 程序设计

Access 具有强大的交互操作功能，用户可以通过创建表、查询、窗体、报表、宏等对象，将数据进行整合，建立简单的数据库应用系统。虽然创建过程比较简单，但是所创建的应用系统具有一定的局限性。要对数据库进行更加复杂和灵活的控制，需要使用内置编程工具 VBA。

以 Access 提供的数据库对象——"模块"为载体，通过在不同模块中编制 VBA 代码，整合数据资源，可以达到解决复杂问题的目的。Access 中的模块都是用 VBA 语言实现的，模块的实质就是将 VBA 声明和过程作为一个单元来保存的集合。

本章将对 Access 中的编程工具 VBA 进行介绍。

9.1 VBA 概述

VBA（Visual Basic for Applications）是 Microsoft 公司 Office 系列软件中内置的用来开发应用系统的编程语言。

9.1.1 VBA 的概念

VBA 是 VB（Visual Basic）的应用程序版本，可以理解为"寄生在 Office 产品中的 Visual Basic"。它与 Visual Studio 系列中的开发工具 VB 既有相似之处（如主要的语法结构、命令和函数等），又有本质的区别。

VB 主要用于创建标准的应用程序，而 VBA 的设计目的主要是用于增强已有 Office 应用程序（如 Word、Excel 等）的自动化能力；VB 具有自己的开发环境，而 VBA 必须寄生于已经存在的应用程序。VBA 主要是面向 Office 办公软件进行系统开发的工具，它提供了很多具有 Office 特色、而 VB 中没有的函数和对象。

可以像编写 VB 程序那样来编写 VBA 程序。在 Access 中，VBA 语言编写的代码将保存在模块中，并通过类似于在窗体中激发宏操作那样运行不同的模块，从而实现相应的功能。

9.1.2 VBA 的编程步骤

VBA 是 Access 的内置编程语言，它不能脱离 Access 创建独立的应用程序，编制程序必须在 Access 环境内完成。

VBA 编程主要有以下几个步骤。

1. 创建用户界面

进行 VBA 编程的第一步是创建用户界面，即确定程序需要的窗体以及窗体上的控件。

2. 设置对象属性

对象属性的设置可以通过以下两种方法实现。

1）在窗体设计视图中，通过对象的属性表进行设置。

2）通过程序代码进行设置。

【例 9-1】 Forms!用户登录!Command2.Caption="密码"。

表示将窗体集合"Forms"中的"用户登录"窗体上的"Command2"按钮的"Caption"属性设置为"密码"。

3. 编写对象事件过程

这一步重点考虑需要对窗体上的哪些对象进行操作,分别激活什么事件(如单击、双击等),并用 VBA 编写模块以支持相应的事件代码。

4. 运行和调试

运行 VBA 程序和事件过程。若在运行过程中出错,可根据系统的出错提示信息进行修改,然后再运行,直到正确为止。

5. 保存窗体

保存窗体对象时,不仅保存了窗体及控件,还保存了相关的事件代码。

9.1.3 VBA 的编程环境

编写和调试 VBA 程序的环境称为 VBE(Visual Basic Editor)。

1. 启动 VBE

Access 数据库中的程序模块可以分为两种类型,绑定型程序模块和独立程序模块。这两类程序模块的编辑调试环境都是 VBE,但启动方式不同。

(1)绑定型程序模块

绑定型程序模块是指包含在窗体、报表、页等数据库对象之中的事件处理过程,这类程序模块仅在所属对象处于活动状态下才有效。

进入绑定型程序模块编辑环境 VBE 的途径有两种:一种是通过控件的事件响应进入(如例 9-2);另一种是在窗体或报表设计视图中,通过"表单设计"选项卡的"工具"组中的"查看代码"按钮进入。

【例 9-2】 为"课程信息管理"窗体上名称为"Command1"、标题为"添加课程"的按钮编写单击事件过程。

实现以上过程的操作步骤如下。

1)打开"课程信息管理"窗体,在该窗体的设计视图中选择"Command1"按钮。

2)单击"表单设计"选项卡的"工具"组中的"属性表"按钮,打开"属性表"对话框,并选择"事件"选项卡,如图 9-1 所示。

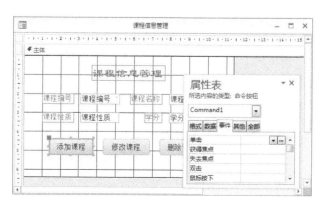

图 9-1 "属性表"对话框并选择"事件"选项卡

3）单击"单击"属性右侧的"生成器"按钮 ，打开"选择生成器"对话框，如图 9-2 所示。

4）在"选择生成器"对话框中，选择"代码生成器"命令，单击"确定"按钮，启动 VBE，如图 9-3 所示。

图 9-2 "选择生成器"对话框

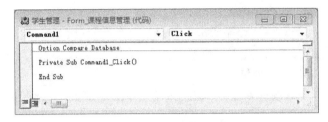

图 9-3 VBE 窗口

（2）独立程序模块

独立程序模块是指 Access 数据库中的"模块"对象。这类模块对象可以在数据库中被任意一个对象所调用。

进入独立程序模块编辑环境 VBE 的途径有两种。

1）在功能区"数据库工具"选项卡中，单击"宏"组中的"Visual Basic"按钮。

2）在功能区"创建"选项卡中，单击"宏与代码"组中的"Visual Basic"按钮。

2. VBE 工作环境

VBE 是通过多个不同的窗口来显示不同对象或完成不同任务的。VBE 工作环境通常由多个子窗口（如工程资源管理器窗口、属性窗口和代码窗口等）和一些常用工具栏组成，如图 9-4 所示。

图 9-4 VBE 工作环境

注意：刚打开的 VBE 界面可能没有图 9-4 所示的部分窗口或工具栏，如果需要，可以通过"视图"菜单中的相应命令或工具栏中的相应按钮将其打开。

（1）工具栏

VBE 有调试工具栏、编辑工具栏、标准工具栏和用户窗体工具栏等多种工具栏，可以通过单击"工具栏"按钮完成指定的动作。如果需要显示"工具栏"按钮的提示信息，可以选择"视图"菜单中的"工具栏"→"自定义"命令，并在"自定义"对话框的"选项"选项卡中选择"显示关于工具栏的屏幕提示"复选框。

标准工具栏是 VBE 默认显示的工具栏，它包含一些常用命令的快捷操作方式按钮。VBE标准工具栏中的主要按钮及功能见表 9-1。

表 9-1　VBE 标准工具栏中的主要按钮及功能

图标	名　称	功　能
	"视图切换"按钮	切换到 Access 操作窗口
	"插入模块"按钮	插入新模块对象。在建立模块对象的过程中，单击此按钮右侧下箭头，可选择系统新建一个"模块""类模块"或"过程"
	"运行子过程/用户窗体"按钮	运行模块程序。单击此按钮，并在"宏"对话框中选择需运行的模块名称即可
	"中断"按钮	中断正在运行的模块程序
	"重新设置"按钮	结束正在运行的模块程序，重新进入模块设计状态
	"设计模式"按钮	切换设计模式与非设计模式
	"工程资源管理器"按钮	打开/关闭工程资源管理器窗口
	"属性窗口"按钮	打开/关闭属性窗口
	"对象浏览器"按钮	打开/关闭对象浏览器窗口

（2）工程资源管理器窗口

一个数据库应用系统就是一个工程。工程资源管理器以层次结构列表形式显示当前数据库中的所有模块。双击该窗口中的某个模块，可以打开其对应的代码窗口。

（3）属性窗口

属性窗口列出了选定对象的属性，可以在设计时查看、改变这些属性。属性窗口的部件主要有"对象框"和"属性列表"。"对象框"用于显示当前窗体中的对象，如果选择了多个对象，则以第一个对象为准，列出各对象均具有的共同属性。"属性列表"可以按分类或字母顺序对对象属性进行排序。

若要改变属性的设定，可以选定属性名，然后在其右侧文本框中选择新的设置或直接输入新值。

（4）对象浏览器窗口

对象浏览器用于显示对象库以及工程中的可用类、属性、方法、事件和常数变量。可以用它来搜索及使用已有的对象，或是来源于其他应用程序的对象。在该窗口中可以使用"向前""向后"和"搜索"等按钮，查看类及成员列表。

3. 代码窗口的使用

Access 的 VBE 编辑环境提供了完善的代码开发和调试工具。代码窗口是设计人员的主要操作界面，充分认识其功能将有助于模块代码开发工作的顺利进行。

代码窗口的"对象框"显示了所选对象的名称，单击其右侧的下箭头按钮，可以查看和选择当前窗体的对象；"过程/事件框"显示了所选对象的事件，单击其右侧的下箭头按钮，可以查看和选择事件。

在使用代码窗口时，Access 提供了许多辅助功能，用于提示和帮助用户进行代码处理。

（1）自动显示提示信息

在代码窗口中输入命令时，系统会适时地自动显示命令关键字列表、属性列表及过程参数列表等提示信息，用户可以选择或参考其中的信息，从而极大地提高了代码设计的效率和正确性。例如，在代码窗口输入"Debug."时，系统会在命令列表框中提示有"Assert"和"Print"以供用户选择，用户只需双击列表中所需的操作，即可完成命令的输入。

在代码窗口中输入完一条命令，并按〈Enter〉键时，系统会自动对该行代码进行语法检查。如果该命令行有语法错误，系统将弹出警告对话框，并将该命令行显示为红色。此时，可单击"确定"按钮，返回代码编辑状态，修正错误代码。

（2）立即窗口

选择 VBE"视图"菜单中的"立即窗口"命令可以打开立即窗口。

在立即窗口中，可以输入或粘贴一行代码，并按〈Enter〉键确认执行该代码。例如，为了快速验证函数或表达式的运算结果，可以在立即窗口中直接输入命令关键字"?"或"Print"，并在其后接着输入需验证的函数或表达式，按〈Enter〉键即可看到运算结果。

此外，在运行模块程序时，由"Debug.Print"语句指定的输出内容也会显示在立即窗口中。使用"Debug.Print"语句输出多项内容时，各项内容之间可以用逗号（,）或分号（;）分隔。其中，以逗号分隔的内容将以标准格式输出，以分号分隔的内容将以紧凑格式输出。

在调试 VBA 程序时，可以在程序的适当位置加入"Debug.Print"语句，以快速确定程序的出错位置，提高程序调试效率。

注意：立即窗口中的代码是不能被存储的。如果需要存储，可利用"复制""剪切"和"粘贴"命令将立即窗口中的代码放入模块程序代码中。

（3）监视窗口

选择 VBE"视图"菜单中的"监视窗口"命令可以打开监视窗口。调试 VBA 程序时，可以利用监视窗口显示正在运行的程序中定义的监视表达式的值。

9.1.4　模块的基础知识

1. 模块及模块分类

Access 模块是将 VBA 声明和过程作为一个单元进行保存的集合。模块中的代码都是以过程的形式加以组织的，每一个过程都可以是子过程（Sub 过程）或函数过程（Function 过程）。

根据模块使用情况的不同，可以将模块分成标准模块和类模块两种类型。

（1）标准模块

标准模块一般用于存放公共过程（子过程和函数过程），不与其他任何 Access 对象相关联。在 Access 中，通过模块对象创建的代码过程就是标准模块。

在标准模块中，通常为整个应用系统设置全局变量或可以在数据库中任何位置运行的通用过程，以供窗体或报表等对象在类模块中调用。反之，在标准模块的过程中也可以调用窗体或运行宏等数据库对象。

标准模块中的公共变量和公共过程具有全局性，其作用范围为整个应用系统。

（2）类模块

类模块是以类的形式封装的模块，是面向对象编程的基本单位。虽然 Access 的编程不是完全面向对象的，但也提供了类模块、事件等面向对象的处理技术。

Access 的类模块分为系统对象类模块和用户定义类模块两大类。

1）系统对象类模块是指 Access 中窗体对象和报表对象具有的事件代码与处理模块。窗体模块和报表模块都是与特定窗体或报表对象相关联的，它们都属于系统对象类模块。

窗体模块和报表模块通常都包含事件过程，它们通过事件过程来响应用户的操作，从而控制窗体或报表的行为。例如，单击窗体上的某个按钮从而引发相应操作。窗体模块或报表模块中的过程可以调用已经添加到标准模块中的过程。当用户为窗体或报表创建事件过程时，Access 将自动创建与之关联的窗体模块或报表模块。

2）用户定义类模块是在 VBE 窗口，选择"插入"菜单中的"类模块"命令可创建此类模块。

2. 创建模块

在 VBE 环境中，选择"插入"菜单中的"模块"或"类模块"命令可以创建一个标准模块或类模块。

模块是由过程单元组成的。一个模块可以包含一个声明区域，以及一个或多个子过程（以关键词 Sub 开始，以 End Sub 结束）与函数过程（以关键词 Function 开始，以 End Function 结束），其中声明区域主要用于定义模块中使用的变量等内容。

通过以下两种方法可以在模块中添加子过程或函数过程。

（1）方法一

1）在 VBE 的工程资源管理器窗口中，双击需要添加过程的模块（可以是窗体模块、报表模块或标准模块）。

2）选择"插入"菜单中的"过程"命令，打开"添加过程"对话框，如图 9-5 所示。

3）在对话框中，输入过程的"名称"，选择过程的"类型"，选择过程作用的"范围"。

4）单击"确定"按钮，将自动生成过程（或函数）的头语句和尾语句，且光标悬停在两条语句之间，等待用户输入过程（或函数）代码。

（2）方法二

在窗体模块、报表模块或标准模块的代码窗口中，直接输入 Sub 过程名（或 Function 函数名），然后按〈Enter〉键，系

图 9-5　"添加过程"对话框

统自动生成过程（或函数）的头语句和尾语句，用户可以在两条语句之间输入过程（或函数）代码。

注意：子过程名既可以由用户自定义，如 Area( )；也可以由一个对象名和一个事件名共同组成，两者之间用下画线隔开，如 Command2_Click( )。

3. 应用举例

下面通过一个简单示例进一步说明模块的创建和运行过程。

【例 9-3】编制标准模块"应用举例"，其功能为：在标题为"2024 北京"的消息框中显示"推进中国式现代化！"。

具体操作步骤如下。

1）创建或打开一个数据库。

2）在"数据库工具"选项卡中，单击"宏"组中的"Visual Basic"按钮，或者在"创建"选项卡中，单击"宏与代码"组中的"Visual Basic"按钮，打开 VBE。

3）在 VBE 窗口，选择"插入"菜单中的"模块"命令，打开定义新模块窗口。

4）在定义新模块窗口中输入以下子过程。

```
Sub Welcome( )
    MsgBox "推进中国式现代化！" , , , "2024 北京"
End Sub
```

5）保存模块，并命名为"应用举例"。

6）单击 VBE 工具栏上的"运行"按钮▶，可看到模块的运行效果如图 9-6 所示。

图 9-6　模块运行效果

9.1.5　模块与宏

模块和宏都可以实现 Access 操作的自动化。宏本身是一种控制方式简单的程序，它由 Access 提供的命令实现；而模块则需要用户用 VBA 自行编写。

实际应用中，使用宏还是使用模块，完全取决于要完成的具体任务。对于简单的细节工作（如打开或关闭窗体），使用宏是一种很方便的方法，它可以简捷迅速地将已经创建的数据库对象联系在一起；对于复杂的操作（如循环控制操作），宏将难以实现，需要使用 VBA 编写模块。

1. 将宏存储为模块

Access 中，宏可以存储为模块，宏的每个基本操作在 VBA 中都有对应的等效语句。宏对象的执行效率较低。如果需要，可以将宏对象转换为 VBA 程序，以提高代码的执行效率。具体操作方法如下。

选定需转换的宏对象，选择"文件"菜单中的"另存为"命令，在弹出的"另存为"对话框中，指定保存类型为"模块"，并指定模块名称，即可将指定的宏对象转换为模块对象。

2. 在模块中执行宏

在 VBE 中，使用 Docmd 对象的"RunMacro"方法，可以执行宏。

例如，代码"DoCmd. RunMacro "宏 9-1" "的作用是执行宏名为"宏 9-1"的宏。

9.2　面向对象程序设计基础

面向对象的程序设计将根据用户对所选对象的不同操作而触发不同的事件，在进行 VBA 编程时，不仅需要了解面向对象程序设计的基本概念，还需要了解 Access 中的对象。

9.2.1　面向对象程序设计的基本概念

VBA 是面向对象的编程语言，对象是 VBA 程序设计的核心。数据库、窗体、控件等都属于对象范畴。对象具有属性、方法和事件。

1. 对象

对象是为了方便数据和代码的管理而提出的一个概念。在 VBA 中，对象是封装有数据和代码的客体，它是代码和数据的组合，可将它看作单元。每个对象由类来定义。

2. 属性

属性定义了对象的特征（如对象的大小、屏幕位置、颜色等）或某些行为（如对象是否可见等），通过修改对象的属性值可以改变对象的特性。在 VBA 程序中可通过以下命令格式修改对象的属性值：

　　　　对象名 . 属性名＝新的属性值

例如，例 9-1 中的命令 "Forms!用户登录!Command2. Caption＝" 密码""，就是将 "用户登录" 窗体上 "Command2" 按钮的 "Caption" 属性设置为 "密码"。

Access 的属性项目很多，在属性表内选择某一属性，并按下〈F1〉键，即可显示该属性的帮助文件。在帮助文件中，不仅可以看到属性所对应的英文名称，而且可以看到属性的使用方法。

3. 方法

方法指的是对象能执行的动作。例如，"Add" 是 "ComboBox" 对象的方法，它的作用是为下拉式列表增加一个列表项。"RunMacro" 是 "Docmd" 对象的方法，它的作用是运行宏。

4. 事件

事件是对象可以辨认的动作。例如，打开、装载、单击、双击等，可以针对此类动作编写相应的程序代码，以响应用户的动作或系统行为。

例如，第一次打开窗体时，事件发生顺序为 Open→Load→Resize→Current；关闭窗体时，事件发生顺序为 Unload→Deactivate→Close。

5. 对象集合

对象集合是包含几个其他对象的对象，而这些对象通常具有相同的类型。

注意：集合本身也是对象，它有自己的方法和属性。如果对象集合中的对象共享共同的方法，则可以对整个对象集合进行统一操作。

例如，命令 Forms. Close 可以关闭所有打开的窗体。

对象集合中的每个对象在集合中都有一个位置（即索引号）。但是，只要集合发生变化，集合中对象的位置就可能发生变化。也就是说，集合内任何特定对象的位置都不是一成不变的。

6. 对象模型

对象模型通过定义所有对象集合和对象之间的层次关系，使编程工作更容易实现。对象模型实际上是给出了基于对象程序的对象集合和对象的组织方式。

9.2.2　Access 中的对象

Access 是支持自动化功能的 COM 组件之一，它可以使用其他 COM 组件提供的对象，也可以为其他 COM 组件提供 Access 的对象。

在 VBA 程序代码中访问一个 Access 对象时，编程人员必须清楚该对象在 Access 对象模型中所处的位置，然后通过对象访问符 "."，从包含这一对象的最外层对象开始，依次逐步取其子对象，直到要访问的对象为止。

下面将对 Access 对象模型和 Access 中常用的对象做简单介绍。

1. Access 对象模型

Access 对象模型如图 9-7 所示。

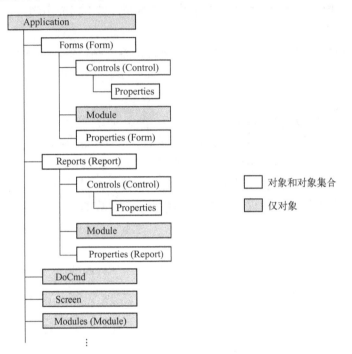

图 9-7   Access 对象模型

2. Form(s) 对象

Forms 对象是一个对象集合，用于管理当前所有处于打开状态的窗体对象；Form 对象是 Forms 集合的成员。

（1）引用 Form 对象

可以用窗体名称方式引用 Forms 集合中的某个 Form 对象，具体命令格式如下：

【命令格式 1】 Forms!<窗体名称>

【命令格式 2】 Forms("<窗体名称>")

如果窗体名称中包含空格，则窗体名称必须用方括号（[ ]）括起来。

（2）引用窗体上的控件

每个 Form 对象都有一个 Controls 集合，该集合包含窗体上所有的控件。要引用窗体上的控件可以采用显式引用方式或隐式引用方式。相比较而言，隐式引用方式的速度会更快一些。

例如，对"用户登录"窗体上的"Command2"控件的引用如下。

显式引用方式为"Forms!用户登录 . Controls! Command2"。

隐式引用方式为"Forms!用户登录!Command2"。

（3）统计窗体个数

如果需要确定当前打开窗体的个数或数据库中现有的窗体总个数，可以使用 Count 属性。

代码"Forms. Count"可以确定当前打开的窗体个数；代码"CurrentProject. AllForms. Count"可以确定当前数据库中的窗体总个数。

3. Report(s)对象

Reports 对象是一个对象集合，用于管理当前所有处于打开状态的报表；Report 对象是 Reports 集合的成员。

有关 Report 对象的引用、报表控件的引用、报表个数统计等内容与 Form 对象类似，这里不再赘述。

4. DoCmd 对象

DoCmd 是 Access 数据库的一个重要对象，它的主要功能是通过调用 Access 内置的方法，在 VBA 中实现特定操作。也就是说，在 VBA 中，可以使用 DoCmd 对象的方法实现对 Access 的操作。

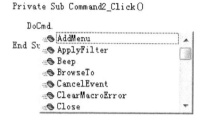

图 9-8　DoCmd 对象方法提示列表

在 VBA 代码窗口输入"DoCmd."时，可显示如图 9-8 所示的提示列表，列表中的每个内容实质上就是 Access 中的宏命令。例如，可以使用 DoCmd 对象的 OpenForm 方法打开窗体。

9.3　VBA 程序设计基础

编写 VBA 程序时，需要用到程序设计的基础知识，包括 VBA 的常量、变量、表达式、数据类型等相关概念和 VBA 的基本语句。

9.3.1　VBA 中的数据和表达式

1. VBA 的数据类型

除"备注"和"OLE 对象"数据类型以外，Access 数据表中字段所使用的数据类型在 VBA 中都有对应的类型。VBA 中的数据类型见表 9-2。

表 9-2　VBA 中的数据类型

数据类型	关键字	符号	前缀	有效值范围	默认值
字节型	Byte	无	Byt	0~255	0
整型	Integer	%	Int	-32 768~32 767	0
长整型	Long	&	Lng	-2 147 483 648~2 147 483 647	0
单精度型	Single	!	Sng	$-3.4×10^{38}~3.4×10^{38}$	0
双精度型	Double	#	Dbl	$-1.797 69×10^{308}~1.797 69×10^{308}$	0
货币型	Currency	@	Cur	-922 337 203 685 477.5808~922 337 203 685 477.5807	0
字符型	String	$	Str	根据字符串长度而定	" "
日期/时间型	Date	无	Dtm	日期：100 年 1 月 1 日~9999 年 12 月 31 日 时间：0:00:00 到 23:59:59	0
逻辑型	Boolean	无	Bln	True 或 False	False
对象型	Object	无	Obj		Empty
变体型	Variant	无	Var		

（1）数值类型

VBA 中的数值类型包括 Integer、Long、Single、Double、Currency 和 Byte。

- Integer 型和 Long 型：用于保存整数。整数的运算速度快，但表示数的范围小。例如，将 45678 保存在 Integer 型变量中将会发生溢出错误。
- Single 型和 Double 型：用于保存浮点实数，表示数的范围大。
- Currency 型：用于保存定点实数，保留小数点右边 4 位和小数点左边 15 位，用于货币计算。
- Byte 型：用于存储二进制数。

（2）字符类型

字符型数据用于存放字符串。字符串是放在英文双引号内的若干个字符，这些字符可以是 ASCII 字符或汉字。长度为 0 的字符串"" 被称为空字符串。

VBA 中的字符串分为两种，即变长字符串和定长字符串。变长字符串的长度是不确定的，最大长度不超过 2^{31}；定长字符串的长度是固定的，最大长度不超过 2^{16}。

（3）日期/时间类型

日期/时间类型（Date 型）数据用于存储日期和时间的值。要想熟练使用 Date 型数据，需要了解日期值在 VBA 内部的存储形式。VBA 中，Date 数据以双精度浮点数形式保存，它的整数部分用于存储日期值，小数部分用于存储时间值。

- Date 数据的整数部分用于表示当前日期距离 1900 年 1 月 1 日的天数，其中 1899 年 12 月 31 日之前的日期以负整数表示，该日期之后的日期为正整数。
- Date 数据的小数部分表示从子夜到现在已经度过的时间，"0"表示午夜。如果小数部分的值为 0.5，则表示一天中已经过去了 1/2，目前的时间是中午 12 点。

（4）逻辑类型

逻辑类型数据也称为布尔型，用于逻辑判断，它只有 True（真）和 False（假）两个值。当变量只有两个值（如 True/False、Yes/No、On/Off 等）时，可将其声明为逻辑类型。

当将逻辑型数据转换为其他数据类型时，False 转换为 0，True 转换为-1；当将其他数据类型转换为逻辑型数据时，0 转换为 False，非 0 数据转换为 True。

（5）对象类型

对象类型数据用于存放应用程序中的对象。

（6）变体类型

变体是一种特殊的数据类型，变体数据是指没有被显式声明为某种类型变量的数据类型。它可以表示数值、字符、日期等任何值，也可以是 Empty、Error、Nothing 和 Null 等特殊值。可以说，变体数据类型是 VBA 中应用最灵活的一种数据类型，变体型变量不仅可以存储所有类型的数据，而且当赋予不同类型值时可以自动进行类型转换。

在使用时，可以使用 VarType 函数或 TypeName 函数来决定如何处理 Variant 中的数据。

（7）用户自定义类型

当需要用一个变量记录多个类型不一样的信息时，可以使用用户自定义类型。用户自定义数据类型主要是为了保存一些特定的数据（如一条记录数据）和易于变量识别，它是将不同类型的变量组合起来的一种形式。

用户自定义数据类型通常包含多个数据元素，每个数据元素既可以是基本数据类型，也可以是已定义的用户自定义类型。可由 Type 语句创建自定义数据类型。

【命令格式】

```
Type < varname >
    <elementname> As type
    [ <elementname> As type ]
    …
End Type
```

【命令说明】

1）varname：变量名。

2）elementname：用户自定义数据类型的元素名称。

3）type：数据类型。可以是 Integer、Long、Single、Date、String、Boolean、Currency 等基本数据类型，也可以是已存在的用户自定义类型。

【例 9-4】以下语句定义了具有三个数据元素的自定义数据类型 "MyType"。

```
Type MyType
    StuNo As String * 9          '第一个数据元素用于存储学生的学号
    StuName As String            '第二个数据元素用于存储学生的姓名
    StuScore As Single           '第三个数据元素用于存储学生的成绩
End Type
```

对用户自定义类型变量进行赋值时，可以使用"变量名 . 元素名"的格式。

【例 9-5】以下语句定义了一个数据类型为自定义类型 "MyType" 的变量 New_Val，并实现了对它的赋值。

```
Dim New_Val As MyType            '将变量 New_Val 定义为自定义数据类型 MyType
    New_Val. StuNo ="063501209"
    New_Val. StuName ="王为民"
    New_Val. StuScore = 92
```

注意：Type 语句只能在模块级使用。使用 Type 语句声明了一个用户自定义数据类型后，就可以在该声明范围内的任何位置声明该类型的变量。

2. 常量

常量是指在程序运行过程中，其值不能被改变的量。在程序中使用常量可以增加代码的可读性，使得代码维护更加容易。

除了直接常量（也称为字面常量，即通常使用的数值、字符常量或日期常量，例如，10、"ABC"、#2024-8-8#等）以外，Access 还支持符号常量、固有常量和系统定义常量 3 种类型的常量。

（1）符号常量

如果在代码中要反复使用某个相同的值，或者代表某些特定意义的数字或字符串，可以使用符号常量。

符号常量由 Const 语句创建。创建符号常量时需给出具体的常量值，在程序运行过程中对符号常量只能进行读取操作，不允许对其进行修改或重新赋值。

符号常量的命名规则与变量的命名规则相同，需注意的是，不允许创建与固有常量同名的符号常量。

例如，Const PI = 3. 14159 或 Const PI as Single = 3. 14159。

这里声明的符号常量 PI 代表圆周率 3. 14159。在程序代码中，可以使用 PI 代替圆周率参加运算。使用符号常量的好处主要在于，当需要修改该常量的值时，只需修改定义该常量的一个语句即可。

如果在一个语句中声明几个常量，则需使用"，"分隔。

（2）固有常量

VBA 提供了许多固有常量，并且所有固有常量都可以在宏或 VBA 代码中使用。固有常量名的前两个字母为前缀字母，指明了定义该常量的对象库。来自 Access 库的常量以"ac"开头，来自 ADO 库的常量以"ad"开头，来自 Visual Basic 库的常量以"vb"开头。例如，acRecord、adAddNew、vbOkOnly 等。固有常量在联机帮助中都有详细介绍。

VBA 中，每个固有常量都有一个对应的数值，可以在立即窗口中输入命令"?<固有常量名>"来显示常量的实际值，也可以通过"对象浏览器"查看所有可用对象库的固有常量列表，如图 9-9 所示。

图 9-9　使用"对象浏览器"查看对象库的固有常量列表

因为固有常量所代表的具体值在系统软件的版本升级过程中有可能被改变，所以在程序代码中应该尽可能地使用固有常量名，而不使用固有常量的实际值。

（3）系统定义常量

系统定义常量有 3 个，即 True、False 和 Null。

3. 变量

变量是指在程序运行过程中，其值可能发生变化的数据。变量实际上是一个符号地址，VBA 通过使用变量来临时存储数据。

变量具有 3 要素，即变量名、变量类型和变量值。变量的命名规则如下。

- 变量名必须以字母字符开头，最长不超过 255 个字符。
- 可以包含字母、数字或下画线字符，不能包含标点符号和空格等。
- 变量名不区分英文字符的大小写，如 intX、INTX、intx 等表示的是同一个变量。
- 变量名不能使用 VBA 关键字。
- 为了增加程序的可读性，通常在变量名前加一个前缀来表明该变量的数据类型，缩写前缀的约定见表 9-2。

4. 变量的声明

每个变量都有一个变量名，使用之前可以采用显式声明指定数据类型，也可以采用不指定方式隐式声明。

（1）使用类型说明符号声明变量

VBA 允许使用类型说明符号来声明变量的数据类型，类型说明符号只能出现在变量名的最后，如 intX%表示变量 intX 是整型数据类型。

类型说明符号的含义见表 9-2。

（2）使用 Dim 或 Static 语句声明变量

【命令格式 1】 Dim < varname > [As < type>] [,< varname > [As < type>]···]

【命令格式 2】 Static < varname > [As < type>] [,< varname > [As < type>]···]

【命令说明】

1）varname：变量名。遵循变量命名约定。

2）type：数据类型。可以是 Integer、Long、Single、Double、Date、String、Object、Boolean、Currency、Variant 等。

3）一个 Dim 或 Static 语句可以声明多个变量，所声明的每个变量都有一个单独的 As <type> 子句。省略 As <type>子句的变量默认为变体类型（Variant）。

4）使用 Dim 语句声明的变量为动态变量，使用 Static 语句声明的变量为静态变量。两者使用上的不同见"变量的生存期"部分的讲解。

【例 9-6】 使用 Dim 声明变量。

```
Dim intX As Integer                    '声明了一个整型变量 intX
Dim strY1 As String, strY2 As String   '声明了两个字符型变量 strY1 和 strY2
```

（3）使用 DefType 语句声明变量

DefType 语句只能用于模块的通用声明部分，用来为变量和传送给过程的参数设置默认数据类型。

【命令格式】 DefType <letter1>[-<letter2>] [,<letter1>[-<letter2>]] ···

【命令说明】

1）letter1 和 letter2 参数用于指定设置默认数据类型的变量名称范围，且不区分大小写字母。

2）DefType 语句对应的数据类型见表 9-3。

表 9-3　DefType 语句对应的数据类型

语　句	数 据 类 型	语　句	数 据 类 型
DefBool	Boolean	DefSng	Single
DefByte	Byte	DefDbl	Double
DefInt	Integer	DefDate	Date
DefLng	Long	DefStr	String
DefCur	Currency	DefObj	Object
DefDec	Decimal	DefVar	Variant

例如，语句"DefInt a,g,s-x"说明在模块中使用的以字母 a、g 和 s~x 开头的变量的默认数据类型为整型。

（4）使用变体类型

没有使用以上 3 种方法声明数据类型的变量默认为变体类型。相对于上述 3 种显式声明而言，被称为隐式声明。隐式声明是指在使用一个变量之前不必事先声明这个变量。

用户可以通过给变量赋值的方式来建立隐式变量。例如，语句 varX = 200 定义了一个名为 varX 的隐式变量，数据类型为 Variant，值为 200。

系统默认变量为 Variant 类型时，具体是数值型还是字符型，由所赋给的值决定。

也可以通过在变量名后增加类型说明符号的方式为一个隐式变量定义数据类型，例如，语句 varX% = 200 创建了一个整型变量 varX。

5. 强制声明

在 VBA 编程中，应尽量减少隐式变量的使用，大量使用隐式变量，会对变量的识别和程序的调试带来困难。例如，程序中定义了某个隐式变量，当使用中出现变量名拼写错误这类错误时，将很难被发现。

可以在模块设计窗口的说明区域，使用 Option Explicit 语句，强制要求程序中的所有变量必须显式声明后才能使用。

显式声明变量有三个作用，一是可以指定变量的数据类型；二是可以指定变量的适用范围（即变量的作用域）；三是在程序编制过程中可以预先排除一些因为变量名拼写错误而带来的错误。

6. 变量的作用域

变量可被访问的范围称为变量的作用域。根据变量作用域的不同，可将变量分为局部变量、模块变量和全局变量。

（1）局部变量

在模块的过程内部用 Dim 或 Static 声明的变量，称为局部变量。局部变量的作用范围仅限于声明该变量的过程执行期间，过程执行完毕，局部变量将被释放。

（2）模块变量

在模块的通用声明部分用 Dim 或 Private 声明的变量，称为模块级变量。模块级变量在声明它的模块的所有过程中都能使用，其他模块不能访问。

（3）全局变量

在标准模块的通用声明部分用 Public 声明的变量，称为全局变量。全局变量在声明它的数据库中所有模块的所有过程中都能使用。

7. 变量的生存期

从变量的生存期来看，变量又分为动态变量和静态变量两种。

（1）动态变量

在过程中，使用 Dim 语句声明的局部变量属于动态变量。动态变量的生存期仅限于它所在过程的一次运行期间。即从该过程执行开始直至过程执行完毕，动态变量的值不会带入过程的下一次运行期间。

（2）静态变量

在过程中，用 Static 声明的局部变量属于静态变量。静态变量在过程运行时可保留变量的值。即每次运行过程时，用 Static 声明的变量都保持上一次的值。

例如，现有如下程序段：

```
Sub dimstatic( )
    Dim Intx As Integer
    Static Inty As Integer

    Intx = Intx + 10
    Inty = Inty + 10

    Debug. Print "Intx = "; Intx, "Inty = ";Inty
End Sub
```

第 1 次运行该程序段，运行结果为：Intx = 10　　　　　　Inty = 10
第 2 次运行该程序段，运行结果为：Intx = 10　　　　　　Inty = 20
第 3 次运行该程序段，运行结果为：Intx = 10　　　　　　Inty = 30

8. 数组

数组是由一组具有相同数据类型的变量（称为数组元素）构成的集合。数组变量由变量名和数组下标组成。在 VBA 中，不允许隐式说明数组，可用 Dim 语句来声明数组。

【命令格式】

Dim <varname>(［<lower1> To］<upper1>［,［<lower2> To］<upper2>］…) As type

【命令说明】

1）varname：变量名。遵循变量命名约定。

2）lowern：下标的下界，默认值为 0；可以在模块的通用声明部分使用语句 "Option Base 1"，将数组的默认下标的下界规定为 1。

3）uppern：下标的上界。

4）type：数据类型。可以是 Integer、Long、Single、Double、Date、String、Object、Boolean、Currency、Variant 等。

数组有固定大小和动态两种类型。前者总保持同样的大小，而后者在程序中可根据需要动态地改变数组的大小。

（1）固定大小的数组

可以根据需要对固定大小的数组进行声明，部分数组声明示例见表 9-4。

表 9-4　部分数组声明示例

语　句	数组名	维数	数 组 元 素	数组元素个数	数组元素变量类型
Dim IntArray(5) As Integer	IntArray	一维	从 IntArray(0) 到 IntArray(5)	6	整型
Dim ArrayX(3 to 5) As String * 9	ArrayX	一维	从 ArrayX(3) 到 ArrayX(5)	3	定长字符串
Dim ArrayS(4,5) As Single	ArrayS	二维	从 ArrayS(0,0)、ArrayS(0,1) 到 ArrayX(5,5)	30	单精度

类似地，可以声明二维以上的数组。但多维数组对存储空间的要求更大，它们既占据存储空间，又影响运行速度，应慎用。尤其是 Variant 数据类型的数组，它们需要更大的存储空间。

（2）动态数组

在 VBA 中，允许用户定义动态数组。在不能明确地知道数组中应该有多少元素时，可以使用动态数组。动态数组中元素的个数是不定的，在程序运行中可以改变其大小。

动态数组的定义过程分为两步。

1）使用 Dim 语句声明数组，但不指定数组元素的个数。

2）在具体使用时再用 ReDim 语句来指定数组元素的个数，称为数组的重定义。

在对数组重定义时，可以在 ReDim 后增加保留字 Preserve 来保留以前的值，否则使用 ReDim 后，数组元素会被初始化为默认值。对于数值型数组，设置为 0；对于 String 型数据组，设置为空串；对于 Variant 型数组，设置为 Empty；对于 Object 型数组，设置为 Nothing。

【例 9-7】 动态数组的使用。

```
Option Base 1                    '将数组的默认下标的下界设置为 1
Dim IntArray( ) As Integer       '声明动态数组 IntArray

ReDim IntArray(5)                '重定义数组，分配 5 个数组元素
For n = 1 to 5                   '利用循环程序结构为数组元素赋值
    IntArray(n) = n
Next n

ReDim IntArray(8)                '重定义数组，且数组元素初始化为 0
For n = 1 to 8                   '为数组元素赋值
    IntArray(n) = n
Next n

ReDim Preserve IntArray(10)      '重定义数组，且保留数组元素中的值
    IntArray(9) = 100            '为第 9 个和第 10 个这两个数组元素赋值
    IntArray(10) = 120
```

（3）数组的使用

一经声明，数组中的每个元素就都可以作为单个变量使用了，其使用方法与普通变量相同。

数组元素的引用格式中包括数组名和下标值。如果是一维数组，则只有一个下标值；如果是多维数组，则多个下标值之间以逗号分隔。若给定数组元素的下标值超过了数组声明语句中规定的上、下界，则会出错。

如果将数组的默认下标的下界设置为 1，则 IntArray(2)表示一维数组 IntArray 的第 2 个元素，ArrayS(3,4)表示二维数组 ArrayS 中第 3 行第 4 列的元素。

9. VBA 中的表达式

VBA 表达式是由运算符将常量、变量、函数、控件属性等运算对象进行连接的式子。表达式可执行计算、操作字符或测试数据，其计算结果为单一的值。

VBA 表达式中涉及的运算符除前面章节介绍的算术运算符、字符运算符、关系运算符、逻辑运算符以外，还有对象运算符。

（1）对象运算符

对象运算符有"!"和"."两种。

1）"!"运算符："!"运算符的作用是引出一个用户定义的对象，如窗体、报表、窗体或报表上的控件等。

例如，"Forms!用户登录"表示用户定义的"用户登录"窗体，"Forms!用户登录!Command2"表示用户在"用户登录"窗体上定义的"Command2"控件。

2）"."运算符："."运算符的作用是引出一个 Access 定义的内容，如属性。

实际应用中，"."运算符与"!"运算符配合使用，用于表示引用的对象属性。

例如，"Forms!用户登录!Command2. Visible"表示"用户登录"窗体上"Command2"控件的"Visible"属性。需注意的是，如果"用户登录"窗体为当前操作对象，则"Forms!用户登录"可以用"Me"来替代，上式可表示为"Me!Command2. Visible"。

（2）数据库对象变量的使用

在 Access 数据库中建立的对象及其属性，均可被看作 VBA 程序代码中的变量及其指定的值来加以引用，与普通变量所不同的是，需要使用规定的引用格式。

例如，"Forms!用户登录!Command2"在 VBA 程序语句中的作用相当于变量，只不过它所表示的是 Access 对象。

当需要在 VBA 中多次引用某一对象时，可以先声明一个 Control（控件）数据类型的对象变量，并使用 Set 语句说明该对象变量指向的控件对象。

【命令格式】**Set** <objectvar> = <objectexpression>

【命令说明】

1）objectvar：对象变量名称。

2）objectexpression：对象表达式。

【例 9-8】数据库对象变量的使用。

```
Dim compsw As Control                        '定义对象变量，数据类型为控件
Set compsw = Forms!用户登录!Command2          '为对象变量指定窗体控件对象
```

经过以上设置，可将控件对象的引用转为对象变量的引用。语句"compsw. Caption = " 密码""等同于"Forms!用户登录!Command2. Caption = " 密码""。

9.3.2　VBA 基本语句

VBA 中的语句是能够完成某项操作的一条完整命令，程序由大量的命令语句构成。语句可以包含关键字、表达式等。

1. VBA 语句的书写规则

1）VBA 语句不区分英文字母的大小写，但要求标点和括号等符号使用西文形式。

2）一个 VBA 语句行最多允许含有 255 个字符。

3）通常将一条语句写在一行。若语句较长，一行写不下时，可以人为断行，但需要在行尾增加续行符（即一个空格后面跟一个下画线"_"），以表示该语句并没有结束，它的剩余内容在下一行。

4）VBA 允许在程序的同一行上书写多条语句，各语句之间需用冒号":"分隔。

5）输入一个语句行，并按〈Enter〉键后，VBA 将自动进行语法检查。如果语句行存在错误，该语句将以红色显示，有时还会伴有错误信息提示。

6）对于语句中的关键字，VBA 会将其首字母自动转换为大写形式。

2. 注释语句

为了增加程序的可读性，可以在程序中添加适当的注释。VBA 在执行程序时，并不执行注释文字。

【命令格式 1】**Rem** <comment>

【命令格式 2】' <comment>

【命令说明】

1）comment 可以是任意内容的注释文本。

2）注释语句既可以占据一整行，也可以和其他语句放在同一行，并写在其他语句的后面。

注意：如果将 Rem 语句与其他语句放在同一行，则必须使用冒号（:）将它们分隔；如果将撇号（'）开头的注释语句与其他语句放在同一行，则不必使用冒号分隔。

【例 9-9】注释语句使用示例。

```
Rem 这里是一个注释语句使用示例
'这里是一个注释语句使用示例
Cmd1. Caption = "欢迎"    '将按钮 Cmd1 的 Caption 属性设置为"欢迎"
Cmd2. Caption = "退出" : Rem 将按钮 Cmd2 的 Caption 属性设置为"退出"
```

以上程序段中，前两个语句行为注释语句行，后两个语句行将注释语句写在了其他语句的后面。

3. 声明语句

声明语句通常放在程序的开始部分，通过声明语句可以命名和定义常量、变量、数组和过程。当声明一个变量、数组或过程时，也同时定义了它们的作用范围。此范围不仅取决于声明语句的位置（即将声明语句放在模块中，还是放在子过程中），还取决于使用的关键字（如 Dim、Static、Public、Private 等）。

【例 9-10】声明语句使用示例。

```
Dim intA as integer, StrM as string
Static intB as integer
Const PI = 3. 14159
```

4. 赋值语句

通过赋值语句可以将表达式的值赋给指定的变量或属性。

【命令格式】［**Let**］<varname> = <expression>

【命令说明】

1）关键字 Let 为可选项，通常省略不写。

2）varname 为变量或属性的名称，expression 为表达式。

3）该语句的执行方式为：先计算（表达式），后赋值。

4）要求表达式结果值的类型必须与 varname 的类型兼容，否则程序不能正确运行。例如，不能将字符串表达式的值赋给数值变量，也不能将数值表达式的值赋给字符串变量。

5. 用户交互函数 InputBox

InputBox 函数的作用是打开一个对话框，并等待用户输入文本。当用户输入文本，并单击"确定"按钮或按〈Enter〉键后，函数将返回文本框中输入的文本值。

【命令格式】**InputBox**(<prompt>［, <title>］［, <default>］［, <xpos>］［, <ypos>］)

【命令说明】

1）prompt 是一个字符串表达式，其结果值将作为提示信息显示在对话框中。

2）title 为可选项，它也是一个字符串表达式，其结果值将显示在对话框的标题栏中。

3）default 为可选项，其内容为对话框的默认输入值。

4）选项 xpos、ypos 用于确定对话框在屏幕上的位置。省略 xpos 时，对话框将在屏幕上水平居中；省略 ypos 时，对话框将被放置在屏幕垂直方向 1/3 的位置。

例如，有如下语句：

x＝InputBox("请输入学生成绩","查询输入",85)

其作用是把通过 InputBox 函数输入的学生成绩值赋给变量 x，以便程序根据变量 x 中的不同值进行相关处理。其运行效果界面如图 9-10 所示。

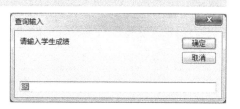

图 9-10　InputBox 函数运行效果

6. MsgBox 语句和 MsgBox 函数

MsgBox 语句和 MsgBox 函数的作用是打开一个对话框，显示相关信息，等待用户通过按钮进行选择，最后针对用户单击的按钮，返回一个相应的整数值。

【命令格式 1】**MsgBox** <prompt>［,<buttons>］［,<title>］

【命令格式 2】**MsgBox**(<prompt>［,<buttons>］［,<title>］)

【命令说明】

1）prompt 是一个字符串表达式，其结果值将作为提示信息显示在对话框中。

2）title 为可选项，它也是一个字符串表达式，其结果值将显示在对话框的标题栏中。

3）buttons 为可选项，它是一个整型表达式，由表 9-5 所示的 4 组方式组合而成，且每组方式只能选择一个。buttons 的内容决定了对话框显示按钮的数目及形式、使用的图标样式、默认按钮，以及对话框的强制回应等内容。

表 9-5　buttons 选项设置值

分　　组	常　　量	值	描　　述
按钮数目及形式	vbOkOnly	0	只显示 Ok 按钮（默认值）
	vbOkCancel	1	显示 Ok 和 Cancel 按钮
	vbAbortRetryIgnore	2	显示 Abort、Retry 和 Ignore 按钮
	vbYesNoCancel	3	显示 Yes、No 和 Cancel 按钮
	vbYesNo	4	显示 Yes 和 No 按钮
	vbRetryCancel	5	显示 Retry 和 Cancel 按钮
图标类型	vbCritical	16	显示 Critical Message 图标
	vbQuestion	32	显示 Warning Query 图标
	vbExclamation	48	显示 Warning Message 图标
	vbInformation	64	显示 Information Message 图标
默认按钮	vbDefaultButton1	0	第一个按钮是默认值
	vbDefaultButton2	256	第二个按钮是默认值
	vbDefaultButton3	512	第三个按钮是默认值
模式	vbApplicationModal	0	应用模式
	vbSystemModal	4096	系统模式

4）MsgBox 函数的返回值反映了用户的选择，返回值的含义见表 9-6。

表 9-6　MsgBox 函数返回值及其含义

常　　量	值	含　　义
vbOk	1	按下 Ok 按钮
vbCancel	2	按下 Cancel 按钮

（续）

常 量	值	含 义
vbAbort	3	按下 Abort 按钮
vbYes	6	按下 Yes 按钮
vbNo	7	按下 No 按钮

【例 9-11】 MsgBox 函数的使用。

```
x = MsgBox("MsgBox 应用演示", vbYesNoCancel + vbExclamation+ vbDefaultButton1, "示例")
If x = 7 then
    MsgBox"用户单击的是 No 按钮"
End  If
```

以上程序片段中的第一条语句的运行效果如图 9-11 所示，它也可以改写为以下等效的语句形式：

图 9-11　MsgBox 函数运行效果

```
x = MsgBox("MsgBox 应用演示", 3+ 48+ 0, "示例")
```

如果需要多行显示 MsgBox 语句中的提示信息，可以在 prompt 字符串表达式中使用 Chr(10) +Chr(13)（即按〈Enter〉键+换行）强行换行。例如，语句 MsgBox("MsgBox" +Chr(10)+ Chr(13)+ "应用演示", 3+ 48+ 0, "示例")的提示信息将分两行显示。

9.4　VBA 程序流程控制

默认情况下，程序是由上到下逐行运行的。如果希望控制程序的走向，需要用到结构化程序设计方法。

结构化程序设计有顺序结构、选择结构和循环结构 3 种控制结构。其中顺序结构最为简单，运行时完全按照程序代码的书写顺序依次执行。为了解决实际问题，更多地会用到选择结构和循环结构。

9.4.1　选择结构

程序设计中，经常需要根据不同的情况采用不同的处理方法，此时就必须借助选择结构实现。选择结构也就是根据给定的条件，选择执行的分支，VBA 提供了多种形式的选择结构。

1. 单分支结构

【命令格式 1】 **If** <condition> **Then**

　　　　　　 <statements>

　　　　　　 End If

【命令格式 2】 **If** <condition> **Then** <statements>

【命令说明】

1）condition 为关系或逻辑表达式。表达式结果为 True，表示条件成立；表达式结果为 False，表示条件不成立。

2）statements 可以是一条或多条语句。

3）If…Then 和 End If 为 VBA 保留字。

4）语句执行过程：当条件表达式 condition 的结果为 True 时，执行 Then 后面的语句块；否则，结束单分支结构语句，执行 End If 后面的语句。如图 9-12 所示。

【例 9-12】编写程序，将任意两个整数中的较大数显示在立即窗口中。

```
Sub bignum( )
    Dim x As Integer, y As Integer

    x = InputBox("请输入第一个整数:")
    y = InputBox("请输入第二个整数:")
    If x < y Then
        x = y
    End If

    Debug. Print "较大数为:", x    '请尝试将分隔符改为";"，观察程序运行结果的变化
End Sub
```

2. 双分支结构

【命令格式 1】 **If** <condition> **Then**

               <statements-**1**>

      Else

               <statements-**2**>

      End If

【命令格式 2】 **If** <condition> **Then** <statements-**1**> **Else** <statements-**2**>

【命令说明】

1）语句中的参数说明与单分支语句相同，这里不再赘述。

2）语句执行过程：当条件表达式 condition 的结果为 True 时，执行第 1 个语句块 statements-**1**；否则，执行第 2 个语句块 statements-**2**，如图 9-13 所示。

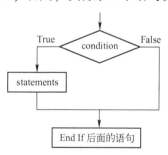

图 9-12　单分支结构流程图

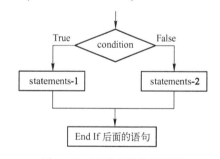

图 9-13　双分支结构流程图

【例 9-13】火车站托运行李的收费标准是 50 kg 以内（含 50 kg）为 2.00 元/kg；超过 50 kg 部分为 4.50 元/kg。

请编写程序，根据输入的任意行李重量，计算出旅客应付的行李托运费。具体操作步骤如下。

1）创建数据库"程序设计练习.accdb"，在数据库中建立窗体"行李托运费计算"，窗体上的控件见表 9-7。要求窗体上没有滚动条、记录选定器、导航按钮和分隔线，如图 9-14 所示。

图 9-14　"行李托运费计算"窗体

表 9-7　"行李托运费计算"窗体上的控件

控 件 类 型	控 件 名 称	控 件 标 题
标签	Label1	行李重量：
	Label2	托运费用：
文本框	Text1	
	Text2	
按钮	Cmd1	计算
	Cmd2	清空
	Cmd3	退出

2）"计算"按钮的 Click 事件代码如下。

```
Private Sub Cmd1_Click( )
    Dim SngW As Single
    Dim SngP As Single

    SngW = Text1. Value           '将文本框 Text1 的值赋给变量 SngW(行李重量)
    If SngW <= 50 Then            '根据行李重量是否超过 50 kg 做不同的处理
        SngP = SngW * 2
    Else
        SngP = 50 * 2 + (SngW - 50) * 4. 5
    End If

    Text2. Value = SngP           '在文本框 Text2 中显示 SngP 的值(托运费用)
End Sub
```

3）"清空"按钮的 Click 事件代码如下。

```
Private Sub Cmd2_Click( )
    Text1. Value = " "   : Text2. Value = " "
End Sub
```

4）"退出"按钮的 Click 事件代码如下。

```
Private Sub Cmd3_Click( )
    DoCmd. Close
End Sub
```

注意：表示文本框的 Value 属性时，Value 可省略不写。以上程序代码中，语句"SngW = Text1. Value"与语句"SngW = Text1"的效果相同。

3. 多分支结构

【命令格式】**If** <condition-**1**> **Then**

<statements-**1**>

ElseIf <condition-**2**> **Then**

<statements-**2**>

…

[**ElseIf** <condition-**n**> **Then**

<statements-**n**>]

$$[\text{Else}$$
$$<\text{statements-n+1}>]$$

End If

【命令说明】

1）多分支结构语句中 If 与 End If 必须成对出现。

2）语句执行过程：顺次判断条件 condition-1 到 condition-n，遇到第一个结果为 True 的条件时，执行其下面的语句块 statements，然后跳出多分支结构语句，执行 End If 后面的程序。如果语句中列出的所有条件都不满足，则执行 Else 语句下面的语句块 statements-n+1。如果语句中列出的所有条件都不满足，且没有 Else 子句，则不执行任何语句块，直接结束多分支结构语句，执行 End If 后面的程序。

【例 9-14】出租车为分段计费，其收费标准为：里程在 3 km 以内（含 3 km）收费 13.00 元；里程在 3~15 km 之间（含 15 km）的收费标准为 2.30 元/km；里程超过 15 km 后，加收基本单价 50% 的费用，即 3.45 元/km。

请编写程序，根据输入的任意里程数，计算出乘客应付的出租车费。

程序代码如下。

```
Sub taxiP( )
    Dim SngS As Single
    Dim SngP As Single

    SngS = InputBox("请输入里程数：", "出租车里程")        '给变量 SngS 赋值(里程数)
    If SngS <= 3 Then                                     '根据里程数的不同做相关处理
        SngP = 13
    ElseIf SngS <= 15 Then
        SngP = 13 + (SngS - 3) * 2.3
    Else
        SngP = 13 + (15 - 3) * 2.5 + (SngS - 15) * 3.45
    End If

    Debug. Print "出租车费为："; SngP                      '在立即窗口中以紧凑格式显示出租车费
End Sub
```

4. 情况语句

【命令格式】**Select Case** <testexpression>
　　　　　　　　Case <expressionlist-1>
　　　　　　　　　　<statements-1>
　　　　　　　　…
　　　　　　　　[**Case** <expressionlist-n>
　　　　　　　　　　[statements-n]]
　　　　　　　　[**Case Else**
　　　　　　　　　　[statements-n+1]]
　　　　　End Select

【命令说明】

1）testexpression 为测试表达式，可以是数值表达式或字符表达式。

2）expressionlist 为表达式列表，它的类型必须与 testexpression 的类型相匹配。

3）Case 子句中的表达式列表 expressionlist 有多种表示形式，具体如下。

- 单值或多值，相邻两个值之间用逗号隔开。例如"case 1,3,5,7"。
- 利用关键字 To 指定取值范围。例如"case 1 To 5"。
- 利用关键字 Is 指定条件范围，即 Is 后紧跟关系操作符（<>、>、>=、<=、<）和一个值。例如"Case Is>=100"。

4）语句执行过程：首先求出测试表达式 testexpression 的值，然后顺次判断该值符合哪一个 Case 子句指定的范围，当找到第一个匹配的 Case 子句时，则执行该 Case 子句下面的语句块 statements，然后结束情况语句，执行 End Select 后面的程序。如果所有 Case 子句指定的范围都不能与测试表达式的值相匹配，则要看情况语句中是否包含 Case Else 子句做不同的处理：有 Case Else 子句时，执行 Case Else 下面的语句块，然后结束情况语句；没有 Case Else 子句时，直接结束情况语句。

5）当多个 Case 子句的表达式列表 expressionlist 与测试表达式 testexpression 的值相匹配时，只有第一个匹配起作用，其下面的语句块会被执行。

6）Select Case 语句中的关键字 Is 不同于比较运算符 Is，它将比较运算符 Is 两侧的运算对象进行了分隔，一部分放在了测试表达式中，另一部分放在了关键字 Is 的右侧（见例 9-15）。

7）情况语句中的 Select Case 与 End Select 必须成对出现。

【例 9-15】使用情况语句改写例 9-14 程序代码。

```
Sub taxiP2()
    Dim SngS As Single
    Dim SngP As Single

    SngS = InputBox("请输入里程数：","出租车里程")    '给变量 SngS 赋值(里程数)
    Select Case SngS                                '以里程数作为分支依据
        Case Is <= 3
            SngP = 13
        Case Is <= 15
            SngP = 13 + (SngS - 3) * 2.3
        Case Else
            SngP = 13 + (15 - 3) * 2.3 + (SngS - 15) * 3.45
    End Select

    Debug.Print "出租车费为："; SngP                  '在立即窗口中显示出租车费
End Sub
```

5. 利用函数完成选择操作

除选择结构语句以外，VBA 还提供了 3 个可以完成选择操作的函数。

（1）IIf 函数

【命令格式】**IIf**(<expr>, <truepart>, <falsepart>)

【命令说明】该函数用于选择操作。如果表达式 expr 的值为 True，则该函数返回表达式 truepart 的值；如果表达式 expr 的值为 False，则该函数返回表达式 falsepart 的值。

例如，"成绩管理"窗体上有一个文本框 Txt1，其显示内容随"学生成绩表"中"成绩"字段值的不同而不同。当"成绩"字段值大于等于 60 时，Txt1 中显示"通过"；当"成绩"字段值小于 60 时，Txt1 中显示"未通过"。实现这一功能的语句如下：

```
Forms!成绩管理!Txt1.Value = IIf([成绩] >= 60, "通过", "未通过")
```

（2）Switch 函数

【命令格式】**Switch**（＜expr1＞，＜value1＞[，＜expr2＞，＜value2＞… [，＜exprn＞，＜valuen＞]]）

【命令说明】该函数用于多条件选择操作。函数将根据条件式 expr1、expr2…exprn 的值来决定返回的值。对于条件式从左至右计算判断，函数将返回第一个计算结果为 True 的条件式所对应的表达式的值。

例如，可以将数学计算式

$$y = \begin{cases} \sqrt{x} & x>0 \\ 0 & x=0 \\ x^2 & x<0 \end{cases}$$

表示为 $y = Switch(x>0, Sqr(Abs(x)), x=0, 0, x<0, x*x)$。

（3）Choose 函数

【命令格式】**Choose**（＜index＞，＜choice1＞[，＜choice2＞，… [，＜choicen＞]]）

【命令说明】函数将根据数值表达式 index 的值决定返回值。在不考虑变量小数定义位数的情况下，当 index 的值大于 1 小于 2 时，函数将返回表达式 choice1 的值；当 index 的值大于 2 小于 3 时，函数将返回表达式 choice2 的值，依此类推。

注意：数值表达式 index 的值应为 1~n，否则，函数将返回 Null 值。

9.4.2 循环结构

在处理实际问题过程中，有时需要重复执行某些相同的操作，也就是对一段程序进行循环操作，这就需要使用循环结构对程序进行设计。VBA 提供了多种形式的循环结构。

1. For 循环语句

【命令格式】**For** ＜counter＞ = ＜start＞ **To** ＜end＞ [**Step** ＜step＞]

                ＜statements-**1**＞

              [**Exit For**]

              [statements-**2**]

       Next[counter]

【命令说明】

1）counter 为循环控制变量，它必须是数值型变量。

2）For 语句与 Next 语句之间的语句序列为循环体，即被重复执行的部分。

3）start、end、step 分别为循环的初值、终值和步长值，都是数值型表达式。它们共同控制循环体被执行的次数。即循环次数=Int((终值-初值)/步长值)+1。

4）语句执行过程如下。

① 执行 For 语句，给循环控制变量赋初值，并自动记录循环的终值和步长值。

② 判断循环控制变量的值是否"超过"终值。如果没有超过，则执行循环体中各语句，直至 Next 语句；如果超过，则结束循环，执行 Next 语句后面的语句。

③ 执行 Next 语句，为循环控制变量增加一个步长值，转到②，判断是否继续循环。

5）语句执行过程②中的"超过"有两重含义：当步长为正值时，循环控制变量大于终值为"超过"；当步长为负值时，循环控制变量小于终值为"超过"。

6）当步长值为 1 时，"Step 1"可省略不写。注意：步长值不能为 0，否则易造成程序死循环，不能正常结束。

7）For 语句与 Next 语句必须成对出现。当 Next 语句中书写循环控制变量时，必须与 For 语句中的循环控制变量相同。

8）Exit For 语句的作用是强行结束 For 循环语句，执行 Next 语句后面的语句。通常它被放在分支语句中，即当满足一定条件时，强行结束循环。

【例 9-16】 求 50! 的值（即 $1×2×3×\cdots×50$）。

程序代码如下：

```
Sub factorial50( )
    Dim i As Integer
    Dim n As Double                '请思考，变量类型是否可以定义为"Long"？为什么？

    n = 1                          '为存放乘积结果的变量赋初值
    For i = 1 To 50                '步长值为 1，省略 Step 子句
        n = n * i
    Next i

    Debug. Print "50 的阶乘值为："; n
End Sub
```

【例 9-17】 求 1~1000 的偶数和。

方法一：

```
Sub even1( )
    Dim i As Integer
    Dim s As Long                  '请思考，变量类型是否可以定义为"Integer"？为什么？

    s = 0                          '为累加和变量赋初值
    For i = 2 To 1000 Step 2       '请思考，语句中的 i = 2 是否可以改为 i = 0 或 i = 1
        s = s + i
    Next i

    Debug. Print "1~1000 的偶数和为："; s
End Sub
```

方法二：

```
Sub even2( )
    Dim i As Integer
    Dim s As Long

    s = 0
    For i = 1 To 1000
        If i Mod 2 = 0 Then s = s + i
    Next i

    Debug. Print "1~1000 的偶数和为："; s
End Sub
```

方法二中的语句"If i Mod 2 = 0 Then s = s + i"，还可以改写为"If i / 2 = Int(i / 2) Then s = s + i"，或者"If i / 2 = i \ 2 Then s = s + i"，效果相同。

【例 9-18】输入任意 10 个整数，并把这 10 个整数按从大到小的顺序输出。

（1）分析

先使用 InputBox 函数输入任意 10 个整数，并将它们保存在一维数组 ArrA 中；再利用选择排序算法将这 10 个整数从大到小排序。

选择排序算法的基本思想是：从未排序数列中选出最大（或最小）的数并将它与未排序数列中的第一个数交换，将该数作为已排序数列的最后一个数；然后再从余下的未排序数列中选出最大（或最小）的数并将它与未排序数列的第一个数交换位置；如此重复，直到未排序数列只剩下一个数为止。

第 1 轮　设定一个标志 Flag，假设 Flag=1。开始将 ArrA(Flag)依次与 ArrA(2)～ArrA(10)进行比较，每次将较大数的下标赋给 Flag。完成比较后 Flag 指向这 10 个整数中的最大数。最后如果 Flag 的值不等于 1，则将 ArrA(Flag)与 ArrA(1)的值进行交换。最后，ArrA(1)中存放这 10 个整数中的最大数。具体过程如下。

1）将 ArrA(Flag)与 ArrA(2)进行比较，如果 ArrA(2)>ArrA(Flag)，则 Flag=2。

2）将 ArrA(Flag)（即前两个数中的较大数）与 ArrA(3)进行比较，如果 ArrA(3)>ArrA(Flag)，则 Flag=3，否则不变。最后，Flag 指向 ArrA(1)、ArrA(2)、ArrA(3)中的较大数。

3）重复以上过程，直至 ArrA(Flag)依次与 ArrA(2)～ArrA(10)两两比较完毕，此时 Flag 指向这 10 个整数中的最大数。

4）如果 Flag 的值不为 1，则将 ArrA(1)与 ArrA(Flag)的值进行交换，否则不变。

第 2 轮　令 Flag=2，将 ArrA(Flag)依次与 ArrA(3)～ArrA(10)进行两两比较，每次将 Flag 指向较大数。如果 Flag 不等于 2，则将 ArrA(2)与 ArrA(Flag)的值交换。最后 ArrA(2)中存放的是这 10 个整数中的第 2 大数。

……

第 9 轮　令 Flag=9，将 ArrA(Flag)与 ArrA(10)进行比较，将 Flag 指向较大数。如果 Flag 不等于 9，则将 ArrA(9)与 ArrA(Flag)的值交换。最后 ArrA(9)中存放的是这 10 个整数中的第 9 大数。

以上 9 轮比较结束时，这 10 个整数已按从大到小的顺序放入了 ArrA(1)～ArrA(10)中。

（2）建立窗体

在例 9-13 创建的数据库"程序设计练习.accdb"中，建立窗体"数据排序示例"，要求窗体上没有滚动条、记录选定器、导航按钮和分隔线。窗体上的控件见表 9-8。

表 9-8　"数据排序示例"窗体上的控件

控件类型	控件名称	控件标题
标签	Label1	输入数据序列：
	Label2	从大到小排序的数据序列：
按钮	Cmd1	输入数据
	Cmd2	数据排序

（3）程序代码

```
Option Compare Database

Option Base 1
```

```
        Dim i As Integer, j As Integer
        Dim ArrA(10) As Integer, temp As Integer

    Private Sub Cmd1_Click( )
        Rem 输入 10 个任意整数
        i = 1
        While i <= 10                          '请尝试改写为 For…Next 语句
          ArrA(i) = InputBox("请输入第" & i & "个数：", "输入数值窗口")
          i = i + 1
        Wend

        Rem 将 10 个任意整数显示在窗体中
        For i = 1 To 10
          Label1. Caption = Label1. Caption & ArrA(i) &Space(2)
        Next i
    End Sub

    Private Sub cmd2_Click( )
        Rem 使用选择排序算法排序
        Dim Flag As Integer
        For i = 1 To 9
          Flag = i
          For j = i + 1 To 10
            If ArrA(j) > ArrA(Flag) Then Flag = j
          Next j
          If (Flag <> i) Then
                temp = ArrA(Flag)              '交换 ArrA(Flag)与 ArrA(i)的值，temp 为中间变量
                ArrA(Flag) = ArrA(i)
                ArrA(i) = temp
            End If
        Next i

        Rem 将 10 个任意整数显示在窗体中
        For i = 1 To 10
          Label2. Caption = Label2. Caption & ArrA(i) & Space(2)
        Next i
    End Sub
```

（4）程序运行

单击"输入数据"按钮后，根据屏幕提示输入任意 10 个整数，程序将这 10 个整数显示在标签 Label1 中；单击"数据排序"按钮，程序将对输入的 10 个整数从大到小排序，并将排序结果显示在标签 Label2 中。

例如，当输入的 10 个整数分别为 8、6、50、100、85、150、76、2、44、12 时，数据排序运行结果如图 9-15 所示。

2. While 循环语句

【命令格式】**While** <condition>

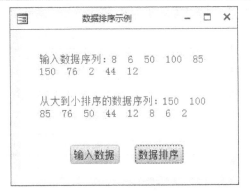

图 9-15　数据排序运行结果

```
                    <statements>
              Wend
```

【命令说明】

1）condition 表达式的计算结果为 True 或 False，充当循环判断条件。

2）While 语句与 Wend 语句必须成对出现。While 语句与 Wend 语句之间的语句序列为循环体。

3）语句执行过程如下。

① 判断条件 condition 是否成立。如果条件成立（即其值为 True），则执行循环体中的各语句，直至 Wend 语句；如果条件不成立（即其值为 False），则结束循环，执行 Wend 语句后面的语句。

② 执行 Wend 语句，转到①，重新判断条件是否成立。

4）While 循环语句本身不修改循环条件，所以必须在循环体内设置相应的循环条件调整语句，使得整个循环趋于结束，以避免死循环。

5）While 循环语句是先对条件进行判断，然后才决定是否执行循环体。如果一开始条件就不成立，则循环体一次也不执行。

【例 9-19】 使用 While…Wend 语句改写例 9-17 程序代码。

方法一：

```
Sub even3( )
    Dim i As Integer
    Dim s As Long

    i = 0                    '为循环控制变量赋初值
    s = 0                    '为累加和变量赋初值
    While i < 1000           '请思考，是否可将条件改为 i <= 1000？
      i = i + 2              '通过该语句的使用，使整个循环趋于结束
      s = s + i
    Wend

    Debug. Print "1~1000 的偶数和为："; s
End Sub
```

如果将 While 语句中的条件改为 i <= 1000，且交换语句 i = i + 2 和 s = s + i 的前后顺序，程序运行结果依然正确。

方法二：

```
Sub even4( )
    Dim i As Integer
    Dim s As Long

    i = 1: s = 0
    While i <= 1000          '请思考，是否可将条件改为 i < 1000？
      If i / 2 = i \ 2 Then s = s + i
      i = i + 1
    Wend

    Debug. Print "1~1000 的偶数和为："; s
End Sub
```

提示： 从例 9-17 和例 9-19 可以看出，程序编制过程是非常灵活的，同样一个问题，可以有多种不同的程序实现方式，编程者思维习惯的不同会导致程序代码中的语句顺序和循环条件发生变化，希望大家在学习过程中细心体会。

3. Do 循环语句

与 While 循环语句相比，Do 循环语句具有更强的灵活性，Do 循环语句有以下 4 种格式。

【命令格式 1】 **Do While** \<condition>

　　　　　　　　　　\<statements-**1**>

　　　　　　　　　　$\lceil$**Exit Do**$\rceil$

　　　　　　　　　　$\lceil$statements-**2**$\rceil$

　　　　　　Loop

【命令说明】

1）语句执行过程。

● 若条件表达式 condition 的值为 True（即条件成立），则执行 Do 语句和 Loop 语句之间的语句块（即循环体），直至 Loop 语句。

● 执行 Loop 语句，返回循环开始语句重新判断条件表达式是否成立，以决定是否继续循环。

2）Exit Do 语句的作用是强行结束 Do 循环语句，执行 Loop 语句后面的语句。通常它被放在分支语句中，即当满足一定条件时，强行结束循环。

【命令格式 2】 **Do Until** \<condition>

　　　　　　　　　　\<statements-**1**>

　　　　　　　　　　$\lceil$**Exit Do**$\rceil$

　　　　　　　　　　$\lceil$statements-**2**$\rceil$

　　　　　　Loop

【命令说明】

执行循环，直至条件表达式 condition 的值为 True 时，结束循环。具体过程描述如下。

1）若条件表达式 condition 的值为 False，则执行 Do 语句和 Loop 语句之间的语句块（即循环体），直至 Loop 语句。

2）执行 Loop 语句，返回循环开始语句重新判断条件表达式的值是否为 True，以决定是否结束循环。

【命令格式 3】 **Do**

　　　　　　　　　　\<statements-**1**>

　　　　　　　　　　$\lceil$**Exit Do**$\rceil$

　　　　　　　　　　$\lceil$statements-**2**$\rceil$

　　　　Loop While \<condition>

【命令说明】执行过程如下。

1）执行一次 Do 语句和 Loop 语句之间的语句块（即循环体），直至 Loop 语句。

2）执行 Loop 语句，判断条件 condition 是否成立：若成立，则重复执行循环体；若不成立，则结束循环，执行 Loop 语句后面的语句。

【命令格式 4】 **Do**

<statements-**1**>
[**Exit Do**]
[statements-**2**]
Loop Until <condition>

【命令说明】

执行循环，直至条件表达式 condition 的值为 True 时，结束循环。具体过程描述如下。

1）执行一次 Do 语句和 Loop 语句之间的语句块（即循环体），直至 Loop 语句。

2）执行 Loop 语句，判断条件表达式 condition 的值是 True 还是 False：如果条件表达式的值为 False，则重复执行循环体；如果条件表达式的值为 True，则结束循环，执行 Loop 语句后面的语句。

【例 9-20】 阅读以下 4 段程序，分析各程序循环体被执行的次数，以及各程序的运行结果。

```
程序 1                               程序 2
Sub pd1( )                           Sub pd2( )
    Dim k As Integer, s As Integer       Dim k As Integer, s As Integer

    k = 0: s = 0                          k = 0: s = 0
    Do While k <= 10                     Do Until k <= 10
        k = k + 1                            k = k + 1
        s = s + k                            s = s + k
    Loop                                 Loop

    Debug. Print "k="; k, "s="; s        Debug. Print "k="; k, "s="; s
End Sub                              End Sub

程序 3                               程序 4
Sub pd3( )                           Sub pd4( )
    Dim k As Integer, s As Integer       Dim k As Integer, s As Integer

    k = 0: s = 0                          k = 0: s = 0
    Do                                   Do
        k = k + 1                            k = k + 1
        s = s + k                            s = s + k
    Loop While k <= 10                   Loop Until k <= 10

    Debug. Print "k="; k, "s="; s        Debug. Print "k="; k, "s="; s
End Sub                              End Sub
```

以上 4 个程序段的循环体分别被执行了 11、0、11 和 1 次。它们的运行结果如下。

程序 1：k = 11   s = 66
程序 2：k = 0   s = 0
程序 3：k = 11   s = 66
程序 4：k = 1   s = 1

9.4.3 GoTo 控制语句

如果需要，可在 VBA 程序中使用 GoTo 语句进行跳转。

【命令格式】**GoTo** <line>

【命令说明】

1) line 是程序中任意的行标签或行号。

2) GoTo 语句的作用是无条件地跳转到过程中指定的行，而且只能跳转到它所在过程中的行。

注意：在程序中要尽量少用 GoTo 语句，过多的 GoTo 语句会使程序的结构不清晰，增加程序调试的难度。

【**例 9-21**】阅读以下程序（在例 9-16 基础上进行了修改），分析程序的运行过程，理解 GoTo 语句的使用。

```
Sub factgoto( )
    Dim i As Integer
    Dim n As Double

    n = 1
    For i = 1 To 50
        n = n * i
        If n > 2E+30 Then GoTo output        '2E+30 为科学计数法
    Next i

    output: Debug. Print "i="; i, "n="; n
End Sub
```

程序在 For 语句与 Next 语句之间，完成的是 $1 \times 2 \times 3 \times \cdots \times 50$，只是在每次累乘之后，都要判断乘积结果 n 是否超过了 2×10^{30}。如果超过，则跳出循环，转至行标签为 output 的语句行；否则，继续执行循环。程序运行结果如下。

```
i= 29            n= 8.8417619937397E+30
```

9.4.4　过程调用与参数传递

1. 过程

过程是包含 VBA 代码的基本单位，它由一系列可以完成某项指定操作或计算的语句和方法组成，通常分为子过程和函数过程。

（1）子过程及其调用

子过程可以执行一项或一系列操作，但是不返回值。用户可以自行创建子过程，也可以使用 Access 的事件过程模板进行创建。

1) 子过程的组成。子过程均以关键词 Sub 开始，以 End Sub 结束，其语句格式如下。

【命令格式】**Sub** <子过程名>（[<形参>]）[As <数据类型>]

    [<子过程语句>]

    [Exit Sub]

    [<子过程语句>]

    End Sub

2) 子过程的调用。子过程有以下两种调用形式。

【命令格式 1】**Call** 子过程名（[<实参>]）

或

【命令格式 2】子过程名［<实参>］

（2）函数过程及其调用

VBA 有许多内置函数，例如，Now 函数可返回当前系统的日期与时间。除了这些内置函数外，用户还可以用函数过程自定义函数。函数过程与子过程非常相似，只不过它通常都具有返回值。

1）函数过程的组成。函数过程以关键词 Function 开始，以 End Function 结束，其语句格式如下。

【命令格式】**Function** <函数过程名>（［<形参>］）［As <数据类型>］

　　　　　　　　［<函数过程语句>］

　　　　　　　　［<函数过程名> = <表达式>］

　　　　　　　　［Exit Function］

　　　　　　　　［<函数过程语句>］

　　　　　　　　［<函数过程名> = <表达式>］

　　　　　　End Function

2）函数过程的调用。函数过程的调用形式如下。

【命令格式】函数过程名（［<实参>］）

函数过程需要直接使用函数过程名（即函数名）并加括号来调用，不能使用 Call 语句调用。因为函数过程有返回值，所以可以将其返回值直接赋给某个变量或在表达式中直接使用。

【例 9-22】利用函数过程计算 "9!-7!+12!" 的值。

1）在窗体上创建一个名称为 "Command0" 的按钮和一个名称为 "Text1" 的文本框。

2）在 "Command0" 按钮的 Click 事件中编写如下代码。

```
Private Sub Command0_Click( )
    Dim a As Long
    a = fac_fun(9) - fac_fun(7) + fac_fun(12)
    Text1. Value = "9!-7!+12!的值为:" & a
End Sub
```

求阶乘的函数为 fac_fun( )，代码如下。

```
Function fac_fun( n As Integer) As Long
    Dim i As Integer, f As Long

    f = 1
    For i = 1 To n
        f = f * i
    Next

    fac_fun = f
End Function
```

2. 过程的作用范围

过程可被访问的范围称为过程的作用范围，也称为过程的作用域。

过程的作用范围分为公有和私有两种。公有过程以关键字 Public 开头，它可以被当前数据库中的所有模块调用。私有过程以关键字 Private 开头，它只能被当前模块调用。

通常情况下，公有过程和公有变量存放在标准模块中。

3. 参数传递

参数传递是指在调用过程时，主调过程将实参传递给被调过程形参的过程。在 VBA 中，参数传递有"传址"和"传值"两种传递方式。

（1）传址方式

在形参前加关键字 ByRef 或省略不写，表示参数传递是传址方式，传址方式也是 VBA 默认的参数传递方式。传址方式的工作原理是将实参在内存中的存储地址传递给形参，使得实参与形参共用内存中的"地址"。

可以将传址方式看成是一种双向的数据传递：调用时，实参将值传递给形参；调用结束时，形参将操作结果返回给实参。传址方式中的实参只能由变量承担。

（2）传值方式

在形参前加关键字 ByVal，表示参数传递是传值方式。传值方式是一种单向的数据传递：调用时，实参仅仅是将值传递给形参；调用结束时，形参也不能将操作结果返回给实参。传值方式中的实参可以是常量、变量或表达式。

【例 9-23】参数传递举例。

```
Private Sub mainpar( )
    x = 100: y = 200
    Debug.Print "调用前: x="; x, "y="; y
    Call subpar(x, y)
    Debug.Print "调用后: x="; x, "y="; y
End Sub

Private Sub subpar(ByVal m, n)
    m = m + 500: n = n * 5
    Debug.Print "调用中: m="; m, "n="; n
End Sub
```

运行过程 mainpar，将得到以下结果：

调用前：x= 100　　　　　　　y= 200
调用中：m= 600　　　　　　　n= 1000
调用后：x= 100　　　　　　　y= 1000

【例 9-24】利用子过程改写例 9-22。

1）在窗体上创建一个名称为"Command0"的按钮和一个名称为"Text1"的文本框。

2）在"Command0"按钮的 Click 事件中编写如下代码。

```
Private Sub Command0_Click( )
    Dim x As Long, y As Long, z As Long, a As Long

    Call fac_sub(9, x)        '该语句也可改写为"fac_sub 9, x"
    Call fac_sub(7, y)
    Call fac_sub(12, z)
    a = x - y + z

    Text1.Value = "9!-7!+12!的值为: " & a
End Sub
```

求阶乘的子过程为 fac_sub，代码如下。

```
Sub fac_sub( n As Integer, f As Long)
    Dim i As Integer

    f = 1
    For i = 1 To n
        f = f * i
    Next
End Sub
```

9.5　VBA 程序调试

程序调试的目的是要快速准确地发现程序的错误所在，以便对程序进行相应的修改与完善。

9.5.1　错误类型

程序编制过程中，不可避免地会产生错误。常见错误主要有语法错误、运行错误和逻辑错误 3 种类型。

1. 语法错误

语法错误是指由于关键字拼写不正确、变量未定义、语句前后不匹配等原因引起的程序错误。例如，程序中出现了关键字 While，却没有关键字 Wend，将导致循环语句的不完整。

对于简单的语法错误，可通过代码窗口逐行检查源程序来发现错误所在；对于复杂的语法错误，可以选择"调试"菜单中的"编译"命令进行编译，在编译过程中，模块中的所有语法错误都将被指出。

2. 运行错误

运行错误是指发生在应用程序开始运行之后的错误，可能是数据发生异常（如数据溢出），也可能是动作发生异常（如向不存在的文件中写入数据）。

出现运行错误时，系统会暂停程序的运行。打开代码窗口，显示出错代码，以供用户查看。

3. 逻辑错误

VBA 代码运行无误，但却没有得到正确的结果，这说明程序存在逻辑错误。这类错误一般属于程序算法上的错误（如语句顺序不正确），比较难以查找和排除。需要修改程序的算法来排除错误。

9.5.2　错误处理

错误处理就是在代码运行过程中，如果发生错误，则可以将错误捕获，并利用转移机制让程序按照设计者事先设计的方法来处理。使用错误处理的好处在于，发生错误时代码的执行不会中断，如果设定适当，甚至可以让用户感觉不到错误的存在。

错误处理分为如下两个步骤。

1. 设置错误陷阱

设置错误陷阱就是在程序代码中使用 On Error 语句，使得运行错误发生时，该语句可以将错误拦截下来。On Error 语句有 3 种形式。

（1）On Error Resume Next

当错误发生时，忽略错误行，继续执行后续语句。

（2）On Error GoTo <line>

当错误发生时，直接跳转到语句标号为 line 的位置，执行事先编制好的错误处理代码。

（3）On Error GoTo 0

关闭错误处理。当错误发生时，不使用任何错误处理程序块，而是中断程序运行，在对话框中显示相应的出错信息。

2. 编写错误处理代码

错误处理代码是由程序设计者编写的，它的功能是可以根据预知的错误类型来决定采取何种处理措施。

【例 9-25】 在利用 InputBox 函数输入数据时，如果用户没有在 InputBox 对话框中输入数据，而是直接单击了对话框的"确定"或"取消"按钮，程序将会产生运行错误，并显示错误提示对话框。对于以上这种情况，可以使用 On Error 语句进行处理。

```
Sub errexample( )
    On Error GoTo errorline
    Dim x As Integer

    x = InputBox("请输入一个整数", "输入")
    MsgBox x
    Exit Sub

    errorline：MsgBox "没有输入数据"
End Sub
```

运行以上过程时，如果在 InputBox 对话框中不输入任何数据，而是直接单击"确定"或"取消"按钮，将会出现"没有输入数据"消息框。如果将程序中的 On Error 语句删除，并且在运行过程中不向 InputBox 对话框输入任何数据，直接单击"确定"或"取消"按钮，程序运行将会中断，并弹出如图 9-16 所示的错误提示信息。

图 9-16   错误提示信息

9.5.3   调试程序

为避免程序运行错误的发生，VBE 提供了程序调试工具与调试方法。利用这些工具与方法，可以在程序编码调试阶段，快速准确地发现问题所在，方便编程人员及时地修改和完善程序。

1. 设置断点

调试程序时，可以在程序的特定语句上设置"断点"。在程序运行时，遇到"断点"设置，程序将中断执行，此时编程人员可以查看程序运行的状态信息，以确定程序代码是否正确。具体在哪些语句上设置"断点"，或设置多少个"断点"，完全由编程人员根据程序的处理流程灵活确定。

设置"断点"的方法主要有以下 3 种形式。

（1）利用边界标示条

在 VBE 环境的代码窗口中，单击需要作为断点的语句位置的边界标示条，则该行语句高亮显示，边界标示条中出现标记符号●。如图 9-17 所示。

在断点位置再次单击边界标示条，可以取消断点。

（2）利用菜单命令或快捷键

在 VBE 环境的代码窗口中，将插入点移至需要设置为断点的语句上，选择"调试"菜单中的"切换断点"命令或直接按〈F9〉键。

（3）利用工具栏

在 VBE 环境中，选择"视图"菜单中的"工具栏"→"调试"命令，打开"调试"工具栏，如图 9-18 所示。

将插入点移至需要设置为断点的语句，单击"调试"工具栏中的"切换断点"按钮🖑。

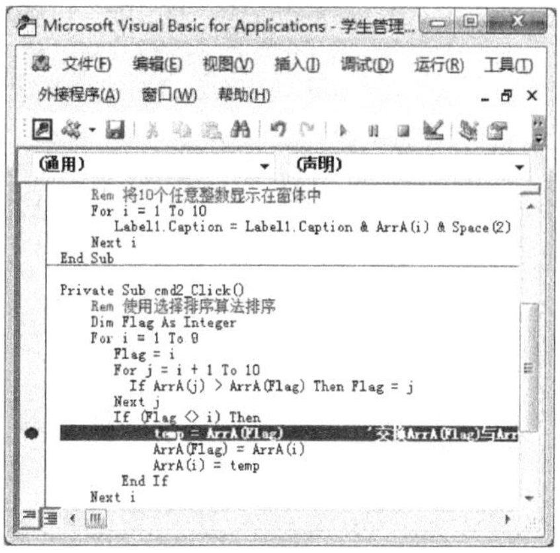

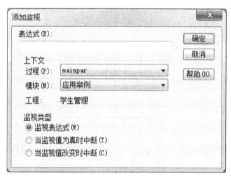

图 9-17　设置断点

2. 设置监视点

设置监视点的具体操作步骤如下。

1）在代码窗口中，选择"调试"菜单的"添加监视"命令，打开如图 9-19 所示的"添加监视"对话框。

图 9-18　"调试"工具栏

图 9-19　"添加监视"对话框

2）在"添加监视"对话框中设置监视选项。

● 在"表达式"文本框中输入需要监视的表达式。表达式可以是变量、属性、函数调用等任何形式的有效表达式。

● 通过"上下文"选项区，可以设置表达式的取值范围为模块或过程。应尽量选择适合需要的最小范围，因为选择范围过大将减慢代码的执行速度。

● 通过"监视类型"选项区，可以设置系统对监视表达式做出的响应。选择"监视表达式"单选按钮，将显示监视表达式的值；选择"当监视值为真时中断"单选按钮，则当监视表达式的值为 True 时中断执行；选择"当监视值改变时中断"单选按钮，则当监视表达式的值有所改变时中断执行。

3）运行代码，监视窗口将显示所设置的表达式的值。

3. 使用输出语句

当代码运行出现错误时，可以在代码中的适当位置添加 MsgBox 语句和 Debug.Print 语句，显示指定变量的值或常量，以帮助程序调试者推断错误所在位置。

9.6 拓展阅读——数据安全事件的启示

近年来，数字化深入发展，为社会、经济等带来更多便捷和机遇的同时，也带来了越来越严峻的网络安全风险。每当发生网络安全事件，尤其是大规模的数据泄露和违规事件，不仅会给相关单位机构造成巨大的财产损失，还会损害其声誉，甚至危及无数人的个人隐私和信息安全。个人信息尤其是隐私信息一旦泄露，很可能被不法分子所利用，如电信诈骗等，对个人财产安全构成极大威胁。

2016 年，某公司宣布其 2013 年的泄露事件影响了 10 亿账户，后来这一数字被修正为 30 亿，黑客获取了用户的姓名、出生日期、电话号码和密码，以及用于重置密码的安全问题和电子邮件地址。2018 年，某酒店数据库被攻击者访问，影响约 3.83 亿客人。同年，某社交平台建议 3.3 亿用户更改密码，因漏洞导致密码以明文形式存储，尚不清楚密码暴露了多长时间以及有多少用户受到影响。2021 年，某公司近 5.33 亿用户的敏感数据被黑客在论坛上发布，这些数据通过抓取而非系统入侵获取，攻击者使用旨在帮助用户通过将账户与联系人列表关联起来找到朋友的功能来抓取数据。2022 年，某汽车公司就用户数据遭窃取发表致歉声明，声明显示，遭窃取数据为 2021 年 8 月之前的部分用户基本信息和车辆销售信息，该公司曾收到外部邮件，以数据泄露勒索 225 万美元等额比特币。2022 年 9 月，国家计算机病毒应急处理中心和 360 公司分别发布了关于某大学遭受境外网络攻击的调查报告，报告显示，美国国家安全局持续对该大学开展攻击窃密，窃取该校关键网络设备配置、网管数据、运维数据等核心技术数据。2022 年澎湃新闻报道，国内一黑客利用木马病毒非法控制逾 2000 台计算机，入侵 40 多家国内金融机构的内网交易数据库，非法获取交易指令和多条内幕信息，进行相关股票交易牟利。2022 年，北京某科技公司在未取得求职者和平台直接授权的情况下，秘密爬取国内主流招聘平台上的求职者简历数据，涉及 2.1 亿余条个人信息，后被判处罚金人民币 4000 万元。2023 年曝光的缅北诈骗事件中，个人信息的泄露给了犯罪分子可乘之机，也产生了非常恶劣的社会影响。

通过以上国内外数据安全事件表明，数据安全面临的形势严峻，需要高度重视数据安全问题，需要从技术、组织、管理、法律等多个层面全方位加强和落实数据安全保护措施。

启示：通过这些数据安全事件，可以看到数据安全和隐私保护的重要性，以及在数字化时代中加强数据安全保护措施的紧迫性。这提醒我们在日常学习和工作中要加强数据安全和网络安全意识，严格遵守网络安全相关法规，并且具有高尚的社会责任感，积极与不法行为做斗争，从个人做起，树立好安全防护的每一道墙。

9.7 习题

1. 选择题

1）VBA 程序允许将多条语句书写在同一行中，各语句之间的分隔符为（　　）。

  A. :   B. '

  C. ;   D. ,

2）下列 Case 语句中错误的是（　　）。

  A. Case 0 To 10   B. Case Is>10

  C. Case Is>10 And Is<50   D. Case 3,5,Is>10

3）下列 4 个循环设计中，循环次数最少的是（　　　）。

    A.　a = 5　　　　　　　　　　　　　　B.　a = 5

        b = 8　　　　　　　　　　　　　　　　b = 8

        Do　　　　　　　　　　　　　　　　　Do

          a = a+1　　　　　　　　　　　　　　a = a+1

        Loop While a<b　　　　　　　　　Loop Until a<b

    C.　a = 5　　　　　　　　　　　　　　D.　a = 5

        b = 8　　　　　　　　　　　　　　　　b = 8

        Do Until a<b　　　　　　　　　　Do Until a>b

          b = b+1　　　　　　　　　　　　　　a = a+1

        Loop　　　　　　　　　　　　　　　Loop

4）下列不属于 VBA 提供的 On Error 语句形式为（　　　）。

    A.　On Error Goto 标号　　　　　　　　B.　On Error Then 标号

    C.　On Error Resume Next　　　　　　　D.　On Error Goto 0

5）为了使得调用子过程 Proc1 后返回两个变量的结果，正确的过程定义语句是（　　　）。

    A.　Sub Proc1（ByVal m，ByVal n）　　　B.　Sub Proc1（ByVal m,n）

    C.　Sub Proc1（m，ByVal n）　　　　　　D.　Sub Proc1（m,n）

2. 填空题

1）结构化程序设计有＿＿＿＿＿＿、＿＿＿＿＿＿、＿＿＿＿＿＿3 种控制结构。

2）VBA 中，标识变体类型的关键字是＿＿＿＿＿＿。

3）退出 Access 应用程序的 VBA 代码是＿＿＿＿＿＿。

4）VBA 中函数 InputBox 的功能是＿＿＿＿＿＿。

5）使用 Dim 语句定义数组时，在默认情况下数组下标的下界为＿＿＿＿＿＿。

3. 编程题

1）水仙花数是具有如下特征的 3 位数：其各位数字立方和等于该数本身。例如，153 满足 $153 = 1^3 + 5^3 + 3^3$，所以它是一个水仙花数。编制程序求出所有的水仙花数。

2）编写程序，判断一个正整数（大于等于 3）是否为素数。

3）编制程序，输入任意 10 个整数，并输出这些数的最大值、最小值和平均值（要求使用数组实现）。

4）编制程序，输出任意一个 5 行 5 列数据方阵中每行的最小数。

5）求 P 的值，$P = \sum_{n=1}^{10} n!$。

6）在名称为 Form、标题为"欢迎与日期切换"的窗体中，建立一个名称为"Txt1"、标题为"欢迎使用本系统！"的文本框，再建立两个名称为"Cmd1""Cmd2"，标题为"欢迎""关闭"的按钮。当单击标题为"欢迎"的按钮时，其标题变为"日期"，且"Txt1"文本框的内容显示为"今天的日期是：××××年××月××日"；当单击标题为"日期"的按钮时，其标题变为"欢迎"，且"Txt1"文本框的内容显示为"欢迎使用本系统！"。单击"关闭"按钮时，则关闭窗体。

7）对数据库"职工管理.accdb"，按照以下要求编制程序。

● 数据表 Password 用于存放用户注册信息，字段设置情况见表 9-9。

表 9-9　Password 表中字段设置情况

字 段 名 称	数 据 类 型	字 段 大 小	作　　用
userno	文本型	5	存储注册用户编号
username	文本型	12	存储注册用户名
userpsw	文本型	16	存储用户密码

● 窗体"用户登录"的记录源为 Password 表，窗体控件见表 9-10。

表 9-10　"用户登录"窗体控件

控 件 类 型	控 件 名 称	控 件 标 题	其 他 设 置
标签	Label1	用户名：	显示格式为隶书 12 号字
	Label2	口令：	显示格式为隶书 12 号字
组合框	Combox1		行来源为 Password 表中记录
文本框	Text1		输入字符时屏幕显示一串"＊"
按钮	Cmd1	确定	标题显示为楷体 12 号字
	Cmd2	退出	标题显示为楷体 12 号字

编写程序，实现用户登录功能。运行"用户登录"窗体，在"用户名"下拉列表框中选择一个合法的用户名，在"口令"文本框中输入对应的口令。单击"确定"按钮，若输入的口令正确，则出现"欢迎使用本系统"对话框，否则出现"密码输入错误"对话框；单击"退出"按钮，则结束运行。"用户登录"窗体运行界面如图 9-20 所示。

图 9-20　"用户登录"窗体运行界面

第 10 章 VBA 数据库编程

前面章节介绍了使用查询、窗体、宏、报表、模块等 Access 对象处理数据的形式和方法。若想更好地管理数据，并开发出具有实用价值的 Access 数据库应用程序，还需了解和掌握 VBA 的数据库编程技术。

10.1 VBA 数据库编程技术简介

为了在程序代码中实现对数据库对象的访问，VBA 提供了数据访问接口。

10.1.1 数据库引擎与数据库访问接口

VBA 通过数据库引擎工具支持对数据库的访问。数据库引擎实际上是一组动态链接库（Dynamic Link Library，DLL），它以一种通用接口方式，使用户可以用统一的形式对各类物理数据库进行操作。VBA 程序通过动态链接库实现对数据库的访问。

通过数据访问接口，可以在 VBA 代码中处理打开的或没有打开的数据库，可以创建数据库、表、查询、字段等对象，也可以编辑数据库中的数据，使数据的管理和处理完全代码化。

1. 数据库引擎及其体系结构

在 Access 2007 之前，VBA 使用 Microsoft 连接性引擎技术（Joint Engine Technology，JET）。目前，Access 改为使用集成和改进的 Microsoft Access 数据库引擎（ACE 引擎），ACE 引擎与以前版本的 JET 引擎完全向后兼容，以便对早期 Access 版本文件的读取和写入。

Access 2021 数据库应用体系结构如图 10-1 所示。

Access 用户界面（User Interface，UI）决定着用户通过查询、窗体、宏、报表等查看、编辑和使用数据的方式。ACE 引擎提供核心的数据库管理服务，包括数据定义，数据存储，数据完整性，数据操作，数据检索，数据共享，数据加密及数据的导入、导出和链接等。

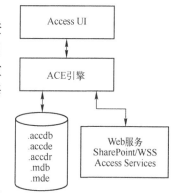

图 10-1 数据库应用体系结构

2. 数据库访问接口

微软公司提供了多种使用 Access 数据库的方式，主要接口技术有开放式数据库连接（Open DataBase Connectivity，ODBC）、数据访问对象（Data Access Objects，DAO）、对象链接嵌入数据库（Object Linking and Embedding DataBase，OLE DB）、ActiveX 数据对象（ActiveX Data Objects，ADO）和 ADO. NET。

Access 2021 中涉及的数据库编程接口有 ODBC、DAO、OLE DB 和 ADO 共 4 种。

（1）ODBC

目前，Windows 提供 32 位和 64 位 ODBC 驱动程序。在 Access 中，使用 ODBC API 访问数据库需要大量的 VBA 函数原型声明，操作烦琐，因此很少使用。

（2）DAO

DAO 提供了一个访问数据库的对象模型，利用其中定义的一系列数据访问对象（如 Database、Recordset 等），可以实现对数据库的各种操作。

DAO 适用于单系统应用程序或小范围的本地分布使用。如果数据库是本地使用的 Access 数据库，可以使用这种访问方式。

（3）OLE DB

OLE DB 是用于访问数据的 Microsoft 系统级别的编程接口。它是一个定义了一组组件接口的规范，封装了各种数据库管理系统服务，是 ADO 的基本技术和 ADO. NET 的数据源。

（4）ADO

ADO 是基于组件的数据库编程接口。使用 ADO 可以方便地连接任何符合 ODBC 标准的数据库。

ADO 是 DAO 的后继产物。相比 DAO，ADO 扩展了 DAO 使用的层次对象模型，用较少的对象、更多的方法和事件来处理各种操作，简单易用，是当前数据库开发的主流技术。

10. 1. 2　数据访问对象（DAO）

如果在 VBA 程序设计中使用 DAO，应首先在 Access 可使用的引用中增加对 DAO 库的引用。

1. 设置 DAO 引用

如果在创建数据库时系统没有自动引用 DAO 库，用户可以自行进行引用设置。具体设置步骤如下。

1）在 VBE 工作环境中，选择"工具"菜单中的"引用"命令，打开"引用"对话框。

2）在"可使用的引用"列表中选中"Microsoft Office 15. 0 Access Database Engine Object Library"复选框（见图 10-2），单击"确定"按钮。

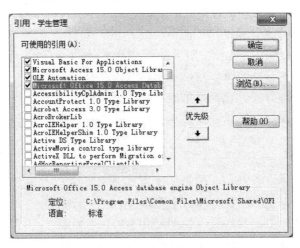

图 10-2　"引用"对话框

2. DAO 对象模型

DAO 对象模型的分层结构如图 10-3 所示。

3. DAO 常用对象说明

DAO 的最顶层对象是 DBEngine，其下包含各种对象集合，对象集合下面又包含成员对象。

常用 DAO 对象的含义见表 10-1。

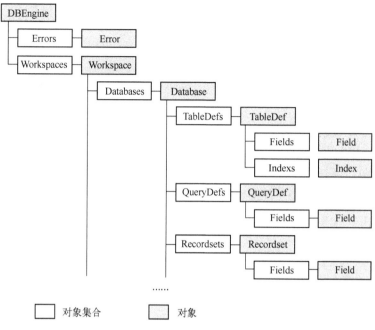

图 10-3　DAO 对象模型的分层结构

表 10-1　常用 DAO 对象的含义

名　　称	含　　义
DBEngine	数据库引擎 Microsoft Jet Database Engine
Workspace	工作区，打开到关闭 Access 数据库期间为一个 Workspace，可由工作区号标识
Database	要操作的数据库对象
TableDef	要操作的数据库对象中的数据表结构
Field	字段数据信息
Index	索引字段
QueryDef	要操作的数据库的查询设计信息
Recordset	打开数据表操作、运行查询返回的记录集
Error	使用 DAO 对象产生的错误信息

4. 在集合中获取对象

在对象集合中，有上下隶属关系，在引用时需由上而下。例如，要使用一个 TableDef 对象，应先加载 DAO 数据库引擎，然后打开一个工作区（Workspace），在工作区中使用 Database 对象打开数据库文件，最后才可以使用 TableDef 对象取用数据表结构。

10.1.3　ActiveX 数据对象（ADO）

ADO 是基于组件的数据库编程接口，它为开发者提供了一个强大的逻辑对象模型，以便开发者通过 OLE DB 系统接口，以编程方式访问、编辑、更新各种数据源（如 Access、SQL Server、Oracle 等），实现对数据源的数据处理。ADO 最普遍的用法就是通过应用程序，在关系数据库中检索一个或多个表，并显示查询结果。

1. ADO 引用

在 Access 中使用 ADO 对象时，也应增加对 ADO 库的引用，只不过在 Access 2000 以后的版本中，每当建立新数据库时，系统会自动引用 ADO 链接库，不需要用户再进行任何设置或更改。

2. ADO 主要对象

ADO 对象模型（详细内容请参照 Access 帮助信息）主要有 3 个对象成员：Connection、Command、Recordset。

（1）Connection 对象

Connection 对象的功能是用于指定数据提供者，完成与数据源的连接。在客户/服务器结构中，该对象实际上是表示了同服务器的实际网络连接。

建立和数据库的连接是访问数据库的第一步，ADO 打开连接的主要途径是通过 Connection 对象的 Open 方法来连接数据库，即使用 Connection. Open 方法。

Connection 对象的 Execute 方法用于执行一个 SQL 查询。

（2）Command 对象

Command 对象表示在 Connection 对象的数据源中要运行的 SQL 命令。

（3）Recordset 对象

Recordset 对象是指操作 Command 对象所返回的记录集。ADO Recordset 对象包含某个查询返回的记录以及那些记录中的游标。用户可以在不显示打开 Connection 对象的情况下，打开一个 Recordset 对象（例如，执行一个查询）。如果选择创建一个 Connection 对象，就可以在同一个连接上打开多个 Recordset 对象。需注意的是，Recordset 对象所指的当前记录任何时候均为集合内的某一个记录。

10.2　VBA 数据库编程技术

Access 中，数据库编程可以使用 DAO 或 ADO 技术，对数据库的操作都要经历打开链接、创建记录集并实施操作的过程。

10.2.1　DAO 编程

DAO 编程比较复杂，但却具有更好的灵活性和更强的功能。将表、查询、窗体、报表等对象和 DAO 编程结合在一起，可以开发出功能完善、操作方便的数据库应用程序。

1. 使用 DAO 访问数据库

在 VBA 中，使用 DAO 访问 Access 数据库，通常由以下几个部分组成。

1）引用 DAO 类型库 "Microsoft Office 15.0 Access Database Engine Object Library"。

2）定义 DAO 数据类型的对象变量（如 Workspace 对象变量、Database 对象变量、Recordset 对象变量等）。

3）通过 Set 语句设置各个对象变量的值（即要操作对象的名称）。

4）对通过对象变量获取的操作对象进行各种处理。

5）关闭对象，并释放对象占用的内存空间。

2. DAO 常用对象的属性和方法

通过 DAO 访问 Access 数据库，实际上就是利用 Database、TableDef、Recordset 等对象的属

性和方法来实现对数据库的操作。

（1）Database 对象的常用属性和方法

Database 是 DAO 最重要的对象之一，其常用的属性和方法见表 10-2。

表 10-2　Database 对象的常用属性和方法

属性/方法	名　　称	含　　义
属性	Name	标识一个数据库对象的名称
	Updatable	表示数据库对象是否可以被更改或更新
方法	CreateTableDef	创建一个新的表对象
	CreateQueryDef	创建一个新的查询对象
	OpenRecordSet	创建一个新的记录集
	Execute	执行一个动作查询
	Close	关闭数据库

OpenRecordSet 方法用于创建一个新的 Recordset 对象，其语句格式如下：

【命令格式】

Set <Recordset> = <Database>. **OpenRecordSet** (<source>,[<type>],[<options>],[<lockedits>])

【命令说明】

1）Recordset、Database 为对象变量名。

2）source 参数表示记录集的数据源，可以是表名，也可以是 SQL 查询语句。

3）type 参数用于设定 Recordset 对象的类型，可以是 dbOpenTable（数据源为单一表）、dbOpenDynaset（默认类型，数据源可为单表或多表）、dbOpenSnapshot（数据源可为单表或多表，但记录不能更新）。

4）options 参数用于设定记录集的操作方式，可以是 dbAppendOnly、dbReadOnly 等，表示对记录集只能添加或只读等。

5）lockedits 参数用于设定锁定方式，可以是 dbOptimistic、dbPessimistic 等。

例如，语句 "Set tabex＝DBEngine. Workspaces(0). Databases(0). OpenRecordSet ("用户注册表")" 与语句 "Set tabex＝DBEngine. Workspaces(0). Databases(0). OpenRecordSet ("select ＊ from 用户注册表")" 效果相同。

（2）TableDef 对象的常用方法

TableDef 对象代表数据库中的数据表结构。在创建数据库时，对要生成的表，必须创建一个 TableDef 对象来完成对表字段的创建。

TableDef 对象最常用的方法是 CreateField，该方法的语句格式如下：

【命令格式】

Set<field> = <TableDef>. **CreateField**(<name>,<type>,<size>)

其中，field、TableDef 为对象变量名；name、type、size 分别为字段名称、字段类型和字段大小。需要说明的是，type 需用常量表示，例如，"dbText" 表示文本型。

（3）Recordset 对象的常用属性和方法

Recordset 对象代表一个表或查询中的所有记录。对数据库的访问，其实就是对记录进行操作，Recordset 对象提供了对记录的添加、删除和修改等操作的支持。Recordset 对象的常用属性和方法见表 10-3。

表 10-3　Recordset 对象的常用属性和方法

属性/方法	名　　称	含　　义
属性	Bof	如果为 True，表示指针已指向记录集的顶部
	Eof	如果为 True，表示指针已指向记录集的底部
	Filter	设置筛选条件，用于将满足条件的记录过滤出来
	RecordCount	返回记录集对象中的记录个数
方法	AddNew	添加新记录
	Delete	删除当前记录
	Edit	编辑当前记录
	FindFirst	查找满足条件的第一条记录
	FindLast	查找满足条件的最后一条记录
	FindNext	查找满足条件的下一条记录
	FindPrevious	查找满足条件的上一条记录
	Move	移动记录指针位置
	MoveFirst	将记录指针定位在第一条记录
	MoveLast	将记录指针定位在最后一条记录
	MoveNext	将记录指针定位在下一条记录
	MovePrevious	将记录指针定位在上一条记录
	Requery	重新运行查询，以便更新 Recordset 中的记录
	Update	刷新表，实现记录更新

3. DAO 应用举例

【例 10-1】建立"读者管理"数据库，然后通过 DAO 编程方式，在数据库中创建一个数据表，表的名称为"读者注册表"，字段情况见表 10-4。

表 10-4　"读者注册表"字段情况

字段名称	字段类型	字段大小	备　　注
读者 ID	文本型	5	主键字段
姓名	文本型	5	
证件号码	文本型	15	
注册日期	日期/时间型		
联系方式	文本型	20	

实现过程如下。

1）建立空数据库"读者管理 . accdb"。

2）在数据库中建立一个名称为"创建数据表"的窗体，且窗体上没有滚动条、记录选定器、导航按钮和分隔线。最后在窗体上建立一个名称为"cmd1"、标题为"创建表"的按钮。

3）切换至 VBE 工作环境，引用 DAO 类型库"Microsoft Office 15. 0 Access Database Engine Object Library"。

4）对"cmd1"按钮设计如下事件过程。

```
Option Compare Database

Private Sub Cmd1_Click( )
        Rem 声明 DAO 对象变量
        Dim ws As DAO. Workspace
        Dim db As DAO. Database
        Dim tb As DAO. TableDef
        Dim fd As DAO. Field
        Dim idx As DAO. Index

        Set ws = DBEngine. Workspaces(0)
        Set db = ws. Databases(0)
        Set tb = db. CreateTableDef("读者注册表")          '创建数据表

        Set fd = tb. CreateField("读者 ID", dbText, 5)      '创建第一个字段
        tb. Fields. Append fd                              '添加第一个字段
        Set fd = tb. CreateField("姓名", dbText, 5)
        tb. Fields. Append fd
        Set fd = tb. CreateField("证件号码", dbText, 15)
        tb. Fields. Append fd
        Set fd = tb. CreateField("注册日期", dbDate)
        tb. Fields. Append fd
        Set fd = tb. CreateField("联系方式", dbText, 20)
        tb. Fields. Append fd

        Set idx = tb. CreateIndex("stdno")                 '创建索引
        Set fd = idx. CreateField("读者 ID")                '创建索引字段
        idx. Fields. Append fd                             '添加索引
        idx. Unique = True
        idx. Primary = True
        tb. Indexes. Append idx

        db. TableDefs. Append tb                           '添加表
        db. Close
End Sub
```

5）在"创建数据表"窗体上单击"创建表"按钮，将实现创建"读者注册表"的过程。

从例 10-1 中可以看出，用户创建的字段对象、索引对象、表对象都必须通过 Append 方法将它们添加到 Fields、Indexes、TableDefs 对象集合中。

【例 10-2】针对例 10-1 创建的表"读者注册表"，通过 DAO 编程方式，实现表记录的添加、查找功能。

实现过程如下。

1）在数据库"读者管理.accdb"中建立一个名称为"管理数据"的窗体，且窗体上没有滚动条、记录选定器、导航按钮和分隔线。窗体的控件见表 10-5，运行界面如图 10-4 所示。

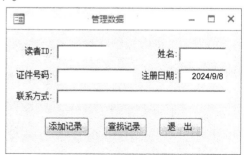

图 10-4　"管理数据"窗体运行界面

表 10-5　"管理数据"窗体的控件

控 件 类 型	控 件 名 称	控 件 标 题
标签	Label1	读者 ID：
	Label2	姓名：
	Label3	证件号码：
	Label4	注册日期：
	Label5	联系方式：
文本框	txt1	
	txt2	
	txt3	
	txt4	
	txt5	
按钮	Cmd1	添加记录
	Cmd2	查找记录
	Cmd3	退出

2）选择"Cmd1"按钮，在"属性表"窗格中选择"事件"选项卡，并选择"单击"事件，单击其后的"代码生成器"按钮，切换至 VBE 工作环境。

3）在通用声明段中，声明模块级变量。

```
Dim rst As DAO. Recordset
Dim db As DAO. Database
```

4）输入以下窗体加载事件（即 load 事件）代码，以完成对象变量赋值、打开数据表"读者注册表"、设置 5 个文本框的初始值等操作。

```
Private Sub Form_Load( )
    Set db = DBEngine. Workspaces(0). Databases(0)
    Set rst = db. OpenRecordset("读者注册表")        '打开数据表

    txt1. Value = " " : txt2. Value = " " : txt3. Value = " "
    txt4. Value = Date : txt5. Value = " "
End Sub
```

5）对"添加记录"按钮"cmd1"设计如下事件过程。

```
Private Sub Cmd1_Click( )
    If  RTrim(txt1. Value) = "" Or RTrim(txt2. Value) = "" Then
        MsgBox "读者 ID 和姓名不能为空，请重新输入", vbOKOnly, "错误提示"
        txt1. SetFocus
    Else
        rst. AddNew
        rst("读者 ID") = txt1. Value
        rst("姓名") = txt2. Value
        rst("证件号码") = txt3. Value
        rst("注册日期") = txt4. Value
        rst("联系方式") = txt5. Value

        ent = MsgBox("确认添加吗?", vbOKCancel, "确认提示")
```

```
        If ent = 1 Then
            rst. Update
        Else
            rst. CancelUpdate
        End If

        txt1. Value = " " : txt2. Value = " " : txt3. Value = " "
        txt4. Value = Date : txt5. Value = " "
    End If
End Sub
```

　　由于"读者 ID"是数据表的主键,不允许存储重复值。为了避免错误发生,当在"txt1"文本框中输完数据后,需将它与记录集中存在的"读者 ID"逐一比较,排除重复输入的可能性。

　　"txt1"文本框的 LostFocus 事件过程如下。

```
Private Sub txt1_LostFocus( )
    If rst. BOF And rst. EOF Then
        Exit Sub
    Else
        rst. MoveFirst
        Do While Not rst. EOF
            If Val(txt1. Value) = rst("读者 ID") Then
                MsgBox "读者 ID 重复,请重新输入", vbOKOnly, "错误提示"
                txt1. SetFocus
                txt1. Value = " "
                Exit Do
            Else
                rst. MoveNext
            End If
        Loop
    End If
End Sub
```

　　6）对"查找记录"按钮"cmd2"设计如下事件过程。

```
Private Sub Cmd2_Click( )
    Dim rst1 As DAO. Recordset
    Dim strinput As String, strsql As String

    strinput = InputBox("请输入需要查找的读者姓名", "查找输入")
    strsql = "select * from 读者注册表 where 姓名 like '" & strinput & "'"
    Set rst1 = db. OpenRecordset(strsql)
    If Not rst1. EOF Then
        Do While Not rst1. EOF
            Txt1. Value = rst1("读者 ID")
            Txt2. Value = rst1("姓名")
            Txt3. Value = rst1("证件号码")
            Txt4. Value = rst1("注册日期")
            Txt5. Value = rst1("联系方式")
            x = MsgBox("查找是否正确?", vbYesNo, "查找提示")
            If x = vbYes Then
                Exit Sub
            Else
```

```
                    rst1. MoveNext
                End If
            Loop
        Else
            MsgBox "读者[" & strinput & "]不存在!" , vbOKOnly, "查找提示"
        End If
        rst1. Close
    End Sub
```

7) 对"退出"按钮"cmd3"设计如下事件过程。

```
Private Sub Cmd3_Click( )
    rst. Close
    db. Close
    DoCmd. Close
End Sub
```

10. 2. 2　ADO 编程

与使用 DAO 对象不同的是，在使用 ADO 对象之前，需要设置数据提供程序（Provider），数据提供程序不仅是 ADO 进行数据访问的桥梁，而且是 ADO 辨识数据源格式的关键。

1. 使用 ADO 访问数据库

在 VBA 中，使用 ADO 访问 Access 数据库的步骤如下。

1) 定义 ADO 数据类型的对象变量。

2) 建立连接。

- 设置 Provider 属性值，定义要连接和处理的 Connection 对象。将 Provider 属性值设置为"Microsoft. ACE. OLEDB. 12. 0"，表示 ADO 将通过 OLEDB. 12. 0 版数据库引擎连接至 Access 数据库。
- 设置 ConnectionString 属性值。ADO 没有 DatabaseName 属性，它使用 ConnectionString 属性与数据库建立连接。

3) 打开数据库。

- 定义对象变量（为了区别与 DAO 中同名的对象，在定义对象变量时，需使用 ADO 类型库的短名称 ADODB 作为前缀）。
- 通过设置属性和调用相应方法打开数据库。

4) 获取记录集。使用 Recordset 和 Command 对象取得需要操作的记录集。

5) 对记录集进行各种处理。

6) 关闭对象。

2. ADO 应用举例

【例 10-3】假设"db1. accdb"数据库中有数据表"stu"，"db2. accdb"数据库中有数据表"emp"，且当前处于 db1 数据库操作环境中。请通过 DAO 编程方式，在立即窗口中显示数据表"stu""emp"的记录总数。

1) 通过 ADO 操作非当前数据库"db2. accdb"，显示数据表"emp"中记录个数的程序代码如下。

```
Dim cnn As New ADODB. Connection          '声明连接对象变量
Dim rstAs New ADODB. Recordset            '声明记录集对象变量
```

```
Dim strconnect As String, sqlx As String

strconnect = "D:\ db2. accdb"                               '设置连接数据源
cnn. Provider = " Microsoft. ACE. OLEDB. 12. 0"            '设置数据提供者
cnn. Open strconnect                                        '连接数据库

sqlx = "select * from emp"                                  '设置查询语句
rst. LockType = adLockPessimistic                           '设置记录集属性
rst. CursorType = adOpenKeyset
rst. Open sqlx, cnn, adCmdText                              '打开操作的记录集

Debug. Print rst. RecordCount                               '在立即窗口中显示记录集的记录个数

rst. Close
cnn. Close
Set rst = Nothing
Set cnn = Nothing
```

2）通过 ADO 操作当前数据库“db1. accdb”，显示数据表“stu”中记录个数的程序代码如下。

```
Dim cnn As New ADODB. Connection
Dim rst As New ADODB. Recordset
Dim sqly As String

Set cnn = CurrentProject. Connection                        '连接当前数据库

sqly = "select * from stu"
rst. LockType = adLockPessimistic
rst. CursorType = adOpenKeyset
rst. Open sqly, cnn, adCmdText                              '打开操作的记录集

Debug. Print rst. RecordCount

rst. Close
cnn. Close
Set rst = Nothing
Set cnn = Nothing
```

10.3　拓展阅读——职业道德教育

在信息技术飞速发展的当代，数据库已成为企业、机构乃至个人不可或缺的信息存储与管理工具。随着数据量的日益增加和数据应用的深入，数据库从业人员的作用愈发重要。他们不仅是数据的管理者，更是信息的守护者。因此，确立并遵守一套职业道德规范，对于保障信息安全、提升服务质量、维护行业声誉具有重要意义。

数据库管理员是负责管理和维护数据库系统的专业人员，他们的工作涉及数据的安全性、完整性和可靠性等方面。因此，数据库管理员的职业道德规范对于保护数据的机密性、防止数据泄露和滥用至关重要。下面介绍数据库管理员职业道德规范的主要内容和要求。

1. 保密性和安全性

数据库管理员必须严格遵守安全保密原则，不得向未经授权的人员透露任何敏感信息，要

确保敏感信息不被泄露或滥用。他们应该采取必要的安全措施，如加密、访问控制和身份验证等，以确保数据的安全性，保护数据免受未经授权的访问和破坏。例如，数据库管理员在处理客户数据时，必须遵守隐私保护法规，不得将客户信息泄露给第三方。数据库管理员应该定期审查和更新密码策略，确保密码强度足够高，并禁止使用弱密码。此外，他们还应该限制对敏感数据的访问权限，只允许授权人员进行操作。

2. 完整性

数据库管理员需要确保数据库中的数据完整性，即数据的准确性、一致性和有效性。他们应该定期备份数据，并采取措施防止数据丢失或损坏。例如，数据库管理员在进行数据备份时，应该选择合适的备份策略，如全量备份和增量备份，以确保数据的完整性和可用性。

3. 可靠性

数据库管理员需要确保数据库系统的可靠性和稳定性，以保证业务的正常运行。他们应该监控数据库的性能指标，并及时解决潜在的问题。例如，数据库管理员在进行系统维护时，应该遵循最佳实践，如定期清理无用的数据、优化查询语句等，以提升数据库的性能，增强其可靠性。

4. 沟通和透明度

数据库管理员应该保持与相关人员的沟通和透明度，及时向他们报告数据库的状况和问题。他们应该积极参与团队合作，与其他部门共享信息和资源。例如，当遇到数据库故障时，数据库管理员应该及时向相关团队和领导汇报情况，并提供解决方案，以便快速恢复数据库的正常运行。

5. 规范管理

企业必须制定一套完善的数据库管理和数据使用规范制度，确保数据的安全性和合规性。相关人员在数据管理和使用过程中，必须严格遵循这些规章制度，禁止违规访问数据，数据访问要留痕、可追溯，并且定期进行数据审计工作。例如，数据库管理人员在访问数据时，必须有详细的访问日志，这有助于我们监控数据的使用情况，也是数据安全的重要保障。

6. 遵纪守法

数据库管理员应该遵守相关的法律法规和行业标准，不得从事非法活动或违反职业道德的行为。他们应该保持良好的职业操守，树立良好的形象。例如，数据库管理员在处理敏感数据时，应该遵守相关的数据保护法规，不得擅自处理或泄露客户的个人信息。

启示：*数据库管理员的职业道德规范涵盖了保密性、完整性、可靠性、规范性和遵纪守法等方面，旨在保护数据的安全性、完整性和可靠性，确保数据库系统的正常运行。数据库管理员应该遵守这些规范，以履行其职责并树立良好的职业形象。*

10.4　习题

1. 选择题

1）DAO 对象模型的最顶层对象是（　　）。

 A. Database   B. Workspace

 C. DBEngine   D. RecordSet

2）Database 是 DAO 最重要的对象之一，其创建一个新记录集的方法是（　　）。

 A. OpenRecordSet   B. CreateQueryDef

 C. CreateTableDef   D. Create

3）判断 Recordset 对象的指针是否指向记录集底部的属性是（　　　）。

    A. Bof　　　　　　　　　　　　　　　B. Eof

    C. End　　　　　　　　　　　　　　　D. Filter

4）下列不属于 ADO 对象模型成员的是（　　　）。

    A. Connection　　　　　　　　　　　B. Command

    C. Recordset　　　　　　　　　　　　D. Provider

5）对于 Access 2021，下列说法错误的是（　　　）。

    A. 建立新数据库时，系统自动引用 ADO 链接库，不需要用户设置

    B. ADO 有 DatabaseName 属性

    C. ADO 使用 ConnectionString 属性与数据库建立连接

    D. ADO 的 Recordset 对象是指操作 Command 对象所返回的记录集

2. 填空题

1）DAO 的含义是_____，ADO 的含义是_____。

2）DAO 对象模型采用分层结构，最顶层的对象是_____。

3）在使用 ADO 对象之前，需要设置_____，它是 ADO 辨识数据源格式的关键。

4）ADO 使用_____属性与数据库建立连接。

5）已知"employee"是数据库"职工管理 . accdb"中的表，其中存储有职工的基本信息：职工号、姓名、性别和籍贯。在如图 10-5 所示的"emp"窗体中，对应于"职工号""姓名""性别"和"籍贯"标签的 4 个文本框的名称分别为 empNo、empName、empSex、empRes。

图 10-5　"emp"窗体

下面程序的功能是向"employee"表添加职工记录。具体操作过程为：单击名称为 Cmd1、标题为"添加"的按钮时，程序将判断输入的职工号是否重复。如果不重复，则向"employee"表添加该职工记录，否则给出提示信息。

请将程序补充完整，以实现上述功能。

```
Dim ADOcnn As New ADODB. Connection

Private Sub Form_ Load( )
    Set ADOcnn= CurrentProject. Connection
End Sub

Private Sub Cmdl_Click( )
    Dim strSQL as String
```

```
        Dim ADOrst As New ADODB. Recordset

        Set ADOrst. ActiveConnection = ADOcnn
        ADOrst. Open "Select 职工号 From employee Where 职工号 = '" + empNo + "'"
        If Not ADOrst. _____ Then
            MsgBox "输入职工号已存在，不可以重复添加!"
        Else
        strSQL = "Insert Into employee(职工号,姓名,性别,籍贯)"
        strSQL = strSQL+" Values('"+empNo+"', '"+empName+"', '"+empSex+"', '"+empRes+"')"
        ADOcnn. Execute _____
        MsgBox "添加成功!"
        Endif

        ADOrst. Close
        ADOcnn. Close
        Set ADOrst = Nothing
        Set ADOcnn = Nothing
    End Sub
```

3. 编程题

完善例 10-1，通过 DAO 编程方式，实现表记录的修改和删除功能。

附录　教学管理数据库表结构

数据库名：教学管理

1. Student（学生表）

字段名	字段类型	宽度	约　　束
学号	短文本	9	主键
姓名	短文本	20	
性别	短文本	1	"男" or "女"
出生日期	日期/时间		
民族	短文本	20	
政治面貌	短文本	10	
所属院系	短文本	25	
班级	短文本	25	
籍贯	短文本	25	
个人爱好	短文本	255	
照片	OLE 对象		

2. Course（课程表）

字段名	字段类型	宽度	约　　束
课程编号	短文本	4	主键
课程名称	短文本	25	
课程性质	短文本	10	
学分	数字	整型	

3. Teacher（教师表）

字段名	字段类型	宽度	约　　束
教师编号	短文本	6	主键
姓名	短文本	10	
性别	短文本	1	"男" or "女"
出生日期	日期/时间		
参加工作日期	日期/时间		
是否党员	是/否		
所属院系	短文本	25	
职称	短文本	10	

（续）

字段名	字段类型	宽度	约　束
来校时间	日期/时间		
简历	长文本		
照片	OLE 对象		

4. Salary（工资表）

字段名	字段类型	宽度	约　束
教师编号	短文本	6	主键
姓名	短文本	10	
岗位工资	数字	单精度	
基本工资	数字	单精度	
津贴	数字	单精度	
应发工资	计算字段		［岗位工资］+［基本工资］+［津贴］
公积金	数字	单精度	

5. Grade（成绩表）

字段名	字段类型	宽度	约　束
学号	短文本	9	组合关键字
课程 ID	数字	长整型	
成绩	数字	单精度	

6. Schedule（排课表）

字段名	字段类型	宽度	约　束
课程 ID	自动编号		主键
教师编号	短文本	6	
课程编号	短文本	4	